高等学校土木类专业应用型本科系列教材

基础工程

主　编　李艳凤　孙立双　金佳旭
副主编　李　志　唐理想　侯雯峪　高健刚

中国水利水电出版社
www.waterpub.com.cn
·北京·

内 容 提 要

本教材主要讲解地基基础的设计方法，内容包括浅基础、桩基础、沉井基础、地基处理、特殊性土地基等共7章，并安排了大量的例题和课后习题。本教材注重强化专业基础、拓宽知识面、优化知识结构，满足厚基础、大专业的要求，力求使读者全面掌握地基与基础的设计计算和施工方法，并了解地基处理的原则和方法，了解特殊土地基的基本特性，对基础工程的危害及应采取的工程措施。

本书可用于高等院校土木工程类专业的基础工程课程专业教材，也可供相关工程技术人员参考使用。

图书在版编目（CIP）数据

基础工程 / 李艳凤等主编. -- 北京 : 中国水利水电出版社, 2024. 11. -- (高等学校土木类专业应用型本科系列教材). -- ISBN 978-7-5226-2855-4

Ⅰ. TU47

中国国家版本馆CIP数据核字第2024WW9807号

书　　名	高等学校土木类专业应用型本科系列教材 **基础工程** JICHU GONGCHENG
作　　者	主　编　李艳凤　孙立双　金佳旭 副主编　李　志　唐理想　侯雯峪　高健刚
出版发行	中国水利水电出版社 （北京市海淀区玉渊潭南路1号D座　100038） 网址：www. waterpub. com. cn E-mail：sales@mwr. gov. cn 电话：(010) 68545888（营销中心）
经　　售	北京科水图书销售有限公司 电话：(010) 68545874、63202643 全国各地新华书店和相关出版物销售网点
排　　版	中国水利水电出版社微机排版中心
印　　刷	清淞永业（天津）印刷有限公司
规　　格	184mm×260mm　16开本　14.75印张　359千字
版　　次	2024年11月第1版　2024年11月第1次印刷
印　　数	0001—2000册
定　　价	**45.00**元

前 言

“基础工程”是土木工程类专业的必修课程。本教材编写目的是使读者全面掌握各种常用桥梁、道路及其他人工构造物地基与基础的规划、设计计算方法、一般施工方法，并了解地基处理的原则和方法，了解几种特殊土地基的基本特性、对基础工程的危害及应采取的工程措施。本教材主要内容包括地基基础的设计计算方法、浅基础、桩基础、沉井基础、地基处理、特殊性土地基等。本书可用于高等院校土木工程类专业的基础工程课程教材，也可供相关工程技术人员参考使用。

党的二十大报告提出，坚持人民城市人民建、人民城市为人民，提高城市规划、建设、治理水平，加快转变超大特大城市发展方式，实施城市更新行动，加强城市基础设施建设，打造宜居、韧性、智慧城市。建成世界最大的高速铁路网、高速公路网，机场港口、水利、能源、信息等基础设施建设。

本教材编写的初衷是帮助土木工程类专业初学者更顺畅地进入专业课学习阶段，本教材是新世纪普通高等教育教材编审委员会组编的土木工程类专业课程规划教材之一。本教材以高等学校土木工程专业指导委员会制定的土木工程专业培养目标、培养规定以及课程设置方案为指导原则，以土木工程专业指导委员会审定的《高等学校土木工程专业本科指导性专业规范》为依据，结合现阶段土木工程专业教学改革要求，参考现行国家标准和规范编写而成。

本教材力图反映国内外课程体系、教学内容、教学方法和教学手段等方面的改革研究成果和学科发展动态，注重强化专业基础、拓宽知识面、优化知识结构，满足厚基础、大专业的要求，每章均设置“本章提要”“现场施工试验视频”“习题”等栏目，并增加了例题的数量以帮助学生加深对各部分内容的理解，培养学生独立思考、发现问题、解决问题的能力。本教材力图考虑学科发展的新水平，反映基础工程的成熟成果与观点。教材中的一些术语和概念参照了新的国家规范。

本教材由沈阳建筑大学李艳凤、王凤池、孙立双和辽宁工程技术大学金佳旭任主编，沈阳建筑大学侯雯峪、中铁九局集团有限公司李志、辽宁省交通规划设计院有限责任公司唐理想、沈阳市市政公用工程监理有限公司高健刚任副主编。各章编写分工如下：第1章至第4章由李艳凤编写；第5章由王凤池和金佳旭编写；第6章由孙立双、侯雯峪编写；第7章由李志、唐理想和高健刚编写。全书由李艳凤统稿。

本教材在编写过程中参考了相关文献，在此向文献作者表示感谢。沈阳建筑大学研究生李佳龙、张帅、谢济远、曹振华、李文勇、黄福龙、王胤公等完成了部分文字处理和插图绘制等工作，本教材的编写还得到沈阳建筑大学教材建设项目支持以及很多同行的支持和帮助，编者在此一并致谢。

由于编者水平有限，加之时间较为仓促，书中难免存在不足和疏漏之处，敬请广大读者批评指正。

编者

2024年3月

目 录

第 1 章
绪论

1.1 地基与基础的基本概念与分类

1.1.1 地基与基础的基本概念

当公路、铁路、管线等遇到障碍（如山谷、河流以及其他路线等）中断时，所修建的用以跨越障碍并直接承受荷载（汽车、火车、人群和其他输送物等）的建筑结构称为桥梁（图 1.1）。

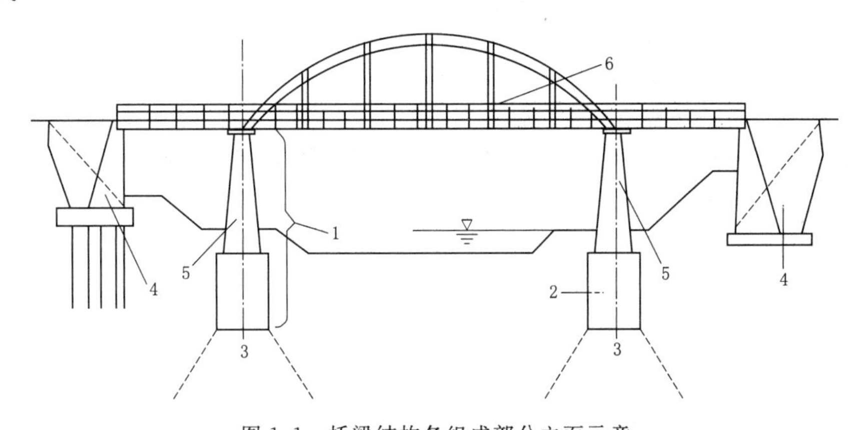

图 1.1 桥梁结构各组成部分立面示意

1—下部结构；2—基础；3—地基；4—桥台；5—桥墩；6—上部结构

桥梁的上部结构是跨越结构，墩台与基础统称桥梁下部结构。

上部结构的荷载（恒荷载、汽车荷载、风荷载等）通过桥墩、桥台传递给基础，基础再传递至地基（图 1.2）。

未经人工处理就可以满足设计要求的地基称为天然地基。如果天然地层土质过于软弱或存在不良工程地质问题，需要经过人工加固或处理后才能修筑基础，这种地基称为人工地基。与地基接触的桥梁结构称为基础。基础是隐蔽结构，与地基直接接触，并把所受荷载传递至地基（受桥梁荷载影响的地层称为地基）。地基则是受桥梁荷载影响的地层。

基础对地基施加荷载，地基则对基础起到承载的作用（图 1.2）。不同形式的基础，对地基的作用效果不同；而地基的地质状况则直接影响基础的安全与稳定。

地基与基础在各种荷载作用下将产生附加应力和变形。为保证建筑物的正常使用与安全，地基与基础必须具有足够的强度和稳定性。同时，变形也应控制在允许范围之内。设计与施工时，应综合上部结构、地质状况、荷载特点和施工技术水平，采用合理地基和基础方案。

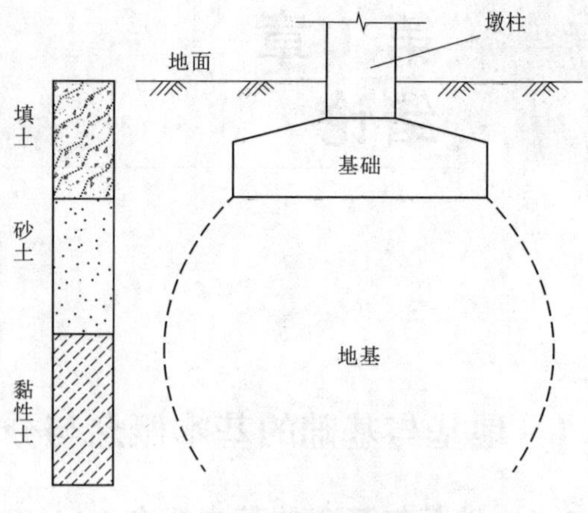

图 1.2　地基与基础关系示意

1.1.2　地基及基础的分类

基础按使用的材料可分为灰土基础、砖基础、毛石基础、混凝土基础、钢筋混凝土基础；按埋置深度可分为浅基础和深基础；按照受力性能可分为刚性基础和柔性基础；按照构造形式可分为条形基础、独立基础、筏板基础、箱形基础、桩基础、沉井基础等。本章按照埋置深度进行分类。

1.1.2.1　浅基础

埋置深度不超过 5m 的基础，称为浅基础。浅基础根据其构造形式和尺寸大小可分为扩大基础、条形基础及筏板和箱形基础。

1. 扩大基础

由于桥梁上、下部结构所用材料强度高、自重大，因而施加给地基土的荷载很大。要使地基土能够承受基础传来的桥梁恒载和活载，必须把基础底面积扩大并埋置在承载力较大的地层上，形成扩大基础。所以，扩大基础就是在墩台身底截面的基础上扩大而成的基础。根据扩大基础受力状态及采用的材料性能可分为刚性基础和柔性扩大基础，如图 1.3 所示。

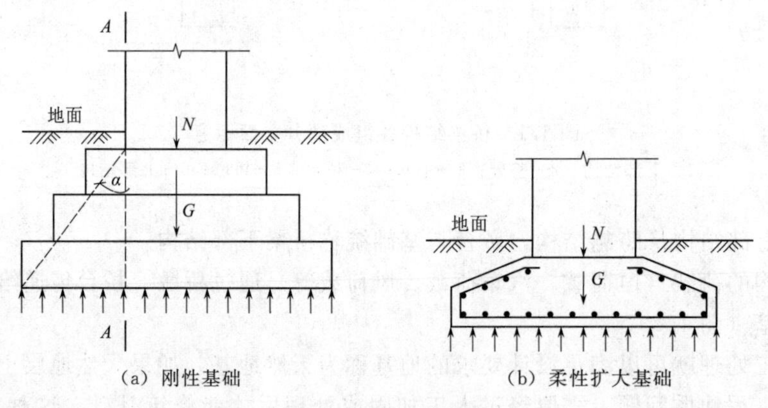

图 1.3　浅基础类型

（1）刚性基础。刚性基础通常是采用片石、块石砌体或混凝土等圬工结构，不配置钢筋。这就要求基础底面悬出墩台身底截面根部，即图 1.3（a）中的 $A-A$ 截面，在地基反力作用下产生的弯曲拉应力和剪应力不超过其材料强度的设计值。这实质上就是在设计时要求基础悬出部分的宽度和基础的高度的比值限制在一定的范围之内，对于圬工结构而言，这个限制界限用角度表示，称为刚性角。

满足刚性基础基本条件是使墩台身底边缘与基础边缘的连线同竖直线间的夹角 α 要满足下式要求，即

$$\alpha \leqslant \alpha_{max} \tag{1.1}$$

式中 α_{max}——圬工材料刚性角。

刚性角由材料性质决定，控制圬工结构悬出部分的宽度和高度比例关系的角度，使之在外力作用下悬出部分的根部截面产生的弯拉应力和剪应力不超过材料强度设计值，一般用 α_{max} 表示。当设计的 α 角小于或等于刚性角 α_{max} 时，则为刚性基础。刚性基础中不配置钢筋，且无须对基础进行弯曲拉应力和剪应力的验算。

《公路圬工桥涵设计规范》（JTG D61—2005）第 6.1.6 条规定，对于片石、块石和粗料石砌体：当用强度等级为 M5 的砂浆砌筑时，$\alpha_{max}=30°$；当用 M5 以上砂浆砌筑时，$\alpha_{max}=35°$；当用混凝土浇筑时，$\alpha_{max}=40°$。

为节省基础圬工量，一般当基础高度超过 1.0m 以后可设台阶，台阶宽度为 0.2～0.5m，高度不小于 0.5m，一般台阶为等高，每一台阶均需满足刚性角的要求。

刚性基础由于结构简单，埋置深度浅，一般采用明挖施工，所以一般适用于地基土强度较高，可能形成旱地施工条件（水浅、流速小、便于围水或岸上墩台）的河流上，对大中小桥均适用。如水文、地质条件允许，是优先考虑的基础形式。

（2）柔性扩大基础。当外荷载较大，地基承载力又较低时，如采用刚性基础，则需要大幅度加深基础，造成大量土方的开挖与回填且较大增加基础材料用量而不经济时，刚性基础已经不再适用。此时，可采用钢筋混凝土结构的柔性扩大基础，通过扩大基础底面积的方法来满足地基承载力的要求，而不必增加基础埋深。

柔性扩大基础是钢筋混凝土结构，其墩台身底截面边缘与基础边缘的连线同竖直线间的夹角 α 大于 α_{max}（刚性角），在外力作用下地基反力在悬出部分的根部产生的弯拉应力和剪应力超过了基体材料强度设计值，需要经过计算配置使之满足受力要求的受力钢筋。

2. 条形基础

条形基础分为墙下条形基础和柱下条形基础。

（1）墙下条形基础。墙下条形基础主要用于挡土墙或房屋墙下的基础。其横断面可以修成对称台阶式或不对称台阶式（图 1.4）。条形基础可分为刚性与柔性条形基础，它的计算属于平面应变问题，只考虑基础横向受力发生破坏。如挡土墙很长，为避免沿墙长方向因基础沉降不均匀而开裂，条形基础可根据土质和地形情况设置沉降缝予以分段。

（2）柱下条形基础。当桥较宽，桥下墩柱较多时，有时为了增强桥墩柱下基础的整体性和承载能力，将同一排若干个柱子的基础联成整体，形成柱下条形基础（图 1.5）。柱下条形基础可以是圬工刚性基础，也可以是钢筋混凝土基础。基础顶面可以是平的，也可以局部加腋。

柱下条形基础可以将承受的集中荷载较均匀地分布到条形基础底面上，以减小地基反力，并通过形成的基础整体刚度来调整可能产生的不均匀沉降。

当柱下条形基础单方向联合仍不能承受上部荷载时，可把纵、横柱下基础均连在一起，形成十字交叉的条形基础（图 1.6）。十字交叉条形基础是房屋建筑常用的基础形式。

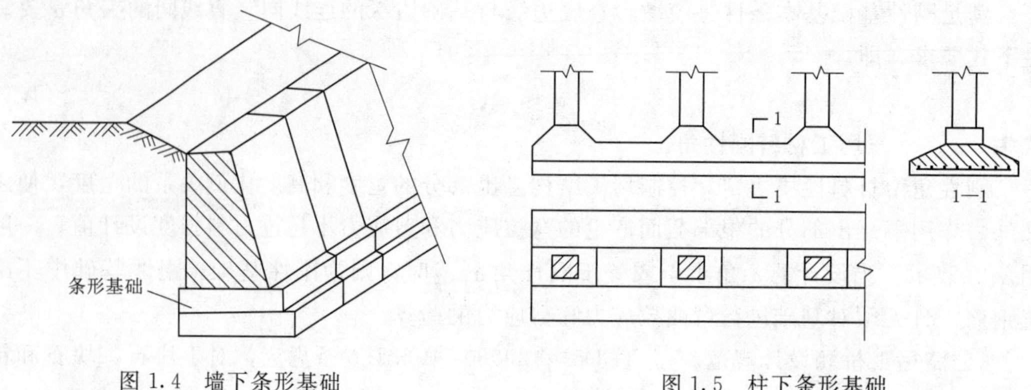

图 1.4　墙下条形基础　　　　图 1.5　柱下条形基础

3. 筏板和箱形基础

当地基承载力低，上部结构的荷载又较大，以致十字交叉条形基础仍不能提供足够的底面积来满足地基承载力的要求时，可采用满铺的钢筋混凝土筏板基础。这样，既扩大了基底面积，又增强了基础的整体刚度，有利于调整地基的不均匀沉降，使之能较好地适应上部结构荷载分布的变化。筏板基础在构造上可分为平板式和梁板式两种类型（图 1.7）。

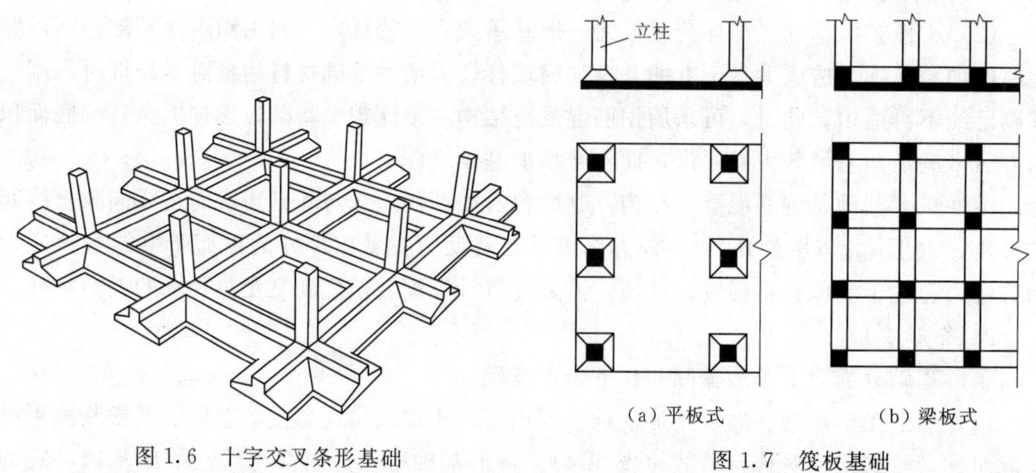

图 1.6　十字交叉条形基础　　　　图 1.7　筏板基础

箱形基础是由钢筋混凝土底板、顶板和纵横内外隔墙组成，形成一个刚度极大的箱子，故称为箱形基础（图 1.8）。箱形基础比筏板基础具有更大的抗弯刚度，而且基础顶板和底板间的空间常可利用作地下室。

筏板基础和箱形基础也是房屋建筑常用的基础形式。

1.1.2.2　深基础

埋置深度超过 5m 的基础称为深基础。若浅层土质不良，则需将基础置于较深的良好土层上，此种基础称为深基础。深基础的施工比浅基础更为复杂。基础埋置在土层内深度虽较浅，但在水下部分较深，如深水中桥墩基础，称为深水基础，在设计和施工中有些问题需要作为深基础考虑。我国公路桥梁常采用的深基础形式为桩基础和沉井基础。

1. 桩基础

桩是设置于土中的竖直或倾斜的柱形基础构件，其横截面尺寸比长度小得多，它与连接桩顶和承接上部结构的承台组成深基础，简称桩基（图 1.9）。承台将各桩连成整体，把上部结构传来的荷载转换、调整分配于各桩，由穿过软弱土层或水的桩传递到深部较坚硬的、压缩性小的土层或岩层。桩所承受的轴向荷载是通过作用于桩周土层的桩侧摩阻力和桩端地层的桩端阻力来支承的；而水平荷载则依靠桩侧土层的侧向阻力来支承。

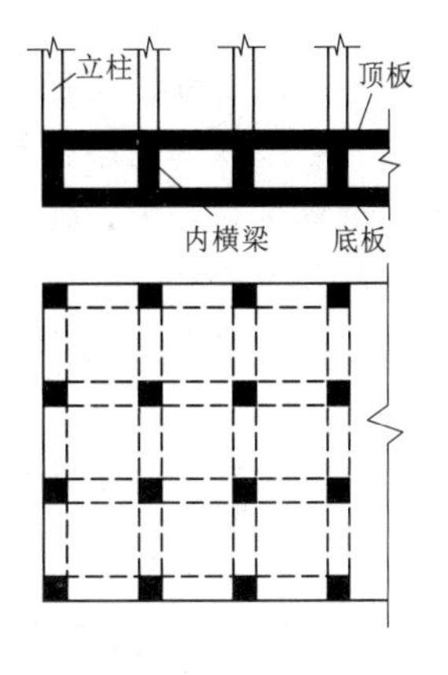

图 1.8 箱形基础

桩基础的使用有着悠久的历史，早在史前的建造活动中，人类远祖就已经在湖泊和沼泽地带采用木桩来支承房屋。随着近代工业技术和科学技术的发展，桩的材料、种类和桩基础形式、桩的施工工艺和设备、桩基础设计计算理论和方法、桩的原型试验和检测方法等各方面都有了很大的发展，由于桩基础具有承载力高、稳定性好、沉降量小而均匀等优点，因此，桩基础已成为在土质不良地区修建各种建筑物所普遍采用的基础形式，在桥梁、高层建筑、港口和近海结构等工程中得到广泛应用。在下列情况下可优先考虑采用桩基础：

（1）荷载较大，地基上部土层软弱，适宜的地基持力层位置较深，采用浅基础或人工地基在技术上、经济上不合理时。

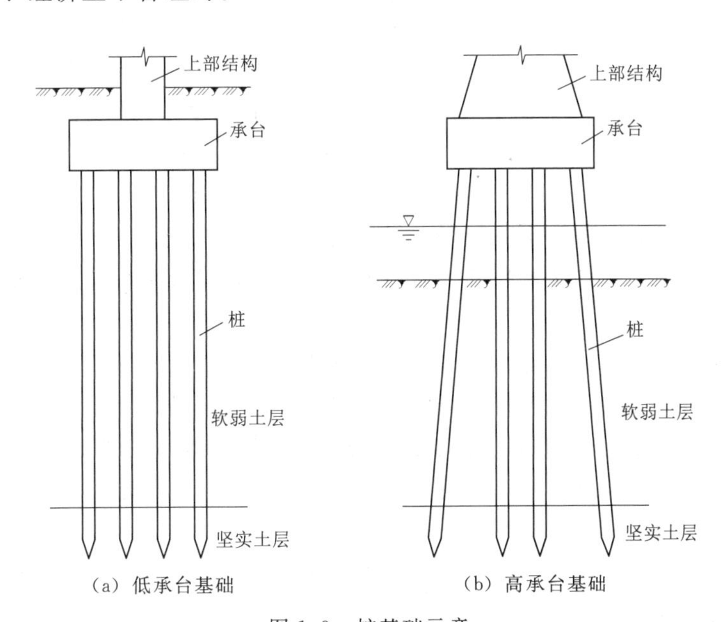

(a) 低承台基础　(b) 高承台基础

图 1.9 桩基础示意

（2）河床冲刷较大，河道不稳定或冲刷深度不易计算正确，位于基础或结构物下面的土层有可能被侵蚀、冲刷，如采用浅基础不能保证基础安全时。

（3）当地基计算沉降过大或建筑物对不均匀沉降敏感时采用桩基础穿过松软（高压缩）土层，将荷载传到较坚实（低压缩性）土层，以减少建筑物沉降并使沉降较均匀。

（4）当建筑物承受较大的水平荷载，需要减少建筑物的水平位移和倾斜时。

（5）当施工水位或地下水位较高，采用其他深基础施工不便或经济上不合理时。

（6）在地震区可液化地基中，采用桩基础可增加建筑物抗震能力，桩基础穿越可液化土层并深入下部密实稳定土层，可减轻地震对建筑物的危害。

当上层软弱土层很厚，桩底不能达到坚实土层时，此时桩长较大，桩基础稳定性稍差，沉降量也较大；而当覆盖层很薄，桩的入土深度不能满足稳定性要求时，则不宜采用桩基础。设计时应综合分析上部结构特征、使用要求、场地水文地质条件、施工环境及技术力量等，经多方面比较，以确定适宜的基础方案。

2. 沉井基础

沉井是一种井筒状结构物，是依靠在井内挖土，借助井体自重及其他辅助措施而逐步下沉至预定设计标高，最终形成的建筑物基础的一种深基础型式（图 1.10）。沉井基础利用沉井结构作为桥梁墩、塔等结构的基础，承受并将墩、塔等结构传来的荷载最终传递、分散到地基中去，使桥梁结构处于稳定、安全的受力状态。

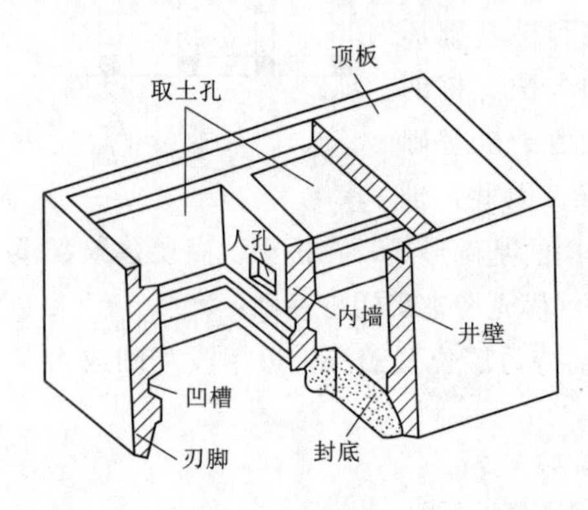

图 1.10　沉井基础

沉井基础的占地面积小，不需要板桩围护，与大开挖相比，挖土量少，对邻近建筑物的影响比较小，操作简便，无须特殊的专业设备。近年来，沉井的施工技术和施工机械都有很大改进。

一般沉井基础的使用条件为：

（1）上部荷载较大，而表层地基土的容许承载力不足，扩大基础开挖工作量大，以及支撑困难，但在一定深度下有好的持力层，采用沉井基础与其他深基础相比较，经济上较为合理时。

（2）在山区河流中，虽然土质较好，但冲刷大或河中有较大卵石不便桩基础施工时。

（3）岩层表面较平坦且覆盖层薄，但河水较深，采用扩大基础施工围堰有困难时。

3. 地下连续墙

地下连续墙是基础工程在地面上采用一种挖槽机械，沿着深开挖工程的周边轴线，在泥浆护壁条件下，开挖出一条狭长的深槽，清槽后，在槽内吊放钢筋笼，然后用导管法灌筑水下混凝土筑成一个单元槽段，如此逐段进行，在地下筑成一道连续的钢筋混凝土墙壁，作为截水、防渗、承重、挡水结构。对桥梁工程专业，地下连续墙用作桥梁基坑支护结构或桥梁基础。

地下连续墙的特点是：施工振动小，墙体刚度大，整体性好，施工速度快，可省土石方，可用于密集建筑群中建造深基坑支护及进行逆作法施工，适用于各种地质条件下，包括砂性土层、粒径 50mm 以下的砂砾层中施工等。

由于受到施工机械的限制，地下连续墙的厚度具有固定的模数，不能像灌注桩一样根据桩径和刚度灵活调整。因此，地下连续墙只有在一定深度的基坑工程或其他特殊条件下才能显示出经济性和特有优势。一般适用于如下条件：

（1）开挖深度超过 10m 的深基坑工程。

(2) 围护结构亦作为主体结构的一部分，且对防水、抗渗有较严格要求的工程。

(3) 采用逆作法施工，地上和地下同步施工时，一般采用地下连续墙作为围护墙。

(4) 邻近存在保护要求较高的建（构）筑物，对基坑本身的变形和防水要求较高的工程。

(5) 基坑内空间有限，地下室外墙与红线距离极近，采用其他围护形式无法满足预留施工操作空间要求的工程。

(6) 在超深基坑中，例如30～50m的深基坑工程，采用其他围护结构无法满足要求时，常采用地下连续墙作为围护结构。

1.1.3 地基基础的重要性

工程实践表明，桥梁地基与基础的设计和施工质量的优劣，对整个桥梁的质量和正常使用起着根本的作用。基础工程是隐蔽工程，如有缺陷，较难发现，也较难弥补和修复，而这些缺陷往往直接影响整个建筑物的使用甚至安全。基础工程的进度，经常控制整个桥梁的施工进度。此外，基础工程的费用与桥梁总造价的比例，视其复杂程度和设计、施工的合理与否，可以变动百分之几甚至百分之几十。

基础属于地下隐蔽工程，是建筑物的根本。基础的设计和质量直接关系着建筑物的安危。大量例子表明，桥梁发生事故，很多与基础问题有关。基础一旦发生事故，补救并非易事。因此，对基础工程必须做到精心设计、精心施工、精心维护。下面是几个未满足基本设计、施工和维护要求而导致工程发生事故的实例。

江西于都长征大桥全长607.14m，桥面宽15m，于1997年5月1日顺利竣工通车。在2009年时发现，由于当地长期的河道挖沙行为，河床高度降低，大桥的桩基受到严重的流水冲刷，导致桥墩露筋（图1.11）。这是一个典型因违规盗采河砂，导致桥墩受流水过度冲刷而影响桥梁下部耐久性的工程实例。

图1.11 受冲刷的于都长征大桥桥墩

宁波花园桥于2007年10月建成，但该桥才建成2年，桥下四个桥墩均出现了不同程度的露筋、水面下的桥墩因冲刷表面混凝土脱落（图1.12）。

武汉月湖桥为独塔不对称扇式密索预应力混凝土箱斜拉桥，于1998年5月1日建成通车。2013年发现，通车15年的月湖桥引桥硚口段桥墩出现异常沉降，最大沉降达16.98mm，导致月湖桥汉阳引桥处桥体上产生大裂缝（图1.13）。经调查，桥墩的沉降与基坑施工有关：硚口区一建筑工地施工挖出16m深超深基坑，而该工地与月湖桥相距仅30多米。专家根据现场观察及对基坑周边支护桩、坡顶变形的监测记录进行了分析，该项目中，支护桩最大水平位移为12.76mm，基坑坡顶最大水平位移为43mm，而基坑距20号桥墩仅31m，远远小于国家规定的50m桥梁安全保护距离；另外，施工区域内3座降水井兼做工地用水水井，长期断续抽水，致附近地下水位下降，诱发桥墩附加沉降，此外，受影响最明显的三个桥墩位于车辆转盘附近，频繁的动荷载也对沉降有影响。这是一个典型的因桥墩沉降引发桥体裂缝的工程案例。

图1.12 花园桥桥墩的钢筋裸露和错位现象

图1.13 月湖桥桥墩沉降引发的桥体裂缝

1.2 桥梁基础工程的发展

1.2.1 桥梁基础工程学科的发展历程

基础工程与其他技术学科一样，是人类在长期的生产实践中不断发展起来的，在世界各文明古国数千年前的建筑活动中，就有很多关于基础工程的工艺技术成就。

南朝修建的赵州安济石拱桥，是我国古代桥梁的杰出代表，是世界上第一座敞肩式石拱桥，被评为国际土木工程里程碑建筑。建桥1400多年，至今安然无恙，其根本的原因是地基基础处理非常得当。该桥桥台坐落在密实粗砂土上，基底压应力为500～600kPa，与现行的规范中所采用的该土层容许承载力数值（550kPa）极为接近，至今沉降甚微。1053年修建的泉州洛阳桥是我国第一座石梁海港桥，单孔跨径11.8m，共47孔，全长731.29m，至今世界上还没有发现其他有如此跨径和桥长的石梁桥。该桥在基础工程上，首创筏形基础和种蛎固基技术。这些实例均说明我国劳动人民远在1100多年前就掌握了对桥梁基础和地基土相互作用的承载力与沉降变形的高深科学技术，有着极为丰富的工程实践经验。

改革开放以来，在经济发展的带动下，交通事业得到了蓬勃发展。中国的桥梁科技工作者发奋图强，锐意进取，使我国的桥梁建设进入了一个飞速发展的阶段，取得举世瞩目的成就。建成了世界最大跨径石拱桥、钢筋混凝土拱桥、连续刚构桥，世界里程碑式的斜拉桥苏通长江大桥和曾为当时最大跨径的上海杨浦大桥，悬索桥跨度居世界第三位的润扬长江公路大桥和第五位的江阴长江大桥，还有最近建成的现世界第一跨度钢箱拱桥（550m）的上海卢浦大桥等。仅用20年时间就改变了世界桥梁建设发展格局，我国步入了世界桥梁建筑水平的前列。上述成就与我国桥梁建设在下部结构的发展是紧密相关的。

管柱基础是桩基础向大直径发展的一个里程碑，它是我国在1953—1957年修建武汉长江大桥时首创的一种先进的基础形式，是我国桥梁工程师和以西林为首的苏联专家组合作研制成功的一种深基础。目前我国管柱基础直径已发展到 5.8m。

钻孔灌注桩在我国是 1963 年在河南省首先应用，当时钻孔是使用水利部门打井用的大锅锥，用人力推磨方式钻孔，孔径只有 60～70cm。钻孔灌注桩解决了桥梁水下深基础的施工问题，把水下作业改为水上施工，其技术经济优越性非常突出，很快被全国桥梁界所接受，成为首选基础形式。例如，位于安徽省安庆市迎江区的安庆长江铁路大桥（2009 年建成），是安徽省八百里皖江入口第一座世界最大跨度的四线铁路斜拉桥，其 3 号、4 号塔墩基础均采用 37 根直径为 3.0m 的钻孔摩擦桩，持力层为微风化泥质粉砂岩，其中 3 号墩桩长 108m，4 号墩桩长 110m，基桩采用梅花形布置，桩间距 7.6m。2008 年建成的苏通大桥是世界第二大跨径的斜拉桥，其 5 号墩桩基 131 根，设计桩长为 114m；6 号墩 36 根，设计桩长为 101.4m；7 号和 8 号墩都有 19 根，7 号墩设计桩长为 110.4m，8 号墩设计桩长为 108.4m，均采用 2.8m/2.5m 变径式钻孔灌注桩。目前我国采用分级扩孔的方法，用小钻机钻大孔已完成国内最大直径为 500m 的施工。通过不断的研究、试验、使用、改进，近 40 年来已经发展成一种完善、先进的基础形式，有了符合我国具体条件和成桩方法的计算理论和设计方法，为我国公路、铁路、水利、港口、建筑、环保、煤炭、电力和国防等工程系统的建设作出了重要贡献，创造了不可估量的经济效益。

我国在巨型沉井施工方面已经走在世界前列。早在 1967 年，修建著名的南京长江大桥时，正桥 1 号墩基础采用普通钢筋混凝土沉井，其平面尺寸为 20.2m×24.9m，下沉深度为 53.5m，为当时亚洲之最。新近建成的江阴长江大桥，其锚固悬索的北桥塔下沉井的平面尺寸为 69m×51m，是世界平面尺寸最大的沉井。大直径超长桩和管柱基础、大型组合基础和特殊基础（如双承台管柱基础、锁口管桩基础、连续墙基础等）在我国大跨度桥梁建设中的广泛应用表明，在桥梁基础设计理论和施工技术方面我国已进入世界前列。

20 世纪后期，一些发达国家开始构思世界五大洲除大洋洲外的陆路相连、跨海的桥梁工程。我国在 21 世纪公路交通要实现规划布局的五纵七横共十二条国家主干线，在 20 世纪已完成二纵二横。其中南北公路主干线之一的同江至三亚线上将修建五个跨海工程，自北向南依次为渤海海峡工程、长江口越江工程、杭州湾跨海工程，珠江口伶仃洋跨海工程以及琼州海峡工程。跨海桥梁工程首先要解决的是深水基础问题。目前国际上最深的大桥基础是日本明石海峡大桥的一号锚墩基础，水深 70m，采用地下连续墙圆形沉井，直径为 85m，井中填碾压混凝土形成沉井。现在有些深水基础采用先在岸上预制，然后再用浮运沉井下沉的方法或直接以大型浮吊吊装的方法，在深水中安置预制好的桥基础及墩身。这种方法可以用很快的速度完成深水基础施工工作。日本、丹麦、加拿大等国已开始采用此法修建深水基础。

1.2.2　桥梁基础工程的发展趋势

基础工程既是一项古老的工程技术又是一门年轻的应用科学，发展至今在设计理论和施工技术及测试工作中都存在不少有待进一步完善解决的问题，随着祖国现代化建设，大型和重型建筑物的发展将对基础工程提出更高的要求，我国基础工程科学技术可着重开展以下工作：

（1）超深水大型基础的结构形式的研究。我国桥梁工程界通过在长江上修建的近百座大跨桥梁，已积累了水深30m左右的各类基础工程的设计和施工经验。海峡水深往往在100m以上，需要借鉴海洋钻井平台的基础工程技术来创造新型的桥梁深水基础形式。

（2）超深水基础科学智能化施工技术的研究。深水大型复杂基础的施工技术水平反映一个国家综合实力，在这方面我国与发达国家还有一定差距。要进一步加强深水自动化施工机械、大体积混凝土水下施工技术、精密检测仪器设备及采用信息化监控系统进行施工过程科学管理决策等方面进行研究。

（3）桥梁下部结构的抗灾害能力和设防标准的研究。尤其在桥梁结构抗震设计中，对土-结构共同作用、结构的局部与整体延性、减震隔震措施等方面的研究，桥梁下部结构都是一个重要的研究对象。

1.3 "基础工程"课程的主要内容及特点

本课程的工作特点是根据建筑物对基础工程的特殊要求，首先通过勘探、试验、原位测试等，了解岩土地层的工程性质，然后结合工程实际，运用土力学及工程结构的基本原理，分析岩土地层与基础工程结构物的相互作用及其变形与稳定的规律，做出合理的基础工程方案和建造技术措施，确保建筑物的安全与稳定。原则上，是以工程要求和勘探试验为依据，以岩土与基础共同作用和变形与稳定分析为核心，以优化基础方案与建筑技术为灵魂，以解决工程问题，确保建筑物安全与稳定为目的。

读者应在前期学习土力学的课程当中掌握主要土工试验的基本原理和操作技术，了解为确定地基承载力和解决某些土工问题需要做哪些室内和现场土工试验；并且掌握一般建筑物设计中有关土力学内容的设计计算方法，例如地基承载力、土坡稳定和挡土墙土压力计算等；同时还应了解在建筑物设计之前需要进行的勘察工作内容，掌握地基土野外鉴别能力，学会使用工程地质勘察报告书。正确合理地解决基础设计和施工问题，要依赖土力学基本原理的运用和实践经验的借鉴。由于地基土性质的复杂性以及建筑物类型、荷载情况可能又各不相同，因而在基础工程中不易找到完全相同的实例。希望读者充分认识本课程的特点，采用理论联系实际的方法，注意掌握岩土地层工程性质的识别与应用；充分利用勘探与试验资料；重视基础工程结构物与岩土地层共同作用的机理及其工程性状，认真掌握其变形与稳定性的分析方法以及各项基础工程和地基处理的技术措施，注重实际效果的检验及工程经验。学习基础工程重在实践，通过实践，才能理解理论知识，才能学到基础工程的真义。

本课程的实践性很强，其基本原理和设计方法必须通过构件设计来掌握，并在设计过程中逐步熟悉和正确运用我国有关的设计规范和标准。本课程的内容主要与《公路钢筋混凝土及预应力混凝土桥涵设计规范》（JTG 3362—2018）、《公路桥涵设计通用规范》（JTG D60—2015）及《公路桥涵地基与基础设计规范》（JTG 3363—2019）等有关。设计规范是国家相关部门颁布的有关结构设计的技术规定和标准，规范条文尤其是强制性条文是设计中必须遵守的带法律性的技术文件。而只有正确理解规范条文的概念和实质，才能正确地应用规范条文及其相应公式，充分发挥设计者的主动性以及分析和解决问题的能力。同时多翻阅标准图及其他相关设计图纸、多观看混凝土结构施工的影像资料，加强对构造及施工的认识。

最后尚需强调，随着科学技术的发展，结构分析和设计方法的不断变化，路桥工程师要取得专业实践的成功，仅依赖设计技巧训练和应用现有方法是远远不够的，还需要深刻理解结构的基本构造、性能、受力特征及适用条件。另外，路桥工程师的主要工作是安全、经济和合理地设计结构。所以，以透彻理解作为坚实基础，熟悉现行设计方法也是必需的，特别是现行国家标准所推荐的方法。

课 后 习 题

1. 简述地基的概念和分类。
2. 简述基础的概念和分类。
3. 简述浅基础的基本形式及特点。
4. 试述深基础的基本形式及特点。
5. 简述桩基础的特点和适用条件。
6. 简述沉井的特点和适用条件。
7. 简述刚性角的概念及适用条件。

第 2 章 地基基础的设计计算方法

2.1 地基基础的设计方法

2.1.1 允许承载力设计方法

桥梁荷载通过基础传递到地基上，作用在基础底面单位面积上的压力称为基底压力。设计中要求基底压力不能超过地基的极限承载力，而且要有足够的安全度；同时所引起的地基变形不能超过允许变形值。满足这两项要求，地基单位面积上所能承受的最大压力就称为地基的允许承载力，如果地基允许承载力确定了，则要求的基础底面积 A 就可用下式计算

$$A=\frac{S}{[\sigma_0]} \tag{2.1}$$

式中 S——作用在基础上的总荷载，包括基础自重；

$[\sigma_0]$——地基的允许承载力。

最早地基的允许承载力是根据工程师的经验或建设者参考建筑场地附近建筑物地基的承载状况确定的。随着建筑工程的发展，人们不断总结允许承载力与地基土性状的关系。通过长期经验积累，用规范的形式给出地基的允许承载力与土的种类及其某些物理性质指标（如孔隙比 e、液性指数 I_L 等）或者原位测试指标（如标准贯入击数等）的关系。也就是说，可以从地基规范的允许承载力表中直接查出地基的允许承载力。有了地基的允许承载力，地基基础设计就很容易进行，这是经验的设计方法。

2.1.2 极限状态设计方法

显然，允许承载力设计方法是一种比较原始的方法。随着建筑业的发展，特别是高层、重型建筑的发展，结构不断更新、体型日益复杂。新型结构和复杂体型对沉降和不均匀沉降更为敏感。从以往简单一些的建筑总结得出的地基允许承载力对新型建筑物未必仍能保证安全使用。因此对复杂一些的建筑物往往还要单独进行地基变形验算。这样，允许承载力就失去了它原来的意义。实际上，地基稳定和允许变形是对地基的两种不同要求，要充分发挥地基承载作用，并不能简单地用一个允许承载力概括。更好的做法应该是分别进行验算，了解控制因素，对薄弱环节采取必要的工程措施，如此才能真正充分发挥地基的承载能力，在保证安全可靠的前提下达到最为经济的目的，这也就是极限状态设计方法的本质。按极限状态设计方法，地基必须满足如下两种极限状态的要求。

1. 承载能力极限状态或稳定极限状态

其意是让地基土最大限度地发挥承载能力，荷载超过此种限度时，地基土即发生强度破坏而丧失稳定或发生其他任何形式的危及人们安全的破坏。表达式为

$$\frac{S}{A}=p\leqslant\frac{p_{\mathrm{u}}}{F_{\mathrm{S}}} \tag{2.2}$$

式中 p——基底压力；

p_{u}——地基的极限承载力，它等于极限荷载，可通过试验或计算确定；

F_{S}——安全系数。

2. 正常使用极限状态或变形极限状态

对于地基主要是其受载后的变形应该小于地基的允许变形值，表达式为

$$s\leqslant[s] \tag{2.3}$$

式中 s——建筑物地基的变形；

$[s]$——建筑物地基的允许变形值。

极限状态设计方法原则上既适用于建筑物的上部结构，也适用于地基基础，但是由于地基与上部结构是性质完全不同的两类材料，对两种极限状态的验算要求也就有所不同。结构构件的刚度远大于地基土层的刚度，在荷载作用下，构件强度破坏时的变形往往不大，而地基土则相反，常常已经产生很大的变形但不容易发生强度破坏而丧失稳定。已有大量地基工程事故资料表明，绝大多数地基事故都是由于变形过大而且不均匀造成的。所以上部结构的设计首先是验算强度，必要时才验算变形，而地基设计则相反，常常首先是验算变形，必要时才验算因强度破坏而引起的地基失稳。

这种设计思想以 20 世纪苏联的地基设计规范为代表，按当年苏联地基规范，地基计算首先要进行地基变形验算。变形验算的内容包括以下两个部分：

（1）验算地基是否处于弹性状态。由于目前地基变形计算都是以弹性理论（或称线性变形体理论）为基础，因此必须保证基底压力不大于临塑荷载 p_{cr}，最多不应超过临界荷载 $p_{1/4}$，使地基内不出现塑性区或者塑性区的发展深度不超过基础宽度的 1/4，即

$$S/A=p\leqslant p_{\mathrm{cr}}(\text{或 } p_{1/4}) \tag{2.4}$$

（2）验算地基变形，满足式（2.3）的要求。

因为一般建筑物的地基设计受变形所控制，故可以不再进行式（2.2）的极限承载力验算。实际上因为已进行式（2.4）验算，通常也可以满足式（2.2）的要求。但是对于承受较大水平荷载的建筑物，如水工建筑物或挡土结构以及建造在斜坡上的建筑物，地基稳定可能是控制因素，这种情况，则必须用式（2.2）或其他类似分析方法进行地基的稳定性验算。

用这种设计方法，地基的安全程度都是用单一的安全系数表示，为了与后面第三种方法相区别，可称为单一安全系数的极限状态设计方法。

2.1.3 可靠度设计方法

可靠度设计方法也称以概率理论为基础的极限状态设计方法，所以实际上它也属于承

载能力极限状态设计方法。

1. 基本概念

前面所讲的两种设计方法，都是把荷载和抗力当成确定的量；当然，衡量建筑物安全度的安全系数也是一个确定值，所以也称定值设计。如果稍加思索就会发现，无论是荷载或者抗力，实际上都有很大的不确定性，很难确定其准确的数值。譬如，以研究某土层的内摩擦角 φ 值为例，进行几次试验，每次试验结果都不会完全一致，因为取样的位置、试验的具体操作都不可能完全一样。就是说，内摩擦角 φ 这个土的重要力学指标不是一个能够完全确定的数值，它的变化是随机的，故称为随机变量。随机变量并不是变化莫测、毫无规律，因为是属于同一层土，基本性质应该大致相同，其变化服从于某一统计规律。内摩擦角是这样，土的其他特性指标也是这样；推而广之，其他材料的特性指标以至于作用在建筑物上的荷载以及很多事物和现象也都是这样。

另外，工程上对安全系数数值的确定，仅是根据以往的工程经验，比较粗糙，而且不同方法之间，要求也不尽相同。例如用式（2.2）验算地基稳定时，一般要求安全系数达到2～3；而改用圆弧滑动法验算地基稳定性时，一般要求安全系数为1.3～3.5。但这完全不表示前者地基的安全度高于后者，仅仅是采用方法不同、准确性不一样，所以要求不同而已。以上说明这种用确定数值的荷载和抗力，以单一的安全系数所表征的设计方法尚有不够科学之处。于是另一种新的分析方法，即可靠度分析方法就逐渐发展起来。

可靠度的研究早在20世纪30年代就已开始，当时是围绕飞机失效所进行的研究。如果飞机设计师按以往的设计方法得到安全系数是3或者更大，这对安全飞行提供的只是个很模糊的概念，因为再大的安全系数也避免不了飞行事故的可能性。如果采用新的方法提供的结果是每飞行1h，失事的可能性为百万分之几的概率，则人们对飞行安全性的认识就要直观得多，这种以失效概率为表征的分析方法就是可靠度分析方法。第二次世界大战中，德国用可靠度分析方法研究火箭。美国在对其新型飞机的研究中也进行可靠度分析，以后可靠度分析方法逐渐推广应用到多个生产部门。大约20世纪40年代已应用于结构设计中。20世纪70年代以来，国际上以概率论和数理统计为基础的结构可靠度理论在土木工程领域逐步进入实用阶段。例如，加拿大分别于1975年和1979年率先颁发了基于可靠度的房屋建筑和公路桥梁结构设计规范；1978年，北欧五国的建筑委员会提出了《结构荷载与安全度设计规程》；美国国家标准局于1986年提出了《基于概率的荷载准则》；英国于1982年在BS 5400桥梁设计规范中引入了结构可靠度理论的内容，土木工程结构的设计理论和设计方法进入了一个新的阶段。我国虽然到20世纪70年代中期才开始在建筑结构领域开展结构可靠度理论和应用研究工作，但很快取得成效。1984年，国家计委批准《建筑结构设计统一标准》（GBJ 68—1984），该标准提出了以可靠性为基础的概率极限状态设计统一原则，而后，用于国内土木工程结构设计的《工程结构可靠度设计统一标准》（GB 50153—1992）于1992年正式发布。基于《工程结构可靠度设计统一标准》（GB 50153—1992）的基本原则，适用于公路桥梁整体结构及结构构件、高速公路路面等结构设计的《公路工程结构可靠度设计统一标准》（GB/T 50283—1999）于1999年正式发布，指导公路工程各类结构按技术先进、安全可靠、适用耐久和经济合理的要求进行设计。《公路工程结构可靠度设计统一标准》（GB/T 50283—1999）全面引入了结构可靠性理论，明确提出以结构可靠性理论为基础的概率极限状态设计法作为公路工程结构设计的基本原则。随着结构可靠度理论的不断发展和完善，在总结了《工程结构可靠度设计统一标准》(GB 50153—1992) 的使用和我国大规模工程实践经验的基础上，进行了全面修订后的《工程结构可靠性设计统一标准》(GB 50153—2008) 于2008年正式发布，该标准仍采用以概率理论为基础的极限状态设计方法作为工程结构设计的总原则，并提出了以设计使用年限作为工程结构设计的总体依据。

2. 随机变量概率分布的基本概念

概率是指一组相互关联事件（称随机事件）中某一事件发生的可能性。概率论就是研究这种可能性内在规律的理论。如前所述，研究土的内摩擦角 φ 是一个随机事件，φ 是一个随机变量。如从现场取27个土样，做27组抗剪强度试验，得到27个 φ 值。为便于统计，按大小把 φ 值分成若干组，每组差限为1°。属于某组的个数 m 称为频数。频数 m 与总个数 n 之比 m/n 就称为概率。为了消除差限的影响，将概率除以差限，其值称为概率密度。

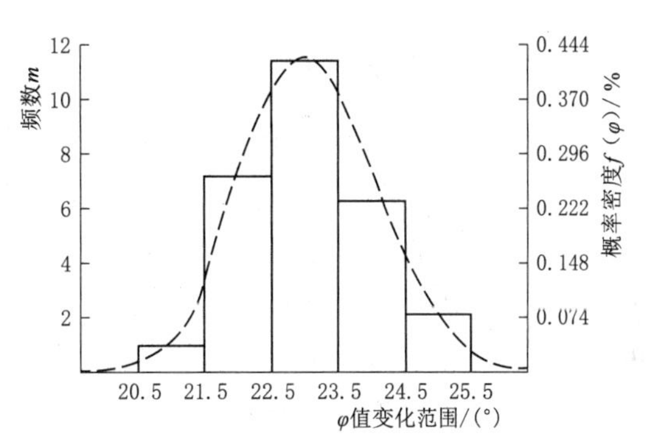

图2.1 内摩擦角 φ 的概率密度曲线

将本次试验的结果列于表2.1。以横坐标表示随机变量，纵坐标表示概率密度，根据表2.1中数据，绘制概率密度曲线，如图2.1所示。图中虚线表示内摩擦角 φ 的概率密度曲线 $f(\varphi)$。因为各组出现的概率之和为1.0，则概率密度曲线与 X 轴所包围的总面积也应该等于1.0。

表2.1　　内摩擦角 φ 值试验结果的统计表 ($n=27$)

φ 值变化范围/(°)	频　数 m	出现概率 m/n	概率密度 $f(\varphi)$/%
20.5～21.5	1	0.037	0.037
21.5～22.5	7	0.259	0.259
22.5～23.5	11	0.407	0.407
23.5～24.5	6	0.222	0.222
24.5～25.5	2	0.074	0.074

概率分布函数有许多不同的形态，通常材料特性和永久荷载的分布曲线为正态分布曲线。若以 X 代表某一随机变量，X_m 为随机变量的均值，正态分布曲线的特点是以通过均值的竖线为中轴线，曲线呈左右对称分布，且当 $X=+\infty$ 和 $X=-\infty$ 时，$f(X)=0$。正态分布概率密度函数的数学表达式为

$$f(X)=\frac{1}{\sqrt{2\pi}}\exp\left[-\frac{1}{2}\left(\frac{X-X_m}{\sigma_X}\right)^2\right] \tag{2.5}$$

式中　X——随机变量，可以是内摩擦角 φ，也可以是任意的随机变量；

X_m——X 的均值；

σ_X——X 的标准差。

随机变量的标准差 σ_X 越大，则随机变量的分散程度就越高。另外，由于标准差是有量纲数，对于不同事物，量纲不同时，不好进行比较，因此又引入另一个反映随机变量相对离散程度的参数，即变异系数 δ_X。

如果均值 $X_m=0$，即概率密度曲线对称于坐标轴，且标准差 $\sigma_X=1.0$，则式（2.5）变成

$$f(X)=\frac{1}{\sqrt{2\pi}}\exp\left(-\frac{1}{2}X^2\right) \tag{2.6}$$

$f(X)$ 称为标准正态分布的概率密度函数，其函数值如图 2.2（a）所示。

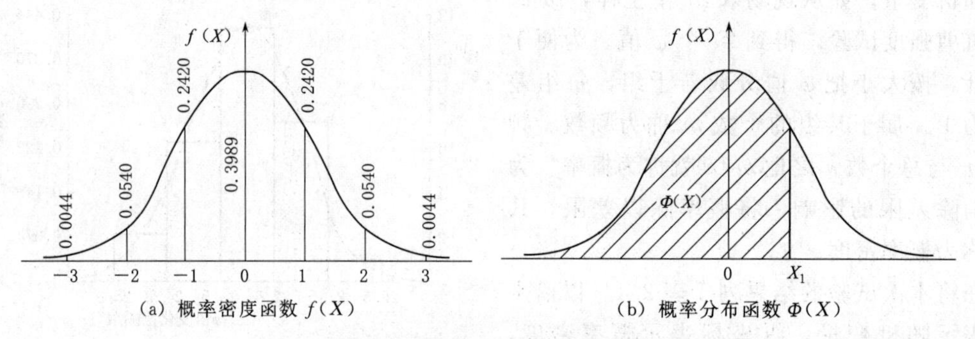

(a) 概率密度函数 $f(X)$　　(b) 概率分布函数 $\Phi(X)$

图 2.2　标准正态概率分布曲线

概率密度函数的积分称为概率分布函数，标准正态概率分布函数表示为

$$\Phi(X_1)=\frac{1}{\sqrt{2\pi}}\int_{-\infty}^{X_1}\exp\left(-\frac{1}{2}X^2\right)\mathrm{d}X \tag{2.7}$$

$\Phi(X_1)$ 函数值与 X_1 的关系见图 2.2（b）和表 2.2。

表 2.2　　**标准正态分布数值**

X_1	0.0	0.50	1.00	1.50	2.00	2.50	3.00	3.50	4.00	4.50	∞
$\Phi(X_1)$	0.50	0.6915	0.8413	0.9332	0.9773	0.9938	0.9987	0.9998	0.9999	0.9999	1.00

因为曲线对称于纵坐标轴，所以当 X_1 为负值时，可取为

$$\Phi(-X_1)=1-\Phi(-|X_1|) \tag{2.8}$$

$|X_1|$ 表示 X_1 的绝对值。例如 $X_1=-2$，则 $\Phi(-2)=1-\Phi(2)=1-0.9773=0.0227$。

3. 可靠度设计原理简介

结构的工作状态可以用作用（或荷载）或者作用效应 S（或荷载效应）与抗力 R 的关系来描述。作用效应与抗力的关系为

$$Z=R-S \tag{2.9}$$

Z 称为功能函数。当 $Z>0$ 或 $R>S$ 时，抗力大于作用效应，结构处于可靠状态；当 $Z<0$ 或 $R<S$ 时，抗力小于作用效应，结构处于失效状态；当 $Z=0$ 或 $R=S$ 时，抗力与作用效应相等，结构处于极限状态。

由于影响作用效应和结构抗力的因素很多，且各个因素都有不确定性，都是一些随机变量，故 S 和 R 也就是随机变量。经过对作用效应和抗力的很多统计分析表明，S 和 R 的概率分布通常属于正态分布。根据概率理论，功能函数 Z 也应该是正态分布的随机变量。这样按照式（2.5），以功能函数 Z 为随机变量，则它的概率密度函数应为

$$f(Z)=\frac{1}{\sqrt{2\pi}\sigma_Z}\exp\left[-\frac{1}{2}\left(\frac{Z-Z_m}{\sigma_Z}\right)^2\right] \tag{2.10}$$

根据概率理论有

$$Z_m=R_m-S_m \tag{2.11}$$

$$\sigma_Z=\sqrt{\sigma_S^2+\sigma_R^2} \tag{2.12}$$

式中　Z_m——功能函数 Z 的均值；

S_m——作用或作用效应的均值；

R_m——抗力的均值；

σ_Z——功能函数 Z 的标准差；

σ_S——作用效应的标准差；

σ_R——抗力的标准差。

这样，如果作用效应和抗力的均值 S_m 和 R_m 以及标准差 σ_S 和 σ_R 均已求得，则由式（2.10）即可绘出功能函数 Z 的概率密度分布曲线，如图 2.3（a）所示，它是一般形式的正态分布曲线。图中的阴影面积表示 $Z<0$ 的概率，也就是结构处于失效状态的概率，称为失效概率 p_f。当然 p_f 可以由概率密度函数积分求得，即

$$p_f=\int_{-\infty}^{0}f(Z)\,\mathrm{d}Z=\int_{-\infty}^{0}\frac{1}{\sqrt{2\pi}\sigma_Z}\exp\left[-\frac{1}{2}\left(\frac{Z-Z_m}{\sigma_Z}\right)^2\right]\mathrm{d}Z \tag{2.13}$$

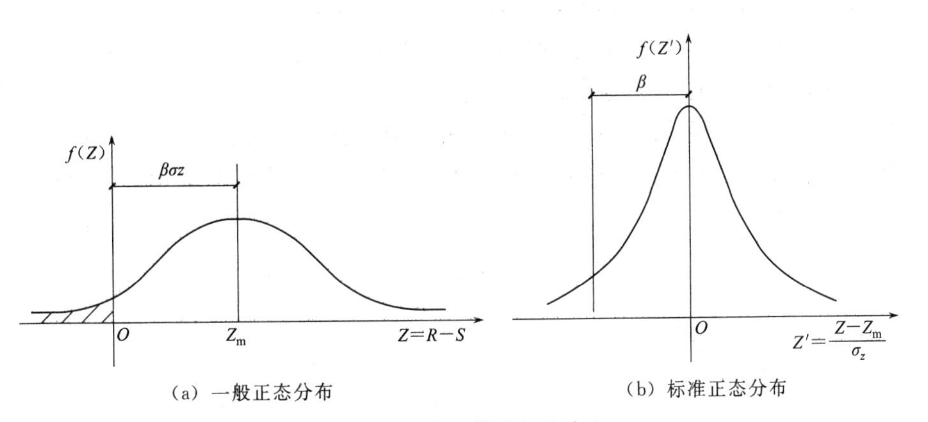

(a) 一般正态分布　　(b) 标准正态分布

图 2.3　功能函数的概率密度

但是直接计算 p_f 比较麻烦。通常可以把一般正态分布转换成标准正态分布，并利用表 2.2 以简化计算。按照标准正态分布的定义有 $Z_m=0$，$\sigma_Z=1.0$，因此把纵坐标轴移到均值 Z_m 位置，再把横坐标的单位值除以 σ_Z，于是横坐标变成 $Z'=(Z-Z_m)/\sigma_Z$。这样变换后就可以描绘出相应的标准正态分布曲线，如图 2.3（b）所示。

因为变换坐标后，$Z'=(Z-Z_m)/\sigma_Z$，故 $\mathrm{d}Z'=\mathrm{d}Z/\sigma_Z$，并且当 $Z=0$ 时，Z'

$=-Z_m/\sigma_Z$，代入式（2.13）得

$$p_f=\int_{-\infty}^{-Z_m/\sigma_Z}\frac{1}{\sqrt{2\pi}}\exp\left(-\frac{1}{2}Z'\right)^2\mathrm{d}Z' \tag{2.14}$$

与式（2.7）对比，显然式（2.14）是标准正态概率分布函数。令$-Z_m/\sigma_Z=\beta$可知，失效概率由β唯一确定，也就是说规定了失效概率p_f，也就是等于确定β值，反之亦然。例如$\beta=3$，则

$$p_f=\int_{-\infty}^{-3}\frac{1}{\sqrt{2\pi}}\exp\left(-\frac{1}{2}Z'\right)^2\mathrm{d}Z'=\Phi(-3)=1-\Phi(3)$$

查表 2.2，当$X_1=\beta=3$时，$\Phi(3)=0.9987$，则$p_f=1-0.9987=0.0013$。

因为β也是一个表示失效概率的指标，而且应用起来比p_f还要方便，所以在结构可靠度的设计中，它被用来作为表示结构可靠性的指标，称可靠指标。许多国家的有关部门都制定β值代替安全系数作为设计的控制指标。例如美国《钢结构建筑荷载和抗力系数设计规范》(*Load and Resistance Factor Design Specification for Structural Steel Buildings*）中，对β的建议值为：临时结构$\beta=2.5$、普通结构$\beta=3.0$、非常重要建筑物$\beta=4.0$。

我国《公路工程结构可靠性设计统一标准》（JTG 2120—2020）关于β的规定值见表 2.3。

表 2.3　结构构件承载能力极限状态的可靠指标 β

破坏类型	结构安全等级		
	一　级	二　级	三　级
延性破坏	4.7	4.2	3.7
脆性破坏	5.2	4.7	4.2

同时注意，当承受偶然作用时，结构构件的可靠指标应符合专门规范的规定。

可见，可靠指标β的作用类似上述的安全系数F_S，但它与F_S值的概念有明显的不同。图 2.4 表示两组作用效应和抗力的概率密度分布曲线S_1、R_1和S_2、R_2。令S_{1m}和R_{1m}为第一组作用效应和抗力的均值，S_{2m}和R_{2m}为第二组作用效应和抗力的均值，则安全系数F_S表示为

$$F_S=\frac{R_m}{S_m} \tag{2.15}$$

而可靠指标β则表示为

$$\beta=\frac{Z_m}{\sigma_Z}=\frac{R_m-S_m}{\sqrt{\sigma_R^2+\sigma_S^2}}=\frac{\frac{R_m}{S_m}-1}{\sqrt{\sigma_S^2+\frac{R_m^2}{S_m^2}\delta_R^2}}=\frac{F_S-1}{\sqrt{F_S^2\delta_R^2+\delta_S^2}} \tag{2.16}$$

式中　σ_S、σ_R——作用效应和抗力的标准差；

δ_S、δ_R——变异系数。

由此可见，安全系数只取决于作用效应和抗力的均值，可靠指标则不但取决于S和R的均值，而且还与它们的概率分布状况有关。

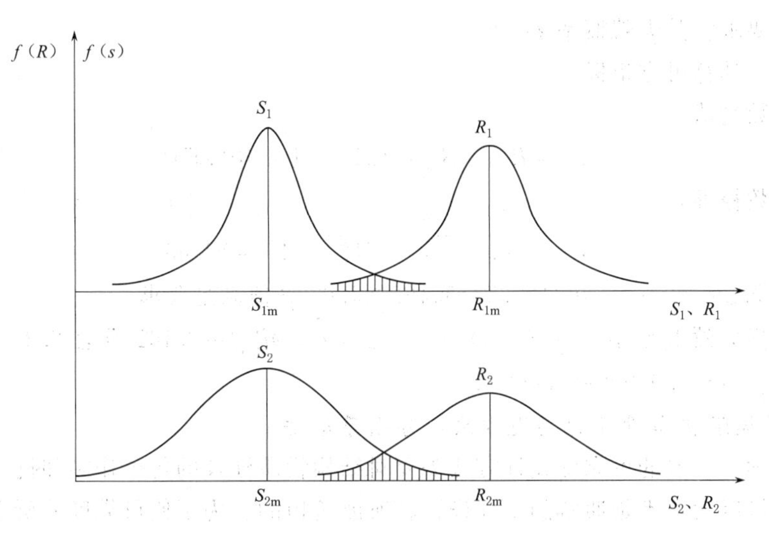

图 2.4 两组作用效应 S 和抗力 R 的概率密度函数曲线

进一步对这两组曲线进行分析表明，若 $S_{1m}=S_{2m}$，且 $R_{1m}=R_{2m}$，则安全系数 $F_{S1}=R_{1m}/S_{1m}=R_{2m}/S_{2m}=F_{S2}$，即两组曲线具有相同的安全系数。但是从概率曲线的形态分析，第二组曲线的离散程度比第一组要大，按可靠指标的概念，标准差 σ 越大，可靠指标 β 越小，故第一组的可靠指标大于第二组，即 $\beta_1>\beta_2$。不难理解，失效概率 p_f 与图中阴影面积的大小有关，显然第二组的失效概率要大于第一组，即 $p_{f1}<p_{f2}$。

总结以上内容，可靠度设计方法的要点归纳如下。

(1) 结构物在规定的时间内和条件下完成预定功能的概率称为结构可靠度。所谓规定时间就是指设计基准期，一般桥梁结构设计基准期为 100 年。规定条件就是指施工和应用各种工况的工作条件。完成预定功能就是要满足结构物功能函数 Z 的要求，即 $Z\geqslant 0$，或者说满足极限状态的设计要求。这种以概率理论为基础，以极限状态为分析方法，以可靠指标 β 值为安全标准的设计方法称为可靠度设计方法或以概率理论为基础的极限状态设计方法，以下简称概率极限状态设计方法。

(2) 按可靠度设计方法，必须先对作用于结构物上的全部作用或作用效应以及所有的抗力进行统计分析，得到总荷载的均值和标准差以及全部抗力的均值和标准差。在此基础上，建立功能函数的概率密度函数表达式，如式 (2.10) ～式 (2.12)，然后才能确定结构的可靠度。显然，这种方法的精确度取决于参与分析的诸多变量概率分布的规律性和试验点的数量。概率分布规律越简明，参与统计的试验点数越多，精确度就越高。在工程所涉及的荷载和抗力中，很多都属于简单的正态分布，但是也有少数属于非正态分布，必须通过概率理论进行转换。人工配制的材料，特性指标的离散性小而且常能提供大量的试验数据，而像岩土等天然形成的材料，特性指标的离散性大而且不易获得大量的试验数据，与前者比较难以采用可靠度的设计方法。

【例 2.1】 对某桥梁地基持力层做现场载荷试验，经统计分析，试验结果符合正态分布，承载力特征值的均值 $f_a=121\text{kPa}$，标准差 $\sigma=12\text{kPa}$。作用组合后的基底压力也符合正态分布，均值为 81kPa，标准差为 4kPa。若地基设计要求可靠指标 $\beta=3.0$，问该地基是否满足要求？其失效概率多大？

解：(1) 计算可靠指标。

功能函数均值

$$Z_m = R_m - S_m = 121 - 81 = 40(\text{kPa})$$

功能函数标准差

$$\sigma_Z = \sqrt{\sigma_R^2 + \sigma_S^2} = \sqrt{12^2 + 4^2} = 12.65$$

可靠指标 $\beta = Z_m / \sigma_Z = 40/12.65 = 3.162 > 3.0$。$\beta$ 值满足要求。

(2) 计算失效概率 $p_f = \varphi(-\beta) = 1 - \varphi(\beta)$，按 $\beta = 3.162$ 查表 2.2，$\varphi(3.16) = 0.99906$，$p_f = 1 - 0.99906 = 0.00094$。

4. 概率极限状态设计的实用方法：分项系数法

如前所述，一般的可靠度设计方法需要对结构物所涉及的每个作用和抗力都进行统计分析，工作量巨大，不是通常的工程设计者所能负担的。为了使可靠度分析在设计中实用化，将极限状态表达式写成分项系数的形式，即

$$\gamma_R R_k = \gamma_S S_k \tag{2.17}$$

式中　R_k——抗力标准值；

S_k——作用标准值的效应；

γ_R——抗力分项系数；

γ_S——作用的分项系数。

作用按其性质可分为两大类，即永久作用 G 和可变作用 Q，对应于其效应分别为 S_G 与 S_Q。于是式 (2.17) 可进一步表示为

$$\gamma_R R_k = \gamma_G S_{Gk} + \sum_{i=1}^{n} \gamma_{Qi} S_{Qik} \tag{2.18}$$

式中　S_{Gk}——永久作用标准值的效应；

S_{Qik}——第 i 个可变作用 Q_{ik} 标准值的效应；

γ_G——永久作用的分项系数；

γ_{Qi}——第 i 个可变作用的分项系数。

分项系数与安全系数的性质不同，安全系数是一个规定的工程经验值，不随抗力和作用效应的离散程度而变化。分项系数是根据变量的概率分布形态，经过统计分析而得到的，其值与变异系数和可靠指标有关，可分别表示为

$$\begin{aligned} \gamma_R &= 1 - 0.75\delta_R\beta \\ \gamma_G &= 1 + 0.5626\delta_G\beta \\ \gamma_Q &= 1 + 0.5626\delta_Q\beta \end{aligned} \tag{2.19}$$

式中　δ_R、δ_G、δ_Q——抗力、永久作用与可变作用的变异系数。

如上所述，作用效应是作用所引起的结构或结构中构件的反应，如力、力矩、应力或变形等，它等于作用乘以作用效应系数 C。例如简支梁上作用有均布荷载 q，跨中的弯矩 $M = ql^2/8 = Cq$。弯矩 M 就是作用 q 的效应，而 $C = l^2/8$ 称为该作用的效应系数，于是式 (2.18) 也可表示为

$$\gamma_R R_k = \gamma_G C_G G_k + \sum_{i=1}^{n} \gamma_{Qi} C_{Qi} Q_{ik} \tag{2.20}$$

式中　G_k——永久作用标准值；

Q_{ik}——第 i 个可变作用的标准值；

C_G——永久作用的效应系数；

C_{Qi}——第 i 个可变作用的效应系数。

式（2.20）就是一个可供具体计算的概率极限状态表达式。

2.2　地基基础的各类作用

2.2.1　结构上的作用和作用效应

结构上的作用是指施加在结构上的集中力或分布力，以及引起结构外加变形或约束变形（如地震、基础差异沉降、温度变化、混凝土收缩等）的原因。前者以力的形式作用于结构上，称为直接作用，习惯上称为荷载；后者以变形的形式作用在结构上，称为间接作用。

长期以来，一般习惯地称所有引起结构反应的原因为“荷载”，这种叫法实际并不科学和确切。引起结构反应的原因，可以按其作用的性质分为截然不同的两类，一类是施加于结构上的外力，如汽车荷载、人群荷载、结构自重等，它们是直接施加于结构上的，可用“荷载”这一术语来概括。另一类不是以外力形式施加于结构，它们产生的效应与结构本身的特性、结构所处环境等有关，如地震、基础变位、混凝土收缩和徐变、温度变化等，它们是间接作用于结构的，如果也称“荷载”容易引起人们的误解。因此，目前国际上普遍将所有引起结构反应的原因统称为“作用”，而“荷载”仅限于表达施加于结构上的直接作用。

结构上的作用可分为四类（表2.4）：

（1）永久作用。指在设计所考虑的时间内始终存在，且其量值变化与平均值相比可以忽略不计的作用，或其变化是单调的并能趋于限值的作用，如结构的自身重力、土压力、预应力等。

（2）可变作用。指在设计使用年限内其量值随时间变化，且其变化与平均值相比不可忽略的作用，如汽车荷载、温度荷载和风荷载等。

表2.4　　作用分类

编号	作用分类	作用名称
1	永久作用	结构重力（包括结构附加重力）
2		预加力
3		土的重力
4		土侧压力
5		混凝土收缩、徐变作用
6		水的浮力
7		基础变位作用

续表

编　号	作用分类	作用名称
8	可变作用	汽车荷载
9		汽车冲击力
10		汽车离心力
11		汽车引起的土侧压力
12		人群荷载
13		汽车制动力
14		疲劳荷载
15		风荷载
16		流水压力
17		冰压力
18		波浪力
19		温度（均匀温度和梯度温度）作用
20		支座摩阻力
21	偶然作用	船舶的撞击作用
22		漂流物的撞击作用
23		汽车的撞击作用
24	地震作用	地震作用

（3）偶然作用。在设计使用年限内不一定出现，而一旦出现其量值很大且持续时间很短的作用，如汽车、漂流物、船舶等物体的撞击作用。

（4）地震作用。地震作用是一种特殊的偶然作用，因此，将地震作用单列为一种类型。

2.2.2　竖向作用的计算

各作用量值确定计算，必须按《公路桥涵设计通用规范》（JTG D60—2015）的规定和要求计算。现将直接作用于墩台基础上且影响较大的作用量值计算作一简单介绍。

1. 结构重力

结构重力包括上部桥墩、基础等结构自重，以及“二期恒载”如桥面铺装、附属设备等附加重力。

结构重力的标准值可按表2.5所列常用材料的重度，根据下式计算

$$G_k = \gamma V \tag{2.21}$$

式中　G_k——结构重力标准值，kN；

γ——材料的重度，kN/m^3；

V——体积，m^3。

2. 公路汽车荷载

公路汽车荷载分为公路-Ⅰ级和公路-Ⅱ级。

表 2.5　　常用材料的重度

材料种类	重度/(kN/m³)	材料种类	重度/(kN/m³)
钢筋混凝土或预应力混凝土	25.0～26.0	沥青碎石	22.0
混凝土或片石混凝土	24.0	碎（砾）石	21.0
浆砌块石或料石	24.0～25.0	填土	17.0～18.0
浆砌片石	23.0	填石	19.0～20.0
干砌块石或片石	21.0	石灰三合土、石灰土	17.5
沥青混凝土	23.0～24.0	水	10.0

公路汽车荷载由车道荷载和车辆荷载组成。车道荷载由均布荷载和集中荷载组成。桥梁结构的整体计算采用车道荷载；桥梁结构的局部加载、涵洞、桥台和挡土墙土压力等的计算采用车辆荷载。车辆荷载与车道荷载的作用不得叠加。各级公路桥涵设计的汽车荷载等级应符合表 2.6 的规定。

表 2.6　　各级公路桥涵的汽车荷载等级

公路等级	高速公路	一级公路	二级公路	三级公路	四级公路
汽车荷载等级	公路-Ⅰ级	公路-Ⅰ级	公路-Ⅱ级	公路-Ⅱ级	公路-Ⅱ级

车道荷载的计算图式如图 2.5 所示。

公路-Ⅰ级车道荷载的均布荷载标准值为 $q_k=10.5$kN/m；集中荷载标准值 P_k 取值见表 2.7。计算剪力效应时，上述集中荷载标准值应乘以系数 1.2。

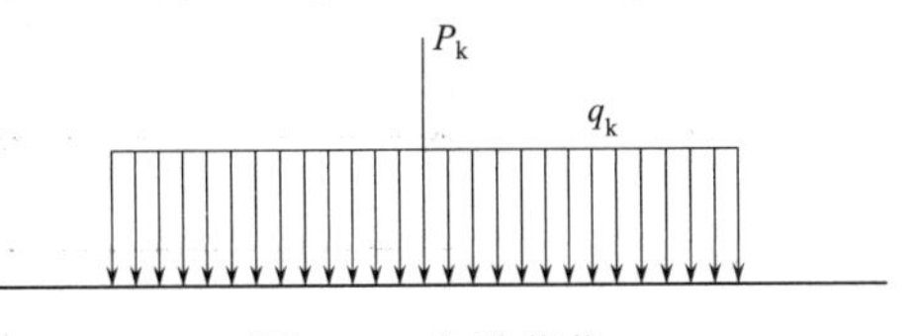

图 2.5　车道荷载

表 2.7　　车道荷载集中荷载标准值 P_k 取值

计算跨径 l_0/m	$l_0<5$	$5\leqslant l_0<50$	$l_0\geqslant 50$
P_k/kN	270	2（l_0+130）	360

公路-Ⅱ级车道荷载的均布荷载标准值 q_k 和集中荷载标准值 P_k 按公路-Ⅰ级车道荷载的 0.75 倍采用。

车道荷载的均布荷载标准值应满布于使结构产生最不利效应的同号影响线上；集中荷载标准值只作用于相应影响线中的一个影响线峰值处。

车辆荷载的立面布置和平面尺寸如图 2.6 所示，主要技术指标规定见表 2.8。

公路-Ⅰ级和公路-Ⅱ级汽车荷载采用相同的车辆荷载标准值。

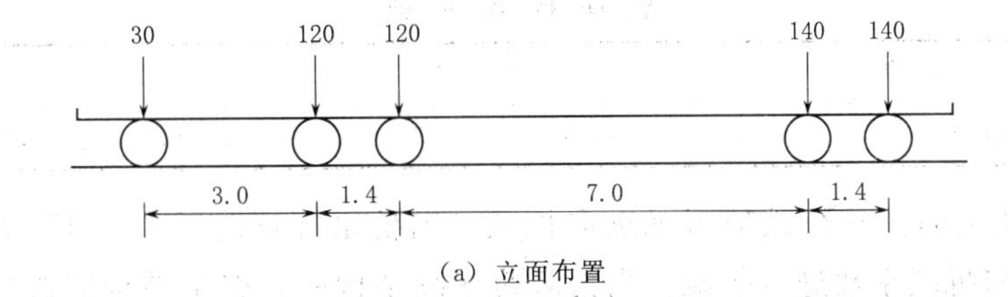

(a) 立面布置

图 2.6（一）　车辆荷载的立面布置和平面尺寸

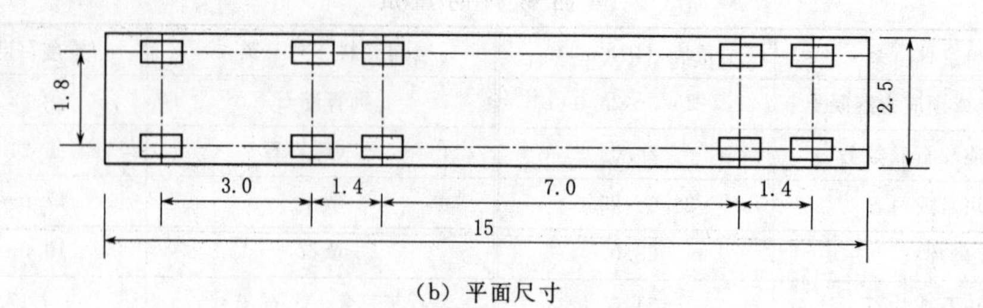

(b) 平面尺寸

图 2.6（二） 车辆荷载的立面布置和平面尺寸

表 2.8 **车辆荷载的主要技术指标**

项 目	技术指标	项 目	技术指标
车辆重力标准/kN	550	轮距/m	1.8
前轴重力标准/kN	30	前轮着地宽度及长度/m	0.3×0.2
中轴重力标准/kN	2×120	中、后轮着地宽度及长度/m	0.6×0.2
后轴重力标准/kN	2×140	车辆外形尺寸（长×宽）/m	15×2.5
轴距/m	3+1.4+7+1.4		

车道荷载横向分布系数应按设计车道数布置车辆荷载进行计算，如图 2.7 所示。

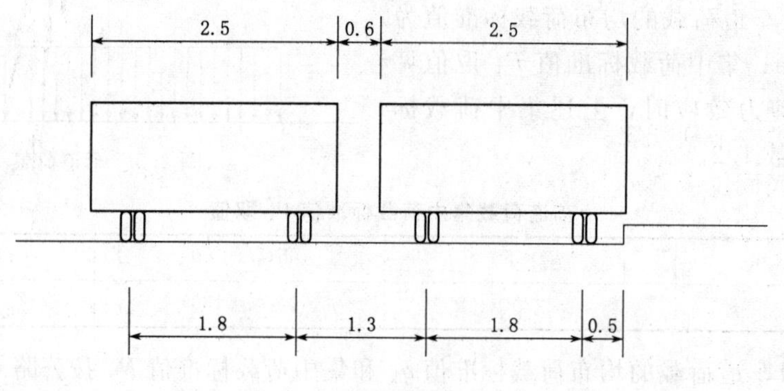

图 2.7 车辆荷载横向布置

多车道桥梁上的汽车荷载应考虑多车道折减。当桥涵设计车道数等于或大于 2 时，由汽车荷载产生的效应应按表 2.9 规定的多车道折减系数进行折减，但折减后的效应不得小于两个设计车道数的荷载效应。

表 2.9 **横 向 折 减 系 数**

横向布置设计车道数/条	2	3	4	5	6	7	8
横向折减系数	1.00	0.78	0.67	0.60	0.55	0.52	0.50

大跨径桥梁上的汽车荷载应考虑纵向折减。当桥梁计算跨径大于 150m 时，应按表 2.10 规定的纵向折减系数进行折减。当为多跨连续结构时，整个结构应按最大的计算跨径考虑汽车荷载效应的纵向折减。

表 2.10 纵向折减系数

计算跨径 l_0/m	纵向折减系数	计算跨径 l_0/m	纵向折减系数
$150<l_0<400$	0.97	$800\leqslant l_0<1000$	0.94
$400\leqslant l_0<600$	0.96	$l_0\geqslant 1000$	0.93
$600\leqslant l_0<800$	0.95		

3. 汽车荷载冲击力

汽车荷载冲击力应按下列规定计算：

(1) 钢桥、钢筋混凝土及预应力混凝土桥、圬工拱桥等上部构造和钢支座、板式橡胶支座、盆式橡胶支座及钢筋混凝土柱式墩台，应计算汽车的冲击作用。

(2) 填料厚度（包括路面厚度）等于或大于 0.5m 的拱桥、涵洞以及重力式墩台不计冲击力。

(3) 支座的冲击力，按相应的桥梁取用。

(4) 汽车荷载的冲击力标准值为汽车荷载标准值乘以冲击系数 μ。

(5) 冲击系数 μ 可按下式计算，即

$$\mu=\begin{cases}0.05 & (f<1.5\text{Hz})\\ 0.1767\ln f-0.0157 & (1.5\text{Hz}\leqslant f\leqslant 14\text{Hz})\\ 0.45 & (f>14\text{Hz})\end{cases} \tag{2.22}$$

式中 f——结构基频，Hz。

4. 水的浮力

水的浮力可按下列规定采用：

(1) 基础底面位于透水性地基上的桥梁墩台，当验算稳定时，应考虑设计水位的浮力；当验算地基应力时，仅考虑最低水位的浮力，或不考虑水的浮力。

(2) 基础嵌入不透水性地基的桥梁墩台时，不考虑水的浮力。

(3) 作用在桩基承台底面的浮力，应考虑全部底面积。对桩嵌入不透水地基并灌注混凝土封闭者，不应考虑桩的浮力，在计算承台底面浮力时应扣除桩的截面面积。

(4) 当不能确定地基是否透水时，应以透水或不透水两种情况与其他作用组合，取其最不利者。

2.2.3 顺桥向水平作用的计算

1. 汽车荷载制动力

汽车荷载制动力可按下列规定计算和分配：

(1) 汽车荷载制动力按同向行驶的汽车荷载（不计冲击力）计算，并应按表 2.10 的规定执行，以使桥梁墩台产生最不利纵向力的加载长度进行纵向折减。

一个设计车道上由汽车荷载产生的制动力标准值按规定的车道荷载标准值在加载长度上计算的总重力的 10%计算，但公路-Ⅰ级汽车荷载的制动力标准值不得小于 165kN；公路-Ⅱ级汽车荷载的制动力标准值不得小于 90kN。同向行驶双车道的汽车荷载制动力标准值为一个设计车道制动力标准值的 2 倍；同向行驶三车道为一个设计车道的 2.34 倍；同

向行驶四车道为一个设计车道的2.68倍。

(2) 制动力的着力点在桥面以上1.2m处，计算墩台时，可移至支座铰中心或支座底座面上。计算刚构桥、拱桥时，制动力的着力点可移至桥面上，但不计因此而产生的竖向力和力矩。

(3) 设有板式橡胶支座的简支梁、连续桥面简支梁或连续梁排架式柔性墩台，应根据支座与墩台的抗推刚度的刚度集成情况分配和传递制动力。

(4) 设有固定支座、活动支座（滚动或摆动支座、聚四氟乙烯板支座）的刚性墩台传递的制动力，按表2.11的规定采用。每个活动支座传递的制动力，其值不应大于其摩阻力，当大于摩阻力时，按摩阻力计算。

表2.11　刚性墩台各种支座的制动力

<table>
<tr><th colspan="2">桥梁墩台及支座类型</th><th>应计的制动力</th><th>符号说明</th></tr>
<tr><td rowspan="3">简支梁桥台</td><td>固定支座</td><td>T_1</td><td rowspan="10">T_1——加载长度为计算跨径时的制动力；
T_2——加载长度为相邻两跨计算跨径之和时的制动力；
T_3——加载长度为一联长度的制动力</td></tr>
<tr><td>聚四氟乙烯板支座</td><td>$0.30T_1$</td></tr>
<tr><td>滚动（或摆动）支座</td><td>$0.25T_1$</td></tr>
<tr><td rowspan="4">简支梁桥墩</td><td>两个固定支座</td><td>T_2</td></tr>
<tr><td>一个固定支座，一个活动支座</td><td>*</td></tr>
<tr><td>两个聚四氟乙烯板支座</td><td>$0.30T_2$</td></tr>
<tr><td>两个滚动（或摆动）支座</td><td>$0.25T_2$</td></tr>
<tr><td rowspan="3">连续梁桥墩</td><td>固定支座</td><td>T_3</td></tr>
<tr><td>聚四氟乙烯板支座</td><td>$0.30T_3$</td></tr>
<tr><td>滚动（或摆动）支座</td><td>$0.25T_3$</td></tr>
</table>

注　*如为固定支座按 T_4 计算，如为活动支座按 $0.30T_5$（聚四氟乙烯支座）计算或 $0.25T_5$（滚动或摆动支座）计算，T_4 和 T_5 分别为与固定支座或活动支座相应的单跨跨径的制动力，桥墩承受的制动力为上述固定支座与活动支座传递的制动力之和。

2. 汽车荷载引起的土侧压力

汽车荷载引起的土压力采用车辆荷载加载。

车辆荷载在桥台或挡土墙后填土的破坏棱体上引起的土侧压力，可按下式换算成等代均布土层厚度 h(m) 计算

$$h=\frac{\sum G}{Bl_0\gamma} \tag{2.23}$$

式中　γ——土的重力密度，kN/m^3；

$\sum G$——布置在 $B\times l_0$ 面积内的车轮的总重力，kN，计算挡土墙的土压力时，车辆荷载应按《公路桥涵设计通用规范》(JTG D60—2015) 规定作横向布置，车辆外侧车轮中线距路面边0.5m，计算中涉及多车道加载时，车轮总重力应按规定进行折减；

l_0——桥台或挡土墙后填土的破坏棱体长度，m，对于墙顶以上有填土的路堤式挡土墙，l_0 为破坏棱体范围内的路基宽度部分；

B——桥台横向全宽或挡土墙的计算长度，m。

3. 温度作用

温度对下部结构产生的作用主要集中在柔性墩上，其影响主要有以下三种。

(1) 因年温变化，桥面系发生伸缩变形在柔性墩上产生的温度应力。

(2) 因太阳辐射在空心壁板式高墩出现的不均匀温度分布时，由于墩壁内外表面温差产生的温度自约束应力和支承约束应力。

(3) 寒流降温出现不均匀温度分布时，由于墩壁内外表面温差产生的温度自约束应力和支承约束应力。

对于中小跨径采用梁墩固结的柔性排架墩，主要是第一种影响。对于应用于大跨径高桥上的空心高墩，则三种影响都要考虑，同时还要考虑由于太阳侧晒，墩身朝阳面与背阴面温差使墩身挠曲而产生的对结构影响作用。

温度对空心壁板式高墩的作用是比较复杂的，现《公路桥涵设计通用规范》(JTG D60—2015) 对此还没有具体规定，而其作用影响又普遍认为较大，故设计者应对此充分予以重视。

4. 支座摩擦阻力

支座摩擦阻力标准值的计算式为

$$F=\mu W \tag{2.24}$$

式中 W——作用于活动支座上由上部结构重力产生的效应；

μ——支座的摩擦系数，无实测数据时可按表2.12取用。

表2.12　支座摩擦系数

支座种类		支座摩擦系数 μ
滚动支座或摆动支座		0.05
板式橡胶支座	支座与混凝土面接触	0.30
	支座与钢板接触	0.20
	聚四氟乙烯板与不锈钢板接触	0.06（加硅脂；温度低于−25℃时为0.078）
		0.12（不加硅脂；温度低于−25℃时为0.156）

5. 土的重力及土侧压力

计算土的重力时，土的重力密度和内摩擦角应根据调查或试验确定，当无实际资料时，可按表2.13或现行的《公路桥涵地基与基础设计规范》(JTG 3363—2019) 采用。

表2.13　土的重力密度和内摩擦角

名称	重力密度/(kN/m^3)	内摩擦角 φ/(°)	名称	重力密度/(kN/m^3)	内摩擦角 φ/(°)
湿黏土	17～19	25～35	干砂砾	18	35～45
干黏土	16～17	40～45	湿砂	17～18	40
湿砂砾	19～20	25～35	干砂	15～17	30～35

注　表中，外摩擦角 δ 采用 $\varphi/2$。

对于基础襟边上水位以下的土重力，当基底考虑浮力时采用浮重；当基底不考虑浮力时，视其是否透水采用天然重力或饱和重力。另外，还应根据验算项目要求，计入襟边土

层以上水柱的重力。浮土重力密度的计算式为

$$\gamma'=\frac{1}{1+e}(\gamma_0-1) \tag{2.25}$$

式中 e——土的孔隙比；

γ_0——土的固体颗粒重力密度，一般采用 $27kN/m^3$。

作用于桥台台身墙背土侧压力的类型除与填土性质和土与墙背之间的接触状况有关外，主要还与台身的位移方向和位移量有关。根据台身位移方向不同，产生三种不同的土压力。

(1) 静止土压力。台身墙体处于固定不动状态，作用在台背上的土压力为静止土压力。

静止土压力的标准值的计算公式为

$$e_j=\xi\gamma h \tag{2.26}$$

$$\xi=1-\sin\varphi \tag{2.27}$$

$$E_j=\frac{1}{2}\xi\gamma H^2 \tag{2.28}$$

式中 e_j——任一高度 h 处的静止土压力强度，kN/m^2；

ξ——压实土的静止土压力系数；

γ——土的重力密度，kN/m^3；

φ——土的内摩擦角，(°)；

h——填土顶面至任一点的高度，m；

H——填土顶面至基底高度，m；

E_j——高度 H 范围内单位宽度的静止土压力标准值，kN/m。

当验算倾覆和滑动稳定时，墩、台前侧地面以下不受冲刷部分土的侧压力可按静止土压力计算。拱桥桥台可能出现向路堤方向移动时，其台背土压力稳定性验算按静止土压力计算。

(2) 主动土压力。台身墙体离开填土向前（桥跨向）移动，台背土体达到主动极限平衡状态，作用在台背上的土压力为主动土压力。

主动土压力的标准值可按下列公式计算：

1) 当土层特性无变化且无汽车荷载时，作用在桥台前后的主动土压力标准值的计算公式为

$$E=\frac{1}{2}B\mu\gamma H^2 \tag{2.29}$$

$$\mu=\frac{\cos^2(\varphi-a)}{\cos^2\alpha\cdot\cos(\alpha+\delta)\left[1+\sqrt{\frac{\sin(\varphi+\delta)\sin(\varphi-\beta)}{\cos(\alpha+\delta)\cos(\alpha-\beta)}}\right]} \tag{2.30}$$

式中 E——主动土压力标准值，kN；

γ——土的重力密度，kN/m^3；

B——桥台的计算宽度，m；

H——计算土层高度，m；

β——填土表面与水平面的夹角，当计算台后的主动土压力时，β 按图 2.8 (a) 取

正值；当计算台前的主动土压力时，β 按图 2.8（b）取负值；

α——桥台台背与竖直面的夹角；

δ——台背与填土间的摩擦角，可取 $\delta=\varphi/2$。

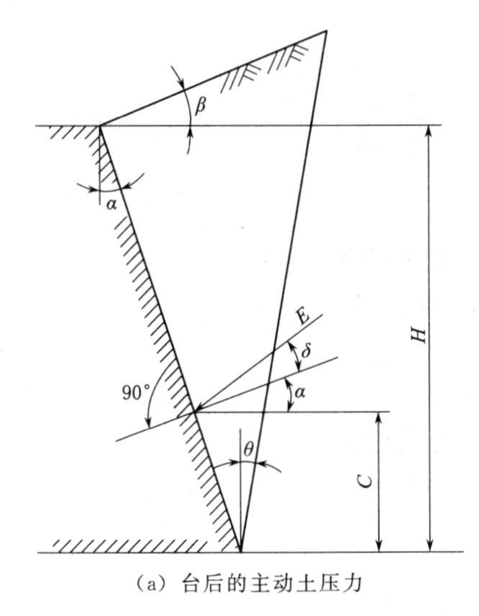

(a) 台后的主动土压力

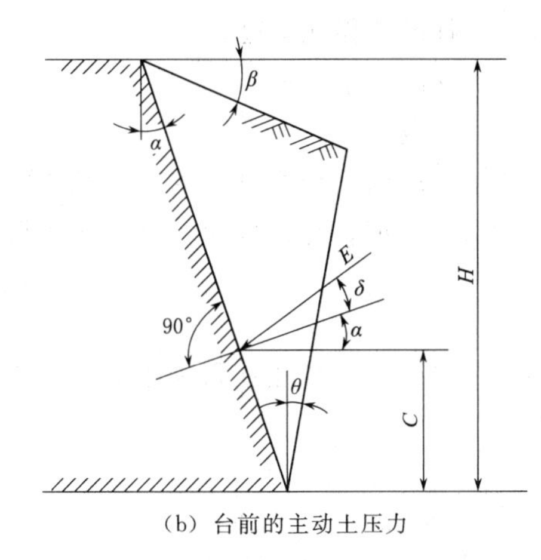

(b) 台前的主动土压力

图 2.8 主动土压力图

主动土压力的着力点自计算土层底面算起，$C=H/3$。

2）当土层特性无变化但有汽车荷载作用时，作用在桥台后的主动土压力标准值在 $\beta=0°$ 时的计算式为

$$E=\frac{1}{2}B\mu\gamma H(H+2h) \tag{2.31}$$

式中 h——汽车荷载的等代均布土层厚度，m。

主动土压力的着力点自计算土层底面算起，$C=\frac{H}{3}\times\frac{H+3h}{H+2h}$；$\mu$ 计算同前。

3）当 $\beta=0°$ 时，破坏棱体破裂面与竖直线间夹角 θ 的正切值的计算式为

$$\tan\theta=-\tan\omega+\sqrt{(\cot\varphi+\tan\omega)(\tan\omega-\tan\alpha)} \tag{2.32}$$

其中
$$\omega=\alpha+\delta+\varphi$$

当土层特性有变化或受水位影响时，宜分层计算土的侧压力。

(3) 被动土压力。台身墙体向后（路堤向）移动推压填土，并最终达到被动极限平衡状态，此时台背土压力达到最大值，称为被动土压力。

(4) 桩柱式墩台土压力作用宽度确定。承受土侧压力的柱式墩台，作用在柱上的土压力计算宽度，按下列规定采用（图 2.9）。

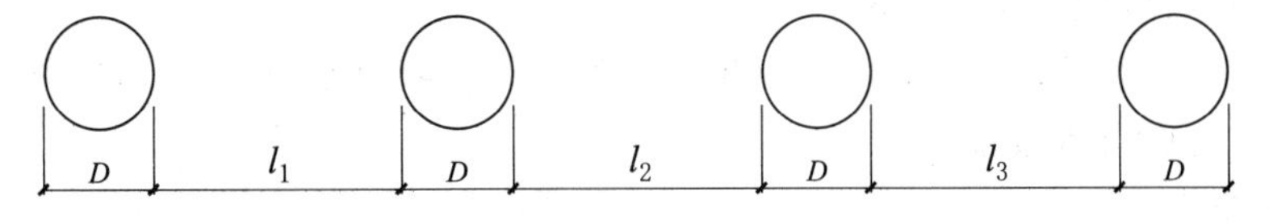

图 2.9 柱的土侧压力计算宽度

1）当 $l_i \leqslant D$ 时，作用在每根柱上的土压力宽度计算式为

$$b=\frac{nD+\sum_{i=1}^{n-1} l_i}{n} \tag{2.33}$$

式中　b——土压力计算宽度，m；

D——柱的直径或宽度，m；

l_i——柱间净距，m；

n——柱数。

2）当 $l_i > D$ 时，应根据柱的直径或宽度来考虑柱间空隙的折减。

当 $D \leqslant 1.0$m 时，作用在每一柱上的土压力宽度的计算式为

$$b=\frac{D(2n-1)}{n} \tag{2.34}$$

当 $D > 1.0$m 时，作用在每一柱上的土压力宽度的计算式为

$$b=\frac{n(D+1)-1}{n} \tag{2.35}$$

式中各符号意义同前。

（5）压实填土重力的竖向和水平压力强度标准值。

竖向压力强度

$$q_{\mathrm{v}}=\gamma h \tag{2.36}$$

水平压力强度

$$q_{\mathrm{H}}=\lambda \gamma h \tag{2.37}$$

$$\lambda=\tan^2\left(45^\circ-\frac{\varphi}{2}\right) \tag{2.38}$$

式中　γ——土的重力密度，$\mathrm{kN/m^3}$；

h——计算截面至路面顶的高度，m；

λ——侧压系数。

2.2.4　横桥向水平作用的计算

1. 汽车荷载离心力

汽车荷载离心力是一种伴随车辆在弯道桥行驶时所产生的惯性力，其以水平力的形式作用于桥梁，当弯道桥的曲线半径等于或小于 250m 时，弯道桥的墩台应计算汽车荷载引起的离心力。汽车荷载离心力标准值为车辆荷载（不计冲击力）标准值乘以离心力系数 C。离心力系数的计算式为

$$C=\frac{v^2}{127R} \tag{2.39}$$

式中　v——设计速度，km/h，应按桥梁所在路线设计速度采用；

R——曲线的曲率半径，m。

离心力作用点在桥面上，计算多车道桥梁的汽车荷载离心力时，车辆荷载标准值应乘以表 2.9 规定的横向折减系数。

2. 流水压力

作用在桥墩上的流水压力标准值的计算式为

$$F_W = KA\frac{\gamma v^2}{2g} \tag{2.40}$$

式中 F_W——流水压力标准值，kN；

γ——水的重力密度，kN/m^3；

v——设计流速，m/s；

A——桥墩阻水面积，m^2，计算至一般冲刷线处；

g——重力加速度，取 $9.81m/s^2$；

K——桥墩形状系数，见表 2.14。

表 2.14　桥墩形状系数

桥墩形状	K	桥墩形状	K
方形桥墩	1.5	尖端形桥墩	0.7
矩形桥墩（长边与水流平行）	1.3	圆端形桥墩	0.6
圆形桥墩	0.8		

流水压力合力的着力点，假定在设计水位线以下 0.3 倍水深处。

3. 冰压力

对具有竖向前棱的桥墩，冰压力可按下述规定取用。

（1）冰对桩或墩产生的冰压力标准值的计算式为

$$F_i = mC_t btR_{ik} \tag{2.41}$$

式中 F_i——冰压力标准值，N；

m——桩或墩迎冰面形状系数，可按表 2.15 取用；

C_t——冰温系数，可按表 2.16 取用；

b——柱或墩迎冰面投影宽度，m；

t——计算冰厚，m，可取实际调查的最大冰厚；

R_{ik}——冰的抗压强度标准值，kN/m^2，可取当地冰温 0℃时的冰抗压强度；当缺乏实测资料时，对海冰可取 $R_{ik}=750kN/m^2$；对河冰，流冰开始时 $R_{ik}=750kN/m^2$，最高流冰水位时可取 $R_{ik}=450kN/m^2$。

表 2.15　桩或墩迎冰面形状系数

迎冰面形状	平面	圆弧形	尖角形迎冰面角度				
			45°	60°	75°	90°	120°
系数 m	1.00	0.90	0.54	0.59	0.64	0.69	0.77

当冰块流向桥轴线的角度 $\varphi \leqslant 80°$ 时，桥墩竖向边缘的冰荷载应乘以 $\sin\varphi$ 予以折减。冰压力合力作用在计算结冰水位以下 0.3 倍冰厚处。

（2）当流冰范围内桥墩有倾斜表面时，冰压力应分解为水平分力和竖向分力。

表 2.16　冰温系数 C_t

冰温/℃	0	−10 及以下
C_t	1.0	2.0

注 1. 表列冰温系数可直线内插；
2. 对海冰，冰温取结冰期最低冰温；对河冰，取解冻期最低冰温。

$$F_{xi}=m_0C_tR_{bk}t^2\tan\beta \tag{2.42}$$

$$F_{zi}=F_{xi}/\tan\beta \tag{2.43}$$

式中　F_{xi}——冰压力的水平分力，kN；

F_{zi}——冰压力的垂直分力，kN；

β——桥墩倾斜的棱边与水平线的夹角，(°)；

R_{bk}——冰的抗弯强度标准值，kN/m²，取 $R_{bk}=0.7R_{ik}$；

m_0——系数，$m_0=0.2b/t$，但不小于1.0。

受冰作用的部位宜采用实体结构。对于具有强烈流冰的河流中的桥墩，应采取必要的防护措施或防撞破冰的保护设施。

4. 船舶或漂流物的撞击

位于通航河流或有漂流物的河流中的桥梁墩台，设计时应考虑船舶或漂流物的撞击作用，其撞击作用标准值可按下列规定采用或计算。

(1) 当缺乏实际调查资料时，内河上船舶撞击作用的标准值可按表2.17采用。

表2.17　内河船舶撞击作用标准值

内河航道等级	船舶吨组DWT/t	横桥向撞击作用/kN	顺桥向撞击作用/kN
一	3000	1400	1100
二	2000	1100	900
三	1000	800	650
四	500	550	450
五	300	400	350
六	100	250	200
七	50	150	125

四、五、六、七级航道内的钢筋混凝土桩墩，顺桥方向的撞击作用可按表2.17所列数值的50%考虑。

(2) 当缺乏实际调查资料时，海轮撞击作用的标准值可按表2.18采用。

表2.18　海轮撞击作用标准值

船舶吨位DWT/t	3000	5000	7500	10000	20000	30000	40000	50000
横桥向撞击作用/kN	19600	25400	31000	35800	50700	62100	71700	80200
顺桥向撞击作用/kN	9800	12700	15500	17900	25350	31050	35850	40100

(3) 可能遭受大型船舶撞击作用的桥墩，应根据桥墩的自身抗撞击能力、桥墩的位置和外形、水流流速、水位变化、通航船舶类型和碰撞速度等因素作桥墩防撞设施的设计。当设有与墩台分开的防撞击的防护结构时，桥墩可不计船舶的撞击作用。

(4) 漂流物横桥向撞击力标准值的计算式为

$$F=\frac{WV}{gT} \tag{2.44}$$

式中　W——漂流物重力，kN，应根据河流中漂流物情况，按实际调查确定；

V——水流速度，m/s；

T——撞击时间，s，应根据实际资料估计，在无实际资料时，可用 1s；

g——重力加速度，取 9.81m/s^2。

（5）内河船舶的撞击作用点，假定为计算通航水位线以上 2m 的桥墩宽度或长度的中点。海轮船舶撞击作用点需视实际情况而定。漂流物的撞击作用点假定在计算通航水位线上桥墩宽度的中点。

对于风荷载、地震作用等的计算，可参考《公路桥涵设计通用规范》（JTG D60—2015）和《公路桥梁抗震设计规范》（JTG/T 2231－01—2020）的相关规定。

2.2.5　不同桥型的不利工况

作用于墩台的作用种类繁多，针对某验算项目，很难估计出哪一种组合最不利。拱桥墩台与梁式桥墩台虽有共同之处，但也具有很大的差异。以下按梁式桥和拱桥分别说明其作用效应组合特点。

2.2.5.1　梁式桥桥墩台作用效应组合

1. 梁式桥桥墩

第一种组合：按在桥墩各截面上可能产生最大竖向力的状况组合。此时汽车荷载应为双跨布载，集中荷载布在支座反力影响线最大处。若为不等跨桥墩，集中荷载应布置在大跨上支座反力影响线最大处，其他可变作用方向应与大跨支座反力作用效果相同，如图 2.10（a）所示。它是用来验算墩身强度和基底最大压应力的。

第二种组合：按在桥墩各截面顺桥方向上可能产生最大偏心距和最大弯矩的状况组合。此时应为单跨布载。若为不等跨桥墩，应大跨布载。其他可变作用方向应与汽车荷载反力作用效果相同，如图 2.10（b）所示，它是用来验算墩身强度、基底应力、偏心距及稳定性的。

第三种组合：当有冰压力或偶然作用中的船舶或漂流物作用时，按在桥墩各截面横桥方向可能产生与上述作用效果一致的最大偏心距和最大弯矩的状况组合。此时顺桥向应按第一种组合处理，而横向可能是一列靠边布载（产生最大横向偏心距）；也可能是多列偏向或满布偏向（竖向力较大，面横向偏心较小），如图 2.10（c）所示。它是用来验算横桥方向上的墩身强度、基底应力、横向偏心距及稳定性的。

2. 梁式桥桥台

计算重力式桥台所需考虑的作用，基本与桥墩一样，只不过纵横向风力、流水流冰压力、船船或漂流物的撞击力等可不考虑，而相应对台后填土压力等则要着重考虑。桥台只作顺桥方向验算，除作整体验算外，其各结构部分（如侧墙或耳墙）还应独立进行作用组合验算。

一般地，梁式桥的重力式桥台汽车荷载可按以下三种情况布置。

第一种：汽车荷载仅布置在台后填土的破坏棱体上，如图 2.11（a）所示。此时，根据《公路桥涵设计通用规范》（JTG D60—2015）的规定，以车辆荷载形式布载。

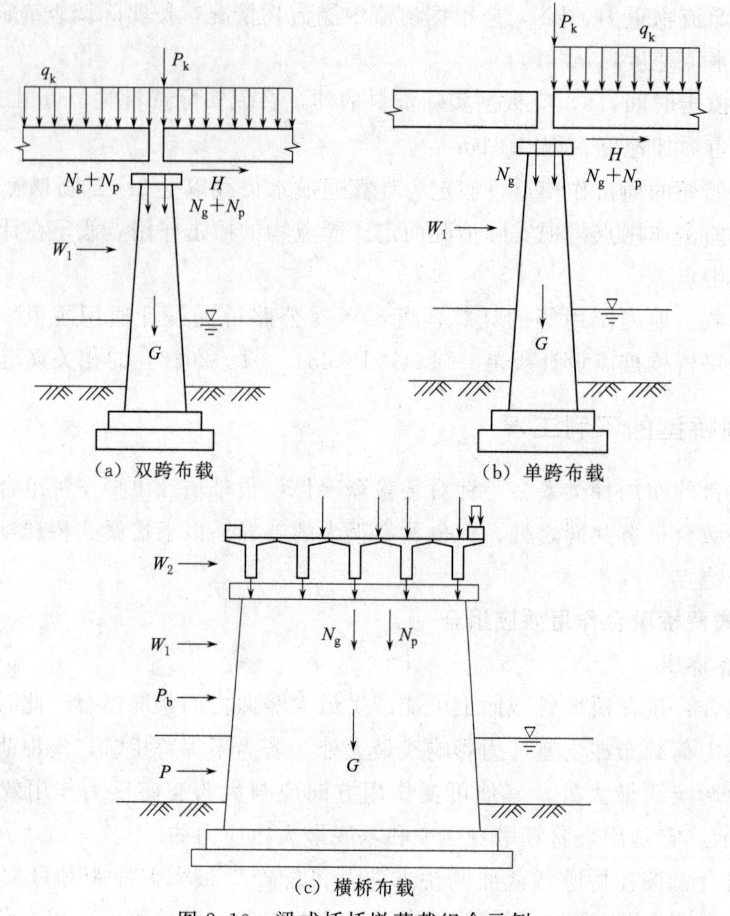

图 2.10　梁式桥桥墩荷载组合示例

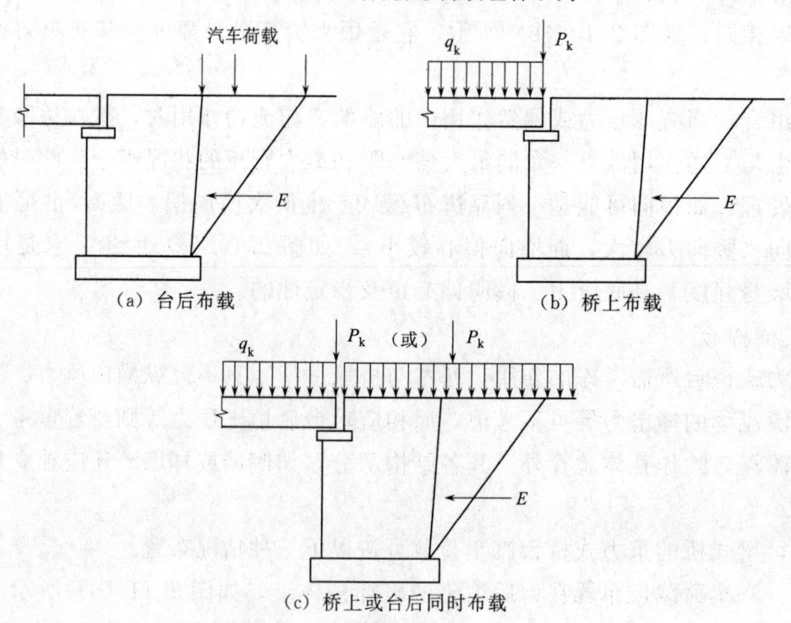

图 2.11　梁式桥桥台作用组合图示

第二种：汽车荷载（以车道荷载形式布载）仅布置在桥跨结构上，集中荷载布在支座上，如图 2.11（b）所示。

第三种：汽车荷载（以车道荷载形式布载）同时布置在桥跨结构和破坏棱体上，如图 2.11（c）所示，此时集中荷载可布在支座上或台后填土的破坏棱体上。

3. 现行《公路桥涵设计通用规范》对桥台汽车荷载布载的规定

《公路桥涵设计通用规范》（JTG D60—2015）4.3.1 条规定：桥梁结构的整体计算采用车道荷载；桥梁结构的局部加载、涵洞、桥台和挡土墙土压力等的计算采用车辆荷载。

桥台设计布载工况一般有三种情况：第一种是桥上布载台后无载；第二种是台后布载桥上无载；第三种是桥上台后同时布载。现规范车辆荷载的概念只是一辆重车，没有车距和车队的规定，而当桥上布载时，如果只布车辆荷载，则随着桥梁跨度的增大而计算的支反力要比车道荷载计算结果偏小，是不安全的。而实际上，计算桥台受力时，桥上布载与桥墩一样都是计算支反力，桥墩也存在一孔布载情况，同属整体计算，应采用车道荷载。而对台后布载，主要是计算汽车引起的土侧压力，台后路堤填土破坏棱体长度有限，应采用车辆荷载计算。对桥上台后同时布载情况，建议仍然采用车道荷载，以集中力作用在桥上或台后来寻求最不利状况。具体桥台计算汽车荷载类型的比较见表 2.19。

表 2.19　桥台计算汽车荷载类型比较

汽车荷载类型	跨径/m			
	20	30	45	50
车辆荷载支反力/kN	816.32	915.54	961.80	989.44
车道荷载支反力/kN	775.95	987.00	1188.00	1389.00

注　跨径 20m 以下桥台计算，桥上可用车辆荷载。

梁式桥的重力式桥台向桥孔方向偏移为不利，按上述第一、三种布载控制设计，此时台后填土按尚未压实考虑；对埋置式桥台三种情况都可能会产生不利情况，此时当验算向路堤侧偏心时，台后填土按已压实土考虑。

2.2.5.2　拱桥墩台作用效应组合

1. 拱桥桥墩

由于拱桥是一种超静定推力结构，所以计算拱桥墩台的各种作用和效应组合要比梁板式桥台复杂，需加以注意。

顺桥方向验算的作用及其组合：对于普通桥墩应为相邻两孔的结构重力，在一孔或跨径较大的一孔满布汽车荷载（集中荷载布在影响线最大处），尚可有其他可变作用中的汽车制动力、纵向风力、温度影响等参与组合，并由此对桥墩产生不平衡水平推力、竖向力和弯矩（图 2.12）。对于单向推力墩则只考虑相邻两孔中跨径较大一孔的结构重力的作用力。

图中的符号意义如下：

G——桥墩重力（含直接作用墩上的上部结构重力）；

Q——水的浮力；

V_g、V_g'——相邻两孔拱脚因结构重力产生的竖向反力；

V_p——与汽车荷载产生的 H_p 最大值相对应的竖向反力；

V_T——由桥面处制动力 H_V 引起的拱脚竖向反力，$V_T = HV_f/L$；

H_g、H'_g——不计弹性压缩时在拱脚由结构重力引起的水平推力；

ΔH_g、$\Delta H'_g$——由结构重力产生弹性压缩所引起的拱脚水平推力，方向与 H_g 和 H'_g 相反；

H_p——在相邻两孔中较大的一孔上由汽车荷载引起的拱脚最大水平推力；

H_T——制动力引起的在拱脚处的水平推力，按两个拱脚平均分配计算，$H_T = H_V/2$；

H_t、H'_t——温度变化引起的拱脚处的水平推力（图中所示为温度上升时的方向，温度降低时则方向相反）；

H_r、H'_r——拱圈材料收缩引起的拱脚水平拉力；

M_g、M'_g——结构自重引起的拱脚弯矩；

M_p——由汽车荷载引起的拱脚弯矩，由于它主要按 H_p 达到最大值时的荷载布置计算，故产生的拱脚弯矩很小，一般可以忽略不计；

M_t、M'_t——温度变化引起的拱脚弯矩；

M_r、M'_r——拱圈材料收缩引起的拱脚弯矩；

W——墩身纵向风力。

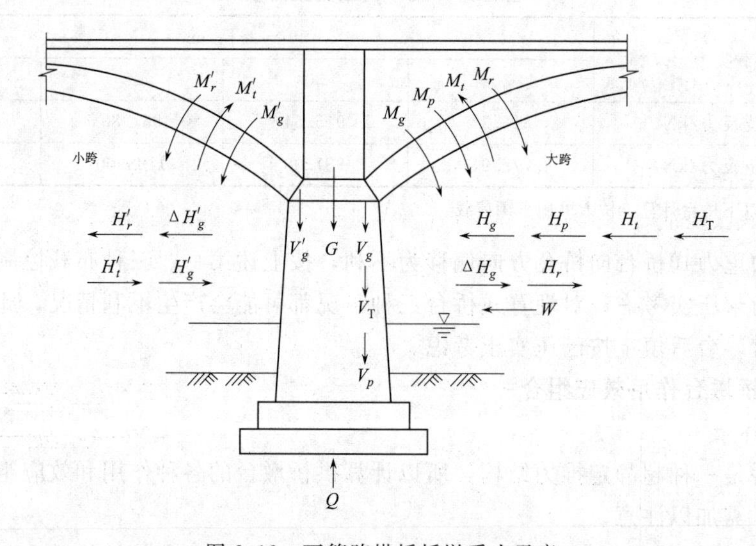

图 2.12　不等跨拱桥桥墩受力示意

对于具有受强偶然作用的公路桥梁（强流冰、通航性河流船舶撞击、强地震区），要进行横桥方向验算，而对于大跨度拱桥，还要进行横桥方向平面稳定性验算，其作用组合，除双跨偏载（偏向下游侧）布置汽车车道荷载外（以拱脚产生最大竖向反力为最不利），其他作用还有风力、流水压力、冰压力、船舶或漂流物撞击、地震作用等参与组合。

2. 拱桥桥台

拱桥重力式桥台一般根据拱的跨径、矢跨比、路堤高度等情况，按以下两种状况布置汽车荷载进行作用效应组合。

第一种：桥上满布车道荷载，集中荷载布在水平推力影响线最大处，使拱脚水平推力 H_p 达到最大值，温度上升，制动力向路堤方向，台后按压实土考虑土侧压力，使桥台有向路堤方向偏转的趋势，如图 2.13（a）所示。

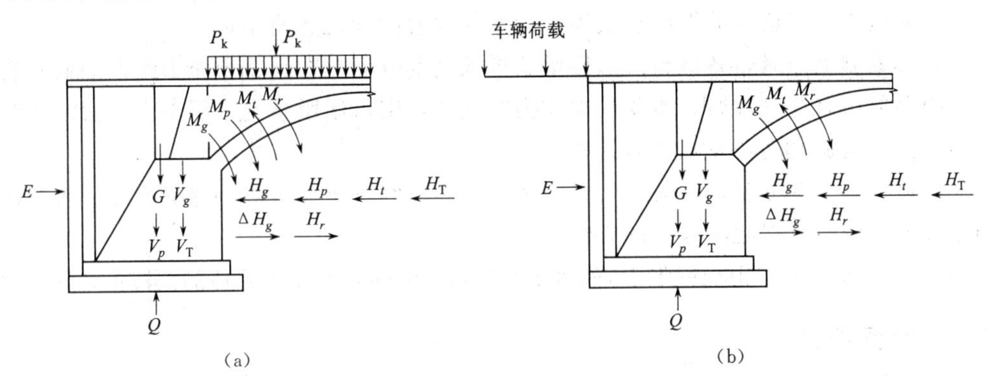

图 2.13　拱桥桥台荷载组合图示

第二种：台后破坏棱体上布车辆荷载，制动力向桥跨方向，桥跨上无汽车荷载，温度下降，台后按未压实土考虑土侧压力，使桥台有向桥跨方向偏移的趋势，如图 2.13（b）所示。

2.3　柔性排架墩水平力计算

梁桥的柔性墩多用于中、小跨径的桥梁上，当桥跨结构采用连续的构造和变形不够完善的支座（如仅垫油毛毡数层时），则可近似地按多跨铰接框架图式计算，如图 2.14（a）所示。但目前我国的公路桥梁中，比较多地采用较大摩阻力的板式橡胶支座。这种支座在水平力的作用下，将发生较小的水平向剪切变形，故它可按在节点处设置水平弹簧支承的框架图式计算，如图 2.14（b）所示，下面将着重对它的计算特点进行简要介绍。

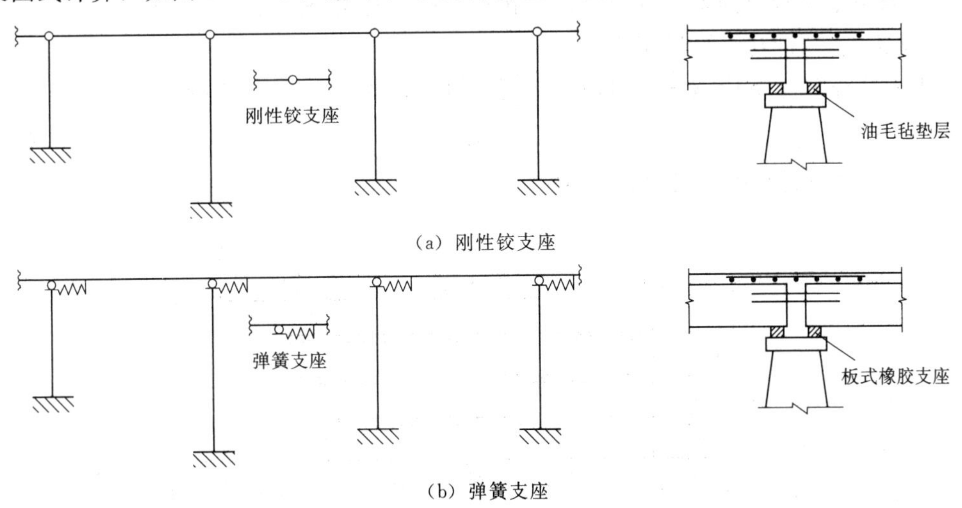

图 2.14　梁式桥柔性排架墩计算图示

2.3.1　基本假定

（1）外荷载除恒载、车辆活载外，还要计入汽车制动力、温度影响力，必要时还包括墩身受到的风力，但梁身的混凝土收缩、徐变等次要因素可忽略不计。

（2）计算制动力时，各墩台受力按墩顶抗推刚度分配。在计算土压力时，如设有实体墩台，则全部由有关刚性墩台承受。如均为柔性墩，则由岸墩承受土压力，并假定此时各个墩顶与上部构造之间不发生相对位移。

（3）计算温度变形时，墩对梁产生的竖向弹性拉伸或压缩影响可忽略不计，而只计桩墩顶水平力对桩墩所引起的弯矩的影响。

（4）在计算梁墩之间的橡胶支座的水平力剪切变形时，忽略因梁体的偏转角 θ 的影响。

2.3.2　计算步骤

1. 桥墩抗推刚度 k_{pi} 的计算

桥墩抗推刚度是指使墩顶产生单位水平位移所需施加的水平反力，其计算公式为

$$k_{pi}=\frac{1}{\delta_i} \tag{2.45}$$

式中　k_{pi}——第 i 个桥墩的抗推刚度；

δ_i——单位水平力作用在第 i 个柔性墩顶产生的水平位移，m/kN。

（1）当墩柱下端固定在基础或承台顶面时

$$\delta_i=\frac{l_i^3}{3EI} \tag{2.46}$$

式中　l_i——第 i 个墩柱下端固接处到墩顶的高度，m；

E——墩身弹性模量，kN/m^2；

I——墩身横截面对形心轴的惯性矩，m^4。

（2）当考虑桩侧土的弹性抗力时，δ_i 按桩基础的有关公式计算。

2. 橡胶支座抗推刚度 k_s 的计算

由材料力学知，剪应力 τ 与剪切角 γ 具有如下关系，如图 2.15 所示。

$$\tau=G\gamma \tag{2.47}$$

式中　G——橡胶材料的剪切模量，kPa。

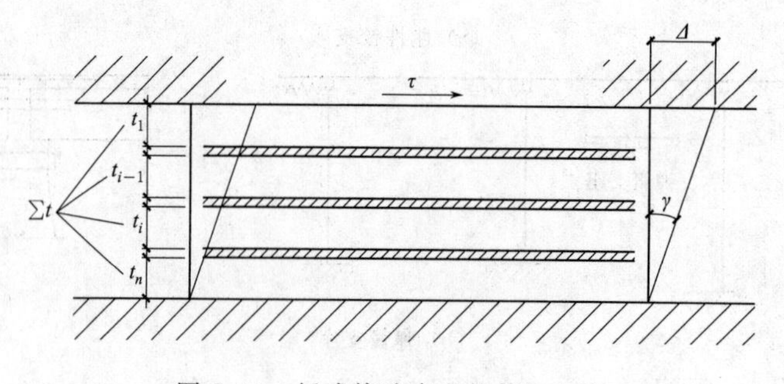

图 2.15　板式橡胶支座的剪切变形

将式（2.47）两边各乘以$\sum t \cdot \sum A_s$，并注意到

$$\sum A_s \cdot \tau = H \tag{2.48}$$

$$\sum t \cdot \gamma = \sum t \cdot \tan\gamma = \Delta \tag{2.49}$$

式中 $\sum A_s$——支座承压面积的总和，m^2；

$\sum t$——橡胶片的总厚度，m；

H——水平力，kN；

Δ——剪切位移，m。

经过整理简化后，得到支座的抗推刚度k_s为

$$k_s = \frac{H}{\Delta} = \frac{G\sum A_s}{\sum t} \tag{2.50}$$

3. 墩与支座的组合抗推刚度k_{ci}的计算

$$k_{ci} = \frac{1}{\delta_{ci}} = \frac{1}{\delta_{pi} + \delta_{si}} = \frac{1}{\dfrac{1}{k_{pi}} + \dfrac{1}{k_{si}}} \tag{2.51}$$

式中 δ_{ci}——墩与支座的组合抗推柔度，m/kN；

δ_{pi}——墩的抗推柔度，m/kN；

δ_{si}——支座的抗推柔度，m/kN；

k_{pi}——墩的抗推刚度，kN/m；

k_{si}——支座的抗推刚度，kN/m。

4. 墩顶制动力的计算

$$H_{iT} = \frac{k_{ci}}{\sum k_{ci}} T \tag{2.52}$$

式中 H_{iT}——作用在第i个墩台的制动力，kN；

T——全桥（或一联）承受的制动力，kN。

则墩顶水平位移Δ_{iT}为

$$\Delta_{iT} = \frac{H_{iT}}{k_{ci}} \tag{2.53}$$

5. 梁的温度变形引起的水平力

当温度下降时，桥梁上部结构将缩短，两岸边排架向河心偏移。当温度上升时，桥梁上部结构将伸长，两岸边排架向路堤偏移。因此，无论温度升高或降低，必然存在一个温度变化时偏移值等于零的位置x_0（称为温度中心）。在求排架的偏移值时，需先求出这个位置，如图2.16所示。

如果用x_1、x_2，…，x_i表示自0—0线至1，2，…，i号排架的距离，则得各墩顶部由温度变化引起的水平位移为

$$\Delta_{it} = \alpha \Delta t x_i \tag{2.54}$$

式中 α——上部结构的线膨胀系数；

Δt——温度升降的度数。

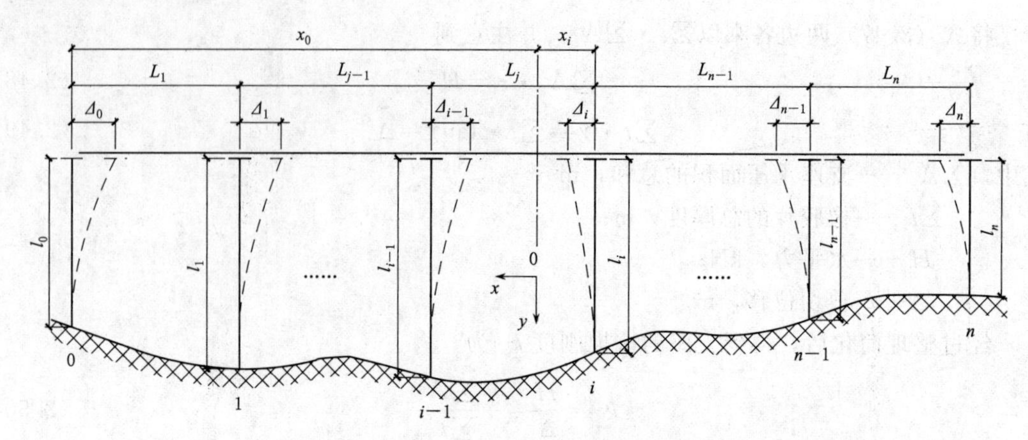

图 2.16　温度变化时柔性排架增的偏移图式

x_0—温度中心 0—0 线至 0 号排架的距离；i—桩的序号，$i=0$，1，2，…，n，n—总排架数减 1；L_j—第 j 跨跨径

Δ_{it}、x_i 均带有正负号，以自 0—0 线指向 x 轴正轴为正

$$x_i = x_0 - (L_1 + L_2 + \cdots + L_j) = x_0 - \sum_{j=1}^{i} L_j \tag{2.55}$$

各排架桩顶所受的温度力为

$$H_{it} = k_{ci}\Delta_{it} \tag{2.56}$$

在温变作用下，各墩顶水平力之和必为零，即

$$\sum_{i=1}^{n} H_{it} = 0 \tag{2.57}$$

联立解式（2.54）～式（2.57）便得到

$$x_0 = \frac{\sum_{i=1}^{n} k_{ci} \sum_{j=1}^{i} L_j}{\sum_{i=0}^{n} k_{ci}} \tag{2.58}$$

当各跨跨径相同且都为 L 时

$$x_0 = \frac{\sum_{i=1}^{n} k_{ci}(iL)}{\sum_{i=0}^{n} k_{ci}} = \frac{\sum_{i=1}^{n} ik_{ci}}{\sum_{i=0}^{n} k_{ci}} L \tag{2.59}$$

6. 由墩顶不平衡弯矩 M_0 产生的水平位移 Δ_{im}

$$\Delta_{im} = \frac{M_0 l_i^2}{2EI} \tag{2.60}$$

7. 考虑 N 和墩身自重 q_D 的影响，但不考虑支座约束影响的墩顶总水平位移 a

这是一个几何非线性分析的问题，可以应用瑞利-里茨法（Rayleigh-Ritz method）和最小势能原理求其近似解，即首先假定此悬臂墩的近似变形曲线（图 2.17）为

$$y = a\left(1 - \sin\frac{\pi x}{2l}\right) \tag{2.61}$$

式中的 a 为待定的最终水平位移，它是一个常数。

设此结构由应变能 U 和外力势能 V_E 构成的总势能 $\Pi=U+V_E$ 为最小，经过变分运算，可以得到此 a 值，具体推演过程见有关文献，在此只写出其计算公式

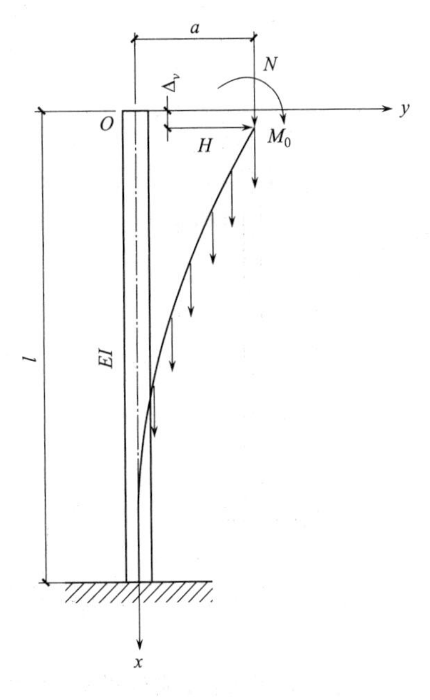

图 2.17 等直截面悬臂墩

$$a=\frac{H+M_0\left(\frac{\pi}{2l}\right)}{\frac{l}{8}\left[\frac{EI}{4}\left(\frac{\pi}{l}\right)^4-\left(N+\frac{q_D l}{3}\right)\left(\frac{\pi}{l}\right)^2\right]} \tag{2.62}$$

式中 H——作用于墩顶处的水平力，其作用方向与 y 轴一致者为正，反之为负；

M_0——作用于墩顶处的不平衡力矩，若由它引起的墩顶水平位移与 H 的效应相一致时，则取与 H 同号，反之，则取与 H 异号。

8. 计入板式橡胶支座约束影响后的桩墩计算

图 2.18（b）中明确展示，每个桥墩的顶部并非完全自由，而是受到板式橡胶支座的弹性约束。梁体上的水平力是通过板式支座与墩、梁接触面的摩阻力传递至桥墩，它既使墩顶产生水平位移，又使板式支座产生剪切变形，如图 2.18（b）所示。当梁体完成了这个水平力的传递以后，梁体便处于暂时的稳定状态。这时由于存在有轴力 N 和墩身自重 q_D 的影响，将使墩顶产生附加变形 δ。于是，板式橡胶支座由原来传递水平力的功能转变为抵抗墩顶继续变形的功能，当墩身很柔时，有可能使支座原来的剪切变形先恢复到零，逐渐过渡到反向状态，如图 2.18（c）所示。根据这个工作机理，便可将每座桥墩的受力状态图 2.18（a）分解为两个工作状态的组合。

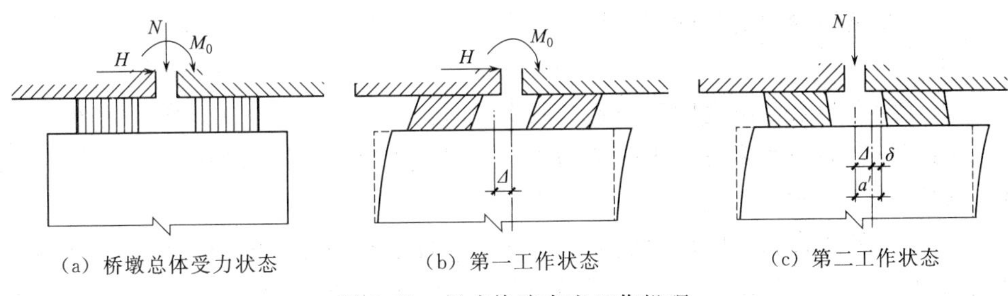

(a) 桥墩总体受力状态　(b) 第一工作状态　(c) 第二工作状态

图 2.18 板式橡胶支座工作机理

(1) 不计几何非线性效应的普通悬臂墩，如图 2.18（b）所示，它可按顶上的各个外力先分别计算，然后进行内力或变形的叠加。

(2) 将支座模拟为具有刚度的弹簧支承，将引起几何非线性效应影响的轴力换算为由桥墩与支座共同来承担的等效附加水平力 H_{epi}，如图 2.19（c）所示。该等效附加水平力可按下式计算

$$H_{epi}=k_{pi}(a_i-\Delta_{im})-H_i \tag{2.63}$$

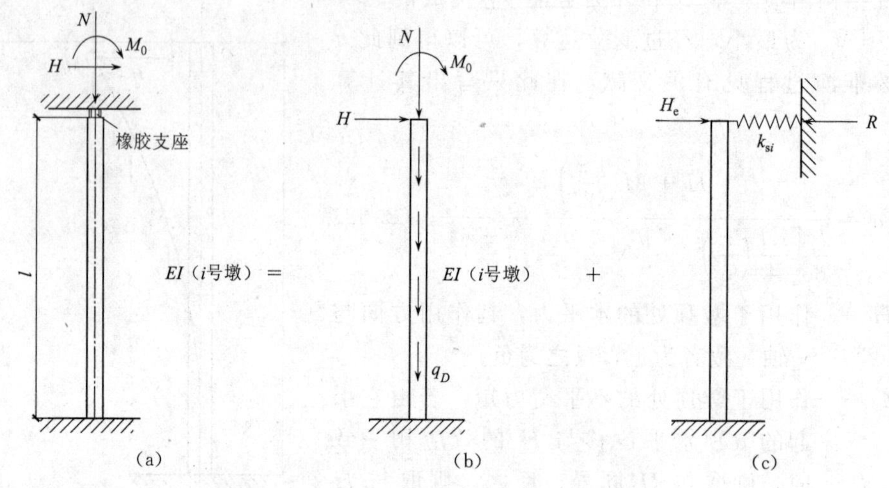

图 2.19　考虑几何非线性效应的计算模型

由此可以得到墩顶处的附加水平位移 δ；即

$$\delta=\frac{H_{eqi}}{k_{pi}+k_{si}} \tag{2.64}$$

由墩顶分担的附加水平力 H'_{epi} 为

$$H'_{epi}=k_{pi}\delta \tag{2.65}$$

由弹簧支承分担的附加水平力 H''_{epi} 或支反力 R_i 为

$$H''_{epi}=R_i=k_{si}\delta \tag{2.66}$$

9. 几何非线性效应的整体分析

当确定出在一种工况下各个墩顶处的等效附加水平力 H_{epi} 之后，便可将它们布置到图 2.20 中进行整体分析。这里要考虑下列三种边界条件：

（1）当一联结构的两端为固定式桥台并设置板式橡胶支座时，则按图 2.20（a）所示的图式分析。

（2）当其两端为柔性温度墩和板式橡胶支座时，则按图 2.20（b）所示的图式分析。

（3）两端设置的是摩阻力甚小的聚四氟乙烯滑板支座时，则按两端为活动铰支座的图式计算，如图 2.20（c）所示。

上述任何一种图式均可应用力法或者普通平面杆系有限元法的程序来完成分析，以求得各个水平弹簧支承中的反力。各个桥墩所得到的实际附加水平力应为 H_{epi} 与弹簧支承反力的代数和；然后，将此实际附加水平力叠加到图 2.20（b）中的 H 中去，便可得到该桥墩在考虑几何非线性效应后的内力值。

以上是柔性排架墩的一般计算步骤和方法。对于不同的桥墩应分别按不同的工况进行最不利的组合，找到控制设计的截面内力进行设计。工程中有时为了简化分析，也可以偏安全地不考虑橡胶支座弹性抗力的有利影响，即按式（2.62）得到的结果来确定截面内力。

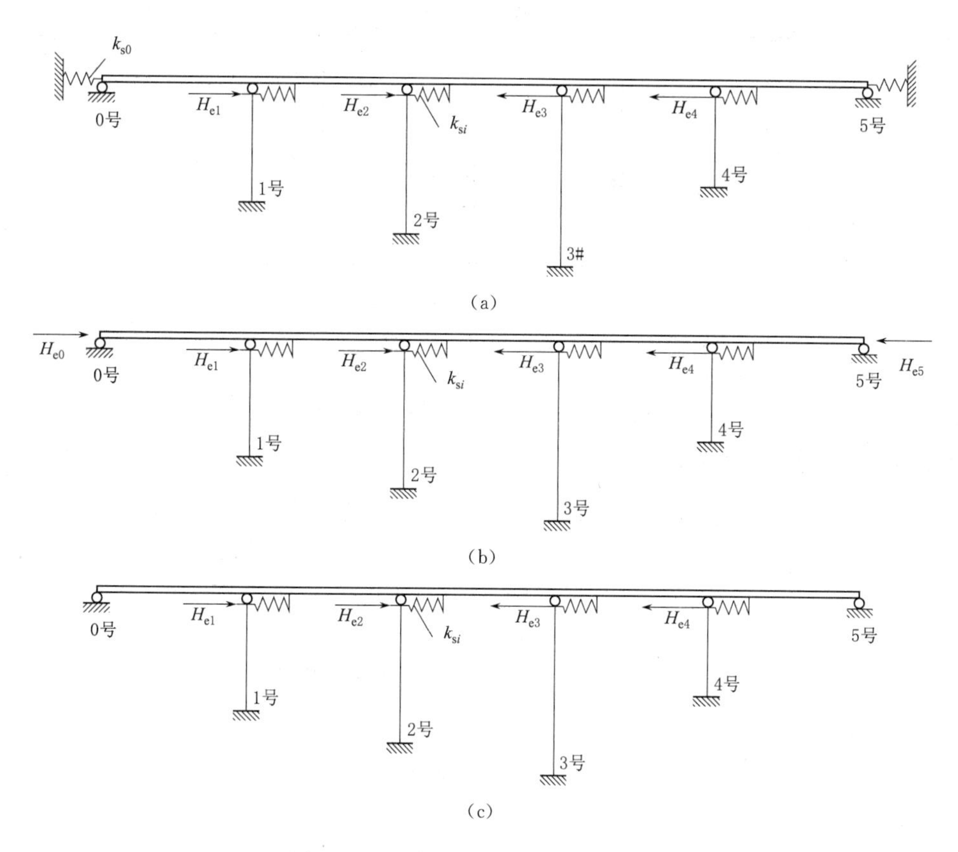

图 2.20　几何非线性效应的整体分析

顺便指出，上述的计算步骤和公式同样适用于设置板式橡胶支座的中、小跨径连续梁。由于连续梁的各个中墩均只有一排支座，理论上可以认为墩顶的不平衡力矩 $M_0=0$，并代入相应的公式即可。

2.3.3　算例

【例 2.2】　图 2.21 所示为五跨的简支梁桥，跨长 $L=20$m，桥宽 9m，钢筋混凝土双圆柱式墩（$D=1$m），混凝土强度等级为 C30，扩大基础奠基在基岩上。桥面做成简支连续，每座桥墩顶面均布置两排共 24 个直径 $d=20$cm 的普通板式橡胶支座，而 0 号和 5 号桥台各设置 12 个，橡胶支座的总厚度 $\sum t=4$cm，$G=1.1$MPa。试计算其中的 3 号桥墩在下列荷载条件下的等效附加水平力 H_{epi}。

（1）温降 25℃。

（2）公路-Ⅰ级汽车单向双车道荷载的制动力。

（3）传至墩顶的（恒载＋活载）垂直力 $N=3100$kN。

（4）墩顶因活载引起的不平衡力矩 $M_0=208$kN·m（逆时针方向）。

（5）墩身平均荷载集度（包括盖梁）$q_D=40$kN/m。

解：（1）计算桥墩抗推刚度 k_{pi}。

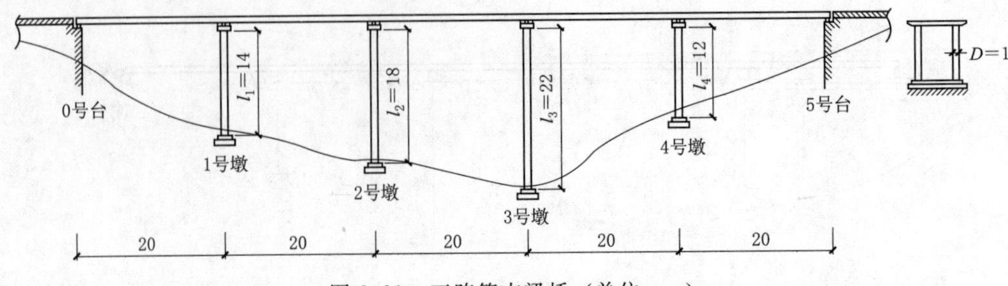

图 2.21　五跨简支梁桥（单位：m）

C30 混凝土的弹性模量为

$$E=3\times10^4\,\text{MPa}=3\times10^7\,\text{kN/m}^2$$

桥墩顺桥向的抗弯惯性矩为

$$I=2\times\frac{\pi D^4}{64}=2\times\frac{\pi\times1}{64}=\frac{\pi}{32}(\text{m}^4)$$

各墩的抗推刚度为

$$k_{\text{p1}}=\frac{3EI}{l_1^3}=\frac{3\times3\times10^7\times\dfrac{\pi}{32}}{14^3}=3320.02(\text{kN/m})$$

同理，得

$$k_{\text{p2}}=1515.04\text{kN/m}$$
$$k_{\text{p3}}=829.80\text{kN/m}$$
$$k_{\text{p4}}=5113.27\text{kN/m}$$

（2）板式橡胶支座的抗推刚度 k_{s}。由式（2.50）得

$$k_{\text{s}}=\frac{G\sum A_{\text{s}}}{\sum t}=\frac{1100\times24\times\pi\times0.02^2/4}{0.04}=207.34(\text{kN/m})$$

（3）各墩的组合抗推刚度 $k_{\text{c}i}$。按式（2.51）可得

$$k_{\text{c1}}=\frac{1}{\dfrac{1}{3220.02}+\dfrac{1}{207.34}}=194.80(\text{kN/m})$$

同理，得

$$k_{\text{c2}}=182.38\text{kN/m};k_{\text{c3}}=165.89\text{kN/m};k_{\text{c4}}=199.26\text{kN/m};$$

$$k_{\text{c0}}=k_{\text{c5}}=k_{\text{s}}=\frac{207.34}{2}=103.67(\text{kN/m})$$

（4）温度力计算。

1）确定温度偏移值为零的位置。如图 2.22 所示，以 0—0 线为基线，令 0—0 线距离 0 号桥台支座中心的距离为 x_0，由式（2.59）得

$$x_0=\frac{\sum\limits_{i=1}^{5}ik_{\text{c}i}}{\sum\limits_{i=0}^{5}k_{\text{c}i}}L=\frac{k_{\text{c1}}+2k_{\text{c2}}+3k_{\text{c3}}+4k_{\text{c4}}+5k_{\text{c5}}}{k_{\text{c0}}+k_{\text{c1}}+k_{\text{c2}}+k_{\text{c3}}+k_{\text{c4}}+k_{\text{c5}}}L=\frac{2372.62}{949.67}\times20\approx49.97(\text{m})$$

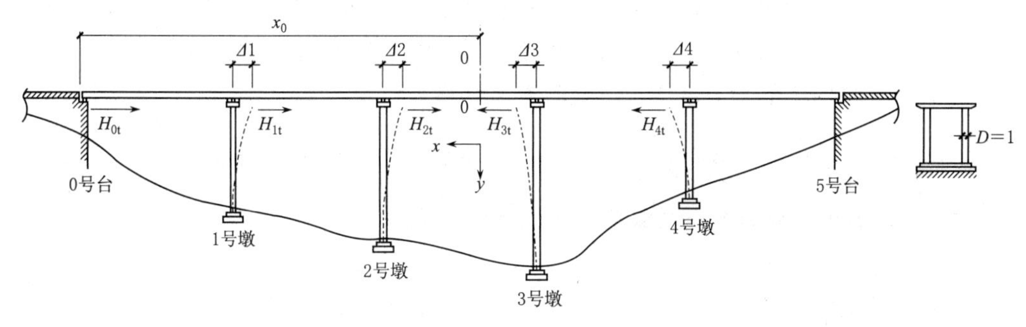

图 2.22 （单位：m）

2）求 3 号墩顶的位移量 Δ_{3t}。由式（2.55）可以算出 3 号墩至温度偏移零点的距离

$$x_3 = 49.97 - 3 \times 20 = -10.03(\text{m})$$

混凝土的线膨胀系数为

$$a = 1 \times 10^{-5}$$

由式（2.54）得 3 号墩墩顶位移值为

$$\Delta_{3t} = a\Delta_{3t}x_3 = 1 \times 10^{-5} \times (-25) \times (-10.03) = 2.51 \times 10^{-3}(\text{m})(\text{指向左岸})$$

3）求 3 号墩承受的温度力 H_{3t}。由式（2.56）得

$$H_{3t} = k_{c3}\Delta_{3t} = 165.89 \times 2.51 \times 10^{-3} = 0.42(\text{kN})(\text{指向左岸})$$

（5）汽车制动力计算。

1）求汽车制动力。单个公路Ⅰ级汽车车道荷载的布置如图 2.23 所示，从图中可知，均布荷载标准值为 10kN/m，活载总重为

$$\sum Q = 100 \times 10.5 + 2 \times (19.6 + 130) = 1349.2(\text{kN})$$

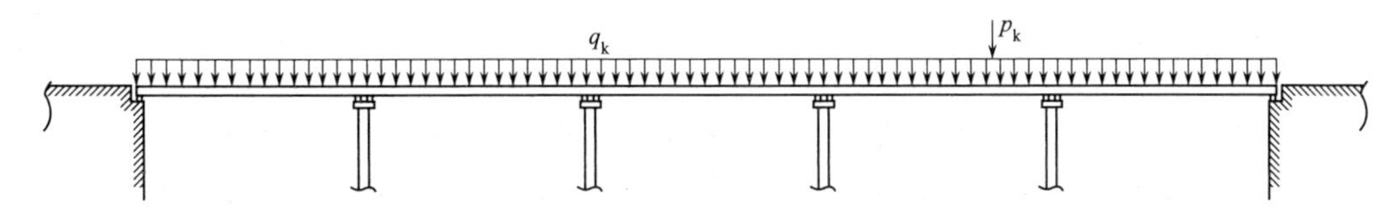

图 2.23 单个公路Ⅰ级汽车车道荷载

一个设计车道上由汽车荷载产生的制动力标准值按规定的车道荷载标准值在加载长度上计算的总重力的 10%计算，但公路Ⅰ级汽车荷载的制动力标准值不得小于 165kN；$\sum Q \times 10\% = 134.9\text{kN} < 165\text{kN}$，取 $T = 165\text{kN}$。

2）汽车向左行驶时的制动力分配。按式（2.52）计算，对于 3 号墩，当车辆向左行驶时，其制动力方向与温降影响力一致。

$$H_{3T} = \frac{165.89}{949.67} \times 165 = 28.82(\text{kN})$$

相应地，其水平位移为

$$\Delta_{3T} = \frac{H_{3T}}{k_{c3}} = \frac{28.82}{165.89} = 0.17(\text{m})$$

3）汽车向右行驶时的制动力分配。只需将向左行驶的计算值反号即得，$H_{3T}=-28.82\text{kN}$，$\Delta_{3T}=-0.17\text{m}$。$H_{3T}$、$\Delta_{3T}$ 均带有正负号，以指向 x 轴正方向为正。

（6）3号墩墩顶不平衡力矩 M_0 引起的水平位移

$$H_{3m}=\frac{M_0 l_3^2}{2EI}=\frac{208\times 22^2}{2\times 3\times 10^7\times \pi/32}=0.01709=17.09\times 10^{-3}(\text{m})(\text{指向左岸})$$

（7）不计轴力影响的3号墩墩顶水平力 H_3 汇总

汽车向左行驶　　$H_3=H_{3t}+H_{3T}=0.42+28.82=29.24\text{kN}$

汽车向右行驶　　$H_3=H_{3t}+H_{3T}=0.42-28.82=-28.4\text{kN}$

显然，最不利的情况为考虑汽车向左行驶的制动力，此时 $H_3=29.24\text{kN}$。

（8）计入轴力 N 及墩身自重 q_D 影响的墩顶水平位移。3号墩顶总水平位移 a_3 可按式（2.62）计算（只考虑汽车向左行驶）

$$a_3=\frac{29.24+208\times\dfrac{\pi}{2\times 32}}{\dfrac{22}{8}\times\left[\dfrac{3\times 10^7\times\pi/32}{4}\left(\dfrac{\pi}{22}\right)^4-\left(3100+\dfrac{40\times 22}{3}\right)\left(\dfrac{\pi}{22}\right)^2\right]}=0.061$$

（9）由几何非线性效应产生的等效附加水平力 H_{eq3} 处。按式（2.63）得3号墩墩顶处的等效水平力

$$H=829.8\times(0.061-0.01709)-29.24=7.197(\text{kN})$$

按照上述同样的步骤分别计算其他各墩的等效附加水平力 H_{eqi} 之后，便可计算模型，进行几何非线性效应的整体分析，以确定每个桥墩的附加水平力。

2.4 荷载组合及设计要点

2.4.1 荷载组合

作用的基本组合是指永久作用设计值与可变作用设计值的组合，这种组合用于结构的常规设计，是所有公路桥涵结构都应该考虑的。作用的偶然组合是指永久作用标准值、可变作用代表值和一种偶然作用设计值的组合，视具体情况，也可不考虑可变作用参与组合。作用偶然组合和地震组合用于结构在特殊情况下的设计，所以不是所有公路桥涵结构都要采用的，一些结构也可采取构造或其他预防措施来解决。

1. 基本组合

基本组合为永久作用设计值效应与可变作用设计值效应的组合。这种组合用于结构的常规设计，是所有公路桥涵结构都应该考虑的。其基本表达式为

$$S_{ud}=\gamma_0\left(\sum_{i=1}^{m}\gamma_{Gi}G_{ik}+\gamma_{Q1}\gamma_L Q_{1k}+\psi_c\sum_{j=2}^{n}\gamma_{Qj}Q_{jk}\right)\tag{2.67}$$

或

$$S_{ud}=\gamma_0 S\left(\sum_{i=1}^{m}G_{id},Q_{1d},\sum_{j=2}^{n}Q_{jd}\right)\tag{2.68}$$

式中　S_{ud}——承载能力极限状态下作用基本组合的效应组合设计值；

γ_0——结构重要性系数；

γ_{Gi}——第 i 个永久作用效应的分项系数，对结构承载能力不利时，混凝土和圬工结构重力（包括结构附加重力）、预加力取 $\gamma_{Gi}=1.2$，其他参见《公路桥涵设计通用规范》(JTG D60—2015)；

G_{ik}、G_{id}——第 i 个永久作用的标准值和设计值；

γ_{Q1}——汽车荷载效应（含汽车冲击力、离心力）的分项系数，取 $\gamma_{Q1}=1.4$，当某个可变作用在效应组合中，其值超过汽车荷载效应时，则该作用取代汽车荷载，其分项系数应采用汽车荷载的分项系数；

Q_{1k}、Q_{1d}——汽车荷载（含汽车冲击力、离心力）的标准值和设计值；

γ_{Qj}——在作用效应组合中除汽车荷载（含汽车冲击力、离心力）、风荷载外的其他第 j 个可变作用的分项系数，取 $\gamma_{Qj}=1.4$，但风荷载的分项系数取 $\gamma_{Qj}=1.1$；

Q_{jk}、Q_{jd}——在作用组合中除汽车荷载（含汽车冲击力、离心力）外的其他第 j 个可变作用的标准值和设计值；

Ψ_c——在作用组合中除汽车荷载效应（含汽车冲击力、离心力）外的其他可变作用的组合系数，取 $\Psi_c=0.75$；

$\Psi_c Q_{jk}$——在作用组合中除汽车荷载（含汽车冲击力、离心力）外的其他第 j 个可变作用效应的组合值；

γ_{Qj}——第 j 个可变作用的结构设计使用年限荷载调整系数。

汽车荷载在公路工程结构中通常被视为主导的可变作用，在设计表达式中与永久作用一样单独列出。桥梁设计中，汽车荷载分项系数按不同的作用效应组合采用。当某个可变作用对结构或结构构件确实起到主导影响（在同类效应中其值超过汽车效应），则其分项系数宜采用该作用效应组合的汽车荷载分项系数。

2. 偶然组合

作用的偶然组合是指永久作用标准值与可变作用某种代表值、一种偶然作用设计值相组合。与偶然作用同时出现的可变作用，可根据观测资料和工程经验取用频遇值或准永久值。

作用偶然组合的效应设计值可按下式计算

$$S_{ad}=S\left(\sum_{i=1}^{m}G_{ik},A_d,(\psi_{f1}\text{ 或 }\psi_{q1})Q_{1k},\sum_{j=2}^{n}\psi_{qj}Q_{jk}\right) \tag{2.69}$$

式中　S_{ad}——承载能力极限状态下作用偶然组合的效应设计值；

A_d——偶然作用的设计值；

ψ_{f1}——汽车荷载（含汽车冲击力、离心力）的频遇值系数，取 $\Psi_{f1}=0.7$；当某个可变作用在组合中其效应值超过汽车荷载效应时，则该作用取代汽车荷载，人群荷载 $\Psi_f=1.0$，风荷载 $\Psi_f=0.75$，温度梯度作用 $\Psi_f=0.8$，其他作用 $\Psi_f=1.0$；

$\psi_{f1}Q_{1k}$——汽车荷载的频遇值；

ψ_{q1}、ψ_{qj}——第 1 个和第 j 个可变作用的准永久值系数，汽车荷载（含汽车冲击力、离心力）$\Psi_q=0.4$，人群荷载 $\Psi_q=0.4$，风荷载 $\Psi_q=0.75$，温度梯度作用 $\Psi_q=0.8$，其他作用 $\Psi_q=1.0$；

$\psi_{q1}Q_{1k}$、$\psi_{qj}Q_{jk}$——第 1 个和第 j 个可变作用的准永久值。

在进行公路桥梁结构按正常使用极限状态设计时，应根据不同的设计要求，采用作用的频遇组合或准永久组合。

3. 作用的频遇组合

采用永久作用标准值效应与可变作用频遇值、其他可变荷载准永久值相组合，其效应组合表达式为

$$S_{fd}=S\left(\sum_{i=1}^{m}G_{ik}+\psi_{f1}Q_{1k}+\sum_{j=2}^{n}\psi_{qj}Q_{jk}\right) \tag{2.70}$$

式中　S_{fd}——作用的频遇组合设计值；

ψ_{f1}——汽车荷载（不计冲击力）频遇值系数，取 0.7。

4. 作用的准永久组合

作用的准永久组合采用永久作用标准值效应与可变作用准永久值效应相组合，其效应组合表达式为

$$S_{qd}=S\left(\sum_{i=1}^{m}G_{ik},\sum_{j=1}^{n}\psi_{qj}Q_{jk}\right) \tag{2.71}$$

式中　S_{qd}——作用长期效应组合设计值；

ψ_{qj}——汽车荷载（不计冲击力）准永久系数，取 0.4。

2.4.2　现行《公路桥涵地基与基础设计规范》中的荷载组合方法

《公路桥涵地基与基础设计规范》（JTG 3363—2019）规定：

（1）按承载能力极限状态要求，结构构件自身承载力及稳定性应采用作用效应基本组合和偶然组合进行验算。

1）基本组合。承载力验算时作用效应组合表达式，结构重要性系数，各效应的分项系数及效应组系数按《公路桥涵设计通用规范》（JTG D60—2015）第 4.1.6 条第 1 款规定执行；稳定性验算时，上述各项系数均取为 1.0。

2）偶然组合。作用效应组合可采用下列表达式

$$\gamma_0 S_{ad}=\gamma_0\left(\sum_{i=1}^{m}\gamma_{Gi}S_{Gik}+\gamma_a S_{ak}+\psi_{11}S_{Q1k}+\sum_{j=2}^{n}\psi_{2j}S_{Qjk}\right) \tag{2.72}$$

式中　γ_0——结构重要性系数，取 $\gamma_0=1.0$；

S_{ad}——承载能力极限状态下作用偶然组合的效应组合值；

S_{Gik}——第 i 个永久作用标准值效应；

S_{ak}——偶然作用标准值效应；

S_{Q1k}——除偶然作用外，第一个可变作用标准值效应，该标准值效应大于其他任意第 j 个可变作用标准值效应；

S_{Qjk}——其他第 j 个可变作用标准值效应；

ψ_{11}——第一个可变作用的频遇值系数，按《公路桥涵设计通用规范》第 4.1.7 条第

1 款的规定取用，稳定验算时取 $\psi_{11}=1.0$；

ψ_{2j}——其他第 j 个可变作用的准永久值系数，按《公路桥涵设计通用规范》第 4.1.7 条第 2 款的规定采用，稳定验算时取 $\psi_{2j}=1.0$；

γ_{Gi}、γ_a——相应作用效应的分布系数，均取值为 1.0。

当基础结构需要进行正常使用极限状态设设计时，作用的频遇组合和准永久组合表达式及系数，均应按《公路桥涵设计通用规范》第 4.1.7 条办理。

（2）地基进行竖向承载力验算时，传至基底或承台底面的作用效应应按正常使用极限状态的短期效应组合采用；同时尚应考虑作用效应的偶然组合。

1）当采用作用短期效应组合时，其中可变作用的频遇值系数均取为 1.0，且汽车荷载应计入冲击系数。

2）当采用作用效应的偶然组合时，其组合表达式按式（2.69）采用，但不考虑结构重要性系数，该式中的作用分项系数 γ_{Gi} 和 γ_a、频遇值系数 ψ_{11} 和准永久值系数 ψ_{2j} 均取为 1.0。

此时，作用效应组合值应小于或等于相应的抗力，即地基承载力容许值或单桩承载力容许值。

在填料厚度（包括路面厚度）等于或大于 0.5m 的拱桥、涵洞，以及重力式墩台，其地基计算可不计汽车冲击系数。

（3）计算基础沉降时，传至基础底面的作用效应应按正常使用极限状态下作用长期效应组合采用。该组合仅为直接施加结构上的永久作用标准值（不包括混凝土收缩及徐变作用、基础变位作用）和可变作用准永久值（仅指汽车荷载和人群荷载）引起的效应。

作用取值及其效应组合、有关系数的取用除上述特别指明外应按现行《公路桥涵设计通用规范》的规定执行；基础结构计算应按现行《公路圬工桥涵设计规范》（JTG D61—2005）和《公路钢筋混凝土及预应力混凝土桥涵设计规范》（JTG 3362—2018）的规定执行：地基基础的抗震设计尚应符合现行《公路工程抗震设计规范》（JTG B02—2013）的规定。

2.4.3　设计的内容

基础工程设计包括基础设计和地基设计两大部分。基础设计包括基础形式的选择、基础埋置深度及基底面积大小、基础内力和断面计算等。如果地下部分是多层结构，基础设计还包括地下结构的计算。地基设计包括地基土的承载力确定、地基变形计算、地基稳定性计算等。当地基承载力不足或压缩性很大而不能满足设计要求时，需要进行地基处理。

基础结构的形式很多。设计时应选择能适应上部结构、符合使用要求、满足地基基础设计两项基本要求以及技术上合理的基础结构方案。一般而言，基础常置于地面以下。但诸如半地下室箱形基础、桥梁基础和码头桩基础等均有部分置于地表之上基础的功能决定了基础设计必须满足以下三个基本要求：①强度要求，通过基础而作用在地基上的荷载不能超过地基的承载能力，保证地基不因地基土中的剪应力超过地基土的强度而破坏，并且应有足够的安全储备；②变形要求，基础的设计还应保证基础沉降或其他特征变形不超过建筑物的允许值，保证上部结构不因沉降或其他特征变形过大而受损或影响正常使用；③上部结构的其他要求，基础除满足以上要求外，还应满足上部结构对基础结构的强度、刚度和耐久性要求。

设计基础时必须掌握足够的资料，这些资料包括两大部分，一部分是地质资料，另一部分是有关上部结构资料。对这些资料的要求可根据需要有所区别，对复杂的建筑物如大跨桥梁、高边坡或者地质复杂地段可能要求比较多的资料；对一般中小型建筑物只需要少量的资料，设计人员应根据实际情况提出要求。在分析地质资料时应注意对地基类型进行判别并考虑可能发生的问题，还要研究土层的分布，查明地下水及地面水的活动规律，还应调查拟建建筑物周围及地下的情况。在分析上部结构时应特别注意建筑物的重要性、建筑物体型的复杂程度和结构类型及其传力体系。

任何一个合格的基础工程都必须能满足以下各项稳定性及变形要求：

（1）埋深应足以防止基础底面下的物质向侧面挤出，对单独基础及筏形基础尤其重要。

（2）埋深应在冻融及植物生长引起的季节性体积变化区以下。

（3）体系在抗倾覆、转动、滑动或防止土破坏（抗剪强度破坏）方面必须是安全的。

（4）体系应足以对付以后在场地或施工几何尺寸方面出现的某些变化，并在出现重大变化时能便于变更。

（5）从设置方法的角度看，基础应是经济的。

（6）地基总沉降量及沉降差应既为基础构件也为上部结构构件所允许。

（7）基础及其施工应符合环境保护标准的要求。

2.4.4 地基基础设计要点

（1）设计原则：地基基础设计，必须坚持因地制宜、就地取材、节约资源的原则。基础的类型应根据水文、地质、地形、荷载、材料供应情况、上下部结构型式和施工条件合理地选用。

（2）桥址处应进行工程地质勘察，提供的勘察资料应能正确反映地形、地貌、地层结构、影响桥涵稳定的不良地质、岩土的物理力学性质及地下水埋藏等详细情况。

（3）基础结构的稳定性可按下式进行验算

$$k \leqslant \frac{S_{bk}}{\gamma_0 S_{sk}} \tag{2.73}$$

式中 γ_0——结构重要性系数，取 $\gamma_0=1.0$；

S_{sk}——使基础结构失稳的作用标准值效应的组合值，按基本组合和偶然组合最大组合值计算；

S_{bk}——使基础结构稳定的作用标准值效应的组合值，按基本组合和偶然组合最小组合值计算；

k——基础结构稳定性系数。

（4）基础结构应按其所处环境条件进行耐久性设计。混凝土及钢筋混凝土构件耐久性设计可参照有关现行规范执行。

课 后 习 题

1. 地基的基础在竖向、顺桥向及横桥向主要的设计计算荷载有哪些?
2. 柔性排架墩水平力计算的基本假定有哪些?
3. 简述《公路桥涵地基与基础设计规范》(JTG 3363—2019)荷载组合要点。
4. 简述基础设计必须满足的三个基本要求。
5. 基础工程应满足哪些稳定性及变形要求?

第3章 浅基础

进行地基基础设计时，必须根据桥梁的布置和上部结构类型，充分考虑桥址场地和地基岩土条件，结合施工条件以及工期、造价等各方面的要求，合理选择地基基础方案。一般而言，天然地基上的浅基础便于施工、工期短、造价低，如能满足地基的强度和变形要求，宜优先选用。本章主要讨论天然地基上浅基础的设计原理和计算方法，这些原理和方法也基本适用于人工地基上的浅基础。

3.1 地基承载力计算

《公路桥涵地基与基础设计规范》（JTG 3363—2019）所推荐的地基容许承载力是根据荷载试验与土的物理力学性质指标的资料对比及国内外有关规范和实践经验综合考虑编制成的，地基容许承载力的确定同时满足强度和变形两方面条件，因此可视为按正常使用极限状态确定的地基承载力。

按照《公路桥涵地基与基础设计规范》提供的经验公式和数据来确定地基承载力容许值的步骤和方法如下：

（1）不同的岩土类型具有不同的力学性能，首先确定基础所处地基岩土的名称。公路桥涵地基的岩土分为岩石、碎石土、砂土、粉土、黏性土和特殊性岩土。

（2）通过试验确定土的工程特性指标，设计中应尽可能采用载荷试验或其他原位测试取得地基承载力。由于桥涵基础所处环境特殊，在很多地点可能无法进行现场测试，可查《公路桥涵地基与基础设计规范》地基承载力的相关规定，按照规范推荐方法进行计算、取用相关参数。

（3）按《公路桥涵地基与基础设计规范》地基的相关规定计算基承载力。

3.1.1 地基岩土分类

1. *岩石*

岩石为颗粒间连接牢固、呈整体或具有节理裂隙的地质体。岩石的分类可以分为地质分类和工程分类。地质分类主要根据其地质成因、矿物成分、结构构造和风化程度，可以用风化程度加地质名称（即岩石学名称）表达，如强风化花岗岩、微风化砂岩等，这对于工程的勘察设计是十分必要的。工程分类主要根据岩体的工程性状，地质分类是一种基本分类，工程分类应在地质分类的基础上进行，目的是较好地概括其工程性质，便于进行工程评价。

《公路桥涵地基与基础设计规范》按其坚硬程度、完整程度、节理发育程度、软化程度和特殊性岩石进行划分。

(1) 坚硬程度。岩石的坚硬程度根据岩块的饱和单轴抗压强度标准值 f_{rk} 分为坚硬岩、较硬岩、较软岩、软岩和极软岩五个等级，见表 3.1。

表 3.1　岩石坚硬程度分级

坚硬程度类别	坚硬岩	较硬岩	较软岩	软岩	极软岩
饱和单轴抗压强度标准值 f_{rk}/MPa	$f_{rk}>60$	$60\geqslant f_{rk}>30$	$30\geqslant f_{rk}>15$	$15\geqslant f_{rk}>5$	$f_{rk}\leqslant 5$

岩石坚硬程度分类主要用于地基承载力的确定。根据设计经验，对于 $60\text{MPa}\geqslant f_{rk}>30\text{MPa}$ 的较硬岩与 $f_{rk}>60\text{MPa}$ 坚硬岩，其承载力已不受岩石强度控制，应视其为岩体并对岩石完整性进行划分以便更科学地确定其工程性质。对于破碎和极破碎的软岩和极软岩，如可取原状试样，也可用土工试验方法测定其性状和物理力学性质。当岩体完整程度为极破碎时，可不进行坚硬程度分类。因此，30MPa 以下的岩石地基承载力确定应更为细致，划分出极软岩十分重要，因为这类岩石不仅极软，而且常有特殊的工程性质，例如某些泥岩具有很高的膨胀性；泥质砂岩、全风化花岗岩等有很强的软化性（单轴饱和抗压强度可能为零）；有的第三纪砂岩遇水崩解，有流砂性质。对于此类遇水解、破碎和极破碎的软岩和极软岩不能进行饱和抗压强度试验的岩石，可采用定性方法确定其分级。

当缺乏有关试验数据或不能进行该项试验时，可按表 3.2 定性分级。

表 3.2　岩石坚硬程度的定性分级

坚硬程度		定性鉴定	岩石
硬质岩	坚硬岩	锤击声清脆，有回弹，振手，难击碎，基本无吸水反应	未风化至微风化的花岗岩、闪长岩、辉绿岩、玄武岩、安山岩、片麻岩、石英岩、石英砂岩、硅质砾岩、硅质石灰岩等
	较硬岩	锤击声清脆，有回弹，振手，难击碎，基本无吸水反应	微风化的坚硬岩；未风化至微风化的大理岩、板岩、石灰岩、白云岩、钙质砂岩等
软质岩	较软岩	锤击声不清脆，无回弹，较易击碎，浸水后指甲可刻出印痕	中分化至强风化的坚硬岩或较硬岩；未风化至微风化的凝灰岩、千枚岩、泥灰岩、砂质泥岩等
	软岩	锤击声哑，无回弹，有凹痕，易击碎，浸水后可掰开	强风化的坚硬岩或较硬岩；中风化至强风化的较软岩；未风化至微风化的页岩、泥岩、泥质砂岩等

(2) 完整程度。完整性指数为岩体纵波波速与岩块纵波波速之比的平方。岩体完整程度根据完整性指数分为完整、较完整、较破碎、破碎、极破碎五个等级，见表 3.3。

表 3.3　岩体完整程度划分

完整程度等级	完整	较完整	较破碎	破碎	极破碎
完整性指数	>0.75	0.75～0.55	0.55～0.35	0.35～0.15	<0.15

当缺乏有关试验数据或不能进行该项试验时，可按表3.4定性分级，其中平均间距指主要结构面间距的平均值。

表3.4　　岩体完整程度的定性划分

完整程度	结构面发育程度		主要结构面的结合程度	主要结构面的类型	相应结构类型
	结构面组数	平均间距/m			
完整	1～2	＞1.0	结合好或结合一般	裂隙、层面	整体状或巨厚状结构
较完整	1～2	＞1.0	结合差	裂隙、层面	块状或厚层结构
	2～3	1.0～0.4	结合好或结合一般	—	块状结构
较破碎	2～3	1.0～0.4	结合差	裂隙、面层、小断层	裂隙块状或中厚层结构
	≥3	0.4～0.2	结合好		镶嵌碎裂结构
			结合一般		中、薄层状结构
破碎	≥3	0.4～0.2	结合差	各种类型结构面	裂隙块状结构
		≤0.2	结合一般或结合差		碎裂状结构
极破碎	无序	—	结合很差	—	散体状结构

(3) 节理发育程度。节理是指岩体破裂面两侧岩层无明显位移的裂缝或裂隙。岩体节理发育程度根据节理间距分为节理不发育、节理发育、节理很发育三类，见表3.5。

表3.5　　岩体节理发育程度的分类

程　度	节理不发育	节理发育	节理很发育
节理间距/mm	＞400	200～400	20～200

(4) 软化程度。岩石按软化系数可分为软化岩石和不软化岩石。

软化岩石浸水后，其承载力会显著降低，应引起重视。软化系数为饱和试样与干燥试样的抗压强度之比。当软化系数等于或小于0.75时，应定为软化岩石；当软化系数大于0.75时，则定为不软化岩石。

石膏、岩盐等易溶性岩石，以及膨胀性泥岩、失陷性砂岩等，其性质特殊，对工程有较大危害，应专门研究。

(5) 特殊性岩石。当岩石具有特殊成分、特殊结构或特殊性质时，应定为特殊性岩石。如易溶性岩石、膨胀性岩石、崩解性岩石、盐渍化岩石等。

2. 碎石土

碎石土为粒径大于2mm的颗粒含量超过总质量50%的土。碎石土可按表3.6分为漂石、块石、卵石、碎石、圆砾和角砾6类。

表3.6　　碎石土的分类

土的名称	颗粒形状	粒组含量
漂石	圆形及亚圆形为主	粒径大于200mm的颗粒含量超过总质量的50%
块石	棱角形为主	

续表

土的名称	颗粒形状	粒组含量
卵石	圆形及亚圆形为主	粒径大于20mm的颗粒含量超过总质量的50%
碎石	棱角形为主	
圆砾	圆形及亚圆形为主	粒径大于2mm的颗粒含量超过总质量的50%
角砾	棱角形为主	

碎石土的密实度，可根据重型动力触探锤击数 $N_{63.5}$ 按表3.7分为松散、稍密、中密、密实4级，该表适用于平均粒径小于或等于50mm且最大粒径不超过100mm的卵石、碎石、圆砾、角砾。

表3.7　碎石土的密实度

锤击数 $N_{63.5}$	密实度	锤击数 $N_{63.5}$	密实度
$N_{63.5} \leqslant 5$	松散	$10 < N_{63.5} \leqslant 20$	中密
$5 < N_{63.5} \leqslant 10$	稍密	$N_{63.5} > 20$	密实

当缺乏有关试验数据时，碎石土平均粒径大于50mm或最大粒径大于100mm时，按表3.8各项特征综合确定其密实度。

表3.8　碎石土密实度野外鉴别

密实度	骨架颗粒含量和排列	可挖性	可钻性
松散	骨架颗粒质量小于总质量的60%，排列混乱，大部分不接触	锹可以挖掘，井壁易坍塌，从井壁取出大颗粒后，立即塌落	钻进较易，钻杆稍有跳动，孔壁易坍塌
中密	骨架颗粒质量为总质量的60%～70%，呈交错排列，大部分接触	锹镐可挖掘，井壁有掉块现象，从井壁取出大颗粒处，能保持凹面形状	钻进较困难，钻杆、吊锤跳动不剧烈，孔壁有坍塌现象
密实	骨架颗粒质量大于总质量的70%，呈交错排列，连续接触	锹镐挖掘困难，用撬棍方能松动，井壁较稳定	钻进困难，钻杆、吊锤跳动剧烈，孔壁较稳定

3. *砂土*

砂土为粒径大于2mm的颗粒含量不超过总质量50%、粒径大于0.075mm的颗粒超过总质量50%的土。砂土可按表3.9分为砾砂、粗砂、中砂、细砂和粉砂五类。

表3.9　砂土分类

土的名称	粒组含量
砾砂	粒径大于2mm的颗粒含量超过总质量的25%～50%
粗砂	粒径大于0.5mm的颗粒含量超过总质量的50%
中砂	粒径大于0.25mm的颗粒含量超过总质量的50%
细砂	粒径大于0.075mm的颗粒含量超过总质量的85%
粉砂	粒径大于0.075mm的颗粒含量超过总质量的50%

砂土的密实度可根据标准贯入锤击数按表3.10分为松散、稍密、中密、密实4级。

表3.10　砂土的密实度

标准贯入锤击数 N	密实度	标准贯入锤击数 N	密实度
$N \leqslant 10$	松散	$15 < N \leqslant 30$	中密
$10 < N \leqslant 15$	稍密	$N > 30$	密实

4. 粉土

粉土为塑性指数 $I_p \leqslant 10$ 且粒径大于0.075mm的颗粒含量不超过总质量50%的土。

粉土的密实度应根据孔隙比 e 划分为密实、中密和稍密；其湿度应根据天然含水率 ω（%）划分为稍湿、湿、很湿。密实度和湿度的划分应分别符合表3.11和表3.12的规定。

表3.11　粉土密实度分类

孔隙比 e	密实度
$e < 0.75$	密实
$0.75 \leqslant e \leqslant 0.90$	中密
$e > 0.90$	稍密

表3.12　粉土湿度分类

天然含水率 ω（%）	湿度
$\omega < 20$	稍湿
$20 \leqslant \omega \leqslant 30$	湿
$\omega > 30$	很湿

5. 黏性土

黏性土为塑性指数 $I_p > 10$ 且粒径大于0.075mm的颗粒含量不超过总质量50%的土。黏性土根据塑性指数按表3.13分为黏土和粉质黏土，其中液限和塑限分别按76g锥试验确定。

表3.13　黏性土的分类

塑性指数 I_p	土的名称	塑性指数 I_p	土的名称
$I_p > 17$	黏土	$10 < I_p \leqslant 17$	粉质黏土

黏性土的软硬状态可根据液性指数 I_L 按表3.14分为坚硬、硬塑、可塑、软塑、流塑5种状态。

表3.14　黏性土的状态

液性指数 I_L	状态	液性指数 I_L	状态
$I_L \leqslant 0$	坚硬	$0.75 < I_L \leqslant 1$	软塑
$0 < I_L \leqslant 0.25$	硬塑	$I_L > 1$	流塑
$0.25 < I_L \leqslant 0.75$	可塑	—	—

黏性土可根据沉积年代按表3.15分为老黏性土、一般黏性土和新近沉积黏性土。

表3.15　黏性土的沉积年代分类

沉积年代	土的分类
第四纪晚更新世（Q_3）及以前	老黏性土
第四纪全新世（Q_4）	一般黏性土
第四纪全新世（Q_4）以后	新近沉积黏性土

6. 特殊性岩土

特殊性岩土是具有一些特殊成分、结构和性质的区域性土，包括软土、膨胀土、湿陷性土、红黏土、冻土、盐渍土和填土等。

(1) 软土。软土为滨海湖沼、谷地、河滩等处天然含水率高、天然孔隙比大、抗剪强度低的细粒土，其鉴别指标应符合表3.16规定，包括淤泥、淤泥质土、泥炭、泥炭质土等。

表3.16 软土地基鉴别指标

指标名称	天然含水率 ω /%	天然孔隙比 e	直剪内摩擦角 φ /(°)	十字板剪切强度 c_u /kPa	压缩系数 a_{1-2} /MPa^{-1}
指标值	≥35或液限	≥1.0	宜小于5	<35	宜大于0.5

淤泥为在静水或缓慢的流水环境中沉积并经生物化学作用形成，是天然含水率大于液限、天然孔隙比大于或等于1.5的黏性土。

天然含水率大于液限而天然孔隙比小于1.5但大于或等于1.0的黏性土或粉土为淤泥质土。

(2) 膨胀土。膨胀土为土中黏粒成分主要由亲水性矿物组成，同时具有显著的吸水膨胀和失水收缩特性其自由膨胀率大于或等于40%的黏性土。

(3) 湿陷性土。湿陷性土为浸水后产生附加沉降，其湿陷系数大于或等于0.015的土。

(4) 红黏土。红黏土为碳酸盐岩系的岩石经红土化作用形成的高塑性黏土，其液限一般大于50。红黏土经再搬运后仍保留其基本特征且其液限大于45的土为次生红黏土。

(5) 冻土。冻土为温度为0℃或负温，含有冰且与土颗粒呈胶结状态的土。

(6) 盐渍土。盐渍土为土中易溶盐含量大于0.3%并具有溶陷、盐胀、腐蚀等工程特性的土。

(7) 填土。填土根据其组成和成因可分为素填土、压实填土、杂填土、冲填土。

素填土为由碎石土、砂土、粉土、黏土等组成的填土。经过压实或夯实的素填土为压实填土。杂填土为含有建筑垃圾、工业废料、生活垃圾等杂物的填土。冲填土为由水力冲填泥沙形成的填土。

3.1.2 地基岩土工程特性指标确定

土的工程特性指标包括抗剪强度指标、压缩性指标、动力触探锤击数、静力触探探头阻力、载荷试验承载力以及其他特性指标。

地基土工程特性指标的代表值应分别为标准值、平均值及容许值。强度指标应取标准值，压缩性指标应取平均值，承载力指标应取容许值。

1. 土的抗剪强度指标

可采用原状土室内剪切试验、无侧限抗压强度试验、现场剪切试验、十字板剪切试验等方法测定。当采用室内剪切试验确定土的抗剪强度指标时，室内试验抗剪强度指标黏聚力标准值 c_k、内摩擦角标准值 φ_k，可按《公路桥涵地基与基础设计规范》附录G确定。

2. 土的压缩性指标

可采用原状土室内压缩试验、原位浅层或深层平板载荷试验、旁压试验确定。当采用室内压缩试验确定压缩模量时，试验所施加的最大压力应超过土自重压力与预计附加压力之和，试验成果用 $e-p$ 曲线表示。地基土的压缩性可按 p_1 为 100kPa、p_2 为 200kPa 相对应的压缩系数值 a_{1-2} 划分为低、中、高压缩性，且应按以下规定进行评价：①当 $a_{1-2}<0.1\text{MPa}^{-1}$ 时，为低压缩性土；②当 $0.1\text{MPa}^{-1}\leqslant a_{1-2}<0.5\text{MPa}^{-1}$ 时，为中压缩性土；③当 $a_{1-2}\geqslant 0.5\text{MPa}^{-1}$ 时，为高压缩性土。

3. 土的载荷试验

土的载荷试验应包括浅层平板载荷试验和深层平板载荷试验。两种载荷试验要点应分别符合《公路桥涵地基与基础设计规范》附录 D、E 规定。岩基载荷试验要点应符合《公路桥涵地基与基础设计规范》附录 F 规定。

3.1.3　现行《公路桥涵地基与基础设计规范》中的地基承载力计算方法

《公路桥涵地基与基础设计规范》(JTG 3363—2019) 中地基设计采用正常使用极限状态，所选定的地基承载力为地基承载力容许值，这是由于土是大变形材料，当荷载增加时，随着地基变形的相应增长，地基承载力也在逐渐增大，很难界定出一个真正的“极限值”；另外桥涵结构物的使用有一个功能要求，通常是地基还有潜力可挖，而地基的变形却已经达到或超过按正常使用的限值，因此地基承载力的取值应为结构物容许沉降对应的地基承受荷载的值。

地基承载力的验算，应以修正后的地基承载力容许值 $[f_a]$ 控制。该值系在地基原位测试或本规范给出的各类岩土承载力基本容许值 $[f_{a0}]$ 的基础上，经修正而得。

$$[f_a]=[f_{a0}]+k_1\gamma_1(b-2)+k_2\gamma_2(h-2) \tag{3.1}$$

式中　$[f_a]$——修正后的地基承载力容许值；

b——基础底面的最小边宽，m；当 $b<2\text{m}$ 时，取 $b=2\text{m}$；当 $b>10\text{m}$ 时，取 $b=10\text{m}$；

h——基础埋置深度，m，自天然地面起算，有水流冲刷是自一般冲刷线起算；当 $h<3\text{m}$ 时，取 $h=3\text{m}$；当 $h/b>4$ 时，取 $h/=4b$；

γ_1——基底持力层土的天然重度，kN/m^3；若持力层在水面以下且为透水者，应取浮重度；

γ_2——基底以上土层的加权平均重度，kN/m^3；换算时若持力层在水面以下，且不透水时，不论基底以上土的透水性质如何，一律取饱和重度；当透水时，水中部分土层则应取浮重度；

$[f_{a0}]$——地基承载力基本容许值，为载荷试验地基土压力变形关系线性变形段内不超过比例界限点的地基压力值，可根据岩土类别、状态及物理力学特性指标确定，见《公路桥涵地基与基础设计规范》附表 1～附表 7；

k_1、k_2——基底宽度、深度修正系数，根据基底持力层土的类别按表 3.17 确定。

地基承载力容许值 $[f_a]$ 应根据地基受荷阶段及受荷情况，乘以下列规定的抗力系数 γ_R：

1. 使用阶段

(1) 当地基承受作用短期效应组合或作用效应偶然组合时，可取 $\gamma_R=1.25$；但对承

载力容许值 $[f_a]$ 小于 150kPa 的地基，应取 $\gamma_R=1.0$。

表 3.17 地基土承载力宽度、深度修正系数 k_1、k_2

系数	黏性土				粉土	砂土								碎石土			
	老黏性土	一般黏性土		新近沉积黏性土	—	粉砂		细砂		中砂		砾砂、粗砂		碎石、原砾、角砾		卵石	
		$I_L\geqslant0.5$	$I_L<0.5$		—	中密	密实	中密	密实	中密	密实	中密	密实	中密	密实	中密	密实
k_1	0	0	0	0	0	1.0	1.2	1.5	2.0	2.0	3.0	3.0	4.0	3.0	4.0	3.0	4.0
k_2	2.5	2.0	1.5	1.0	1.5	2.0	2.5	3.0	4.0	4.0	5.5	5.0	6.0	5.0	6.0	6.0	10.0

（2）当地基承受的作用短期效应组合仅包括结构自重、预加力土重、土侧压力、汽车和人群效应时，应取 $\gamma_R=1.0$。

（3）当基础建于经多年压实未遭破坏的旧桥基（岩石旧桥基除外）上时，不论地基承受的作用情况如何，抗力系数均可取 $\gamma_R=1.5$；对 $[f_a]$ 小于 150kPa 的地基，可取 $\gamma_R=1.25$。

（4）基础建于岩石旧桥基上，应取 $\gamma_R=1.0$。

2. 施工阶段

（1）地基在施工荷载作用下，可取 $\gamma_R=1.25$。

（2）当墩台施工期间承受单向推力时，可取 $\gamma_R=1.5$。

【例 3.1】 某处于运营阶段的水中刚性扩大桥墩，其基础位于中砂层上。具体尺寸位置及岩土工程特性指标如图 3.1 所示。求基础底面地基承载力容许值 $[f_a]$。

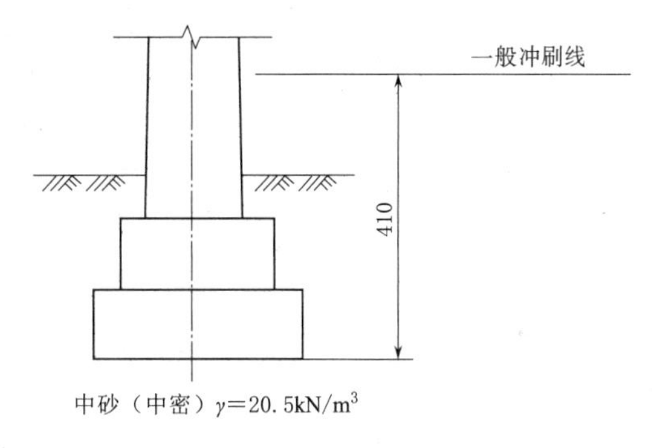

图 3.1 桥墩立面图（单位：cm）

解：查《公路桥涵地基与基础设计规范》附表 3 得，中密中砂的地基承载力基本容许值 $[f_{a0}]=370$kPa，查表 3.17，基底位于砂土层的中密中砂，故基底宽度系数 $k_1=1.5$，深度修正系数 $k_2=3.0$，

地基承载力修正后的容许值为

$$\begin{aligned}[f_a] &=[f_{a0}]+k_1\gamma_1(b-2)+k_2\gamma_2(h-2)\\ &=370+1.5\times(20.5-10)\times(3.0-2)+3.0\times(20.5-10)\times(4.1-2)\\ &=451.9(\text{kPa})\end{aligned}$$

3.1.4 地基稳定性验算

位于软土地基上较高的桥台需验算桥台沿滑裂曲面滑动的稳定性，基底下地基如在不深处有软弱夹层时，在桥台后土推力作用下，基础也有可能沿软弱夹层土Ⅱ的层面滑动，如图 3.2（a）所示；在较陡的土质斜坡上的桥台、挡土墙也有滑动的可能，如图 3.2（b）所示。

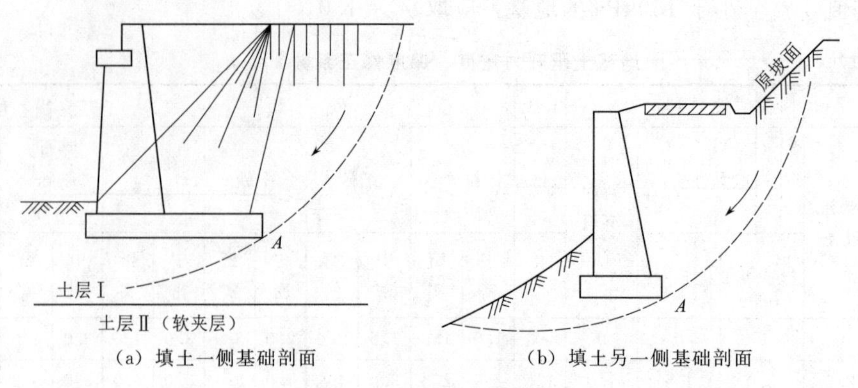

（a）填土一侧基础剖面　　（b）填土另一侧基础剖面

图 3.2　地基稳定性验算

这种地基稳定性验算方法可按土坡稳定分析方法，即用圆弧滑动面法来进行验算。在验算时一般假定滑动面通过填土一侧基础剖面角点 A [图 3.2（a）]，但在计算滑动力矩时，应计入桥台上作用的外荷载（包括上部结构自重和活载等）以及桥台和基础自重的影响，然后求出稳定系数满足规定的要求值。

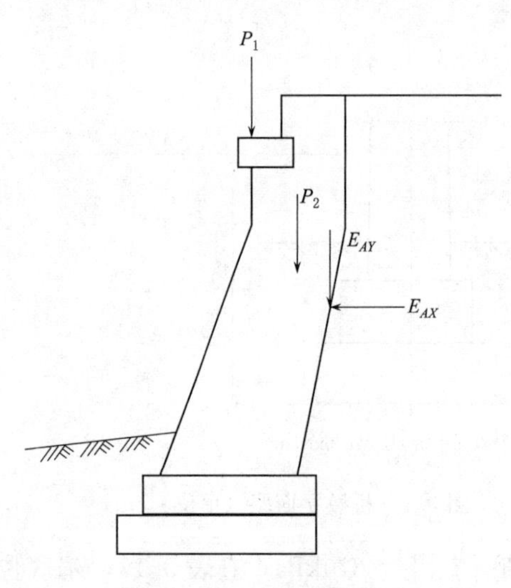

图 3.3　基础抗倾覆措施

以上对地基与基础的验算，均应满足设计规定的要求，达不到要求时，必须采取设计措施，如梁桥桥台后土压力引起的倾覆力矩比较大时，基础的抗倾覆稳定性不能满足要求时，可将台身做成不对称的形式，如后倾形式（图 3.3），这样可以增加台身自重所产生的抗倾覆力矩，达到提高抗倾覆的安全度。如采用这种外形，则在砌筑台身时，应及时在台后填土并夯实，以防台身向后倾覆和转动；也可在台后一定长度范围内填碎石、干砌片石或填石灰土，以增大填料的内摩擦角减小土压力，达到减小倾覆力矩提高抗倾覆安全度的目的。

拱桥桥台，由于拱脚水平推力作用下，基础的滑动稳定性不能满足要求时，可以在基底四周做成如图 3.4（a）所示的齿槛状，这样，由基底与土间的摩擦滑动变为土的剪切破坏，从而提高了基础的抗滑力，如仅受单向水平推力时，也可将基底设计成如图 3.4（b）所示的倾斜形，以减小滑动力，同时增加在斜面上的压力。由图可见，滑动力随 α 角的增大而减小，从安全考虑，α 角不宜大于 10°，同时要保持基底以下土层在施工时不受扰动。

当高填土的桥台基础或土坡上的挡墙地基可能出现滑动或在土坡上出现裂缝时，可以增加基础的埋置深度或改用桩基础，来提高墩台基础下地基的稳定性；或者在土坡上设置地面排水系统，拦截和引走滑坡体以外的地表水，以减少因渗水而引起土坡滑动的不稳定因素。

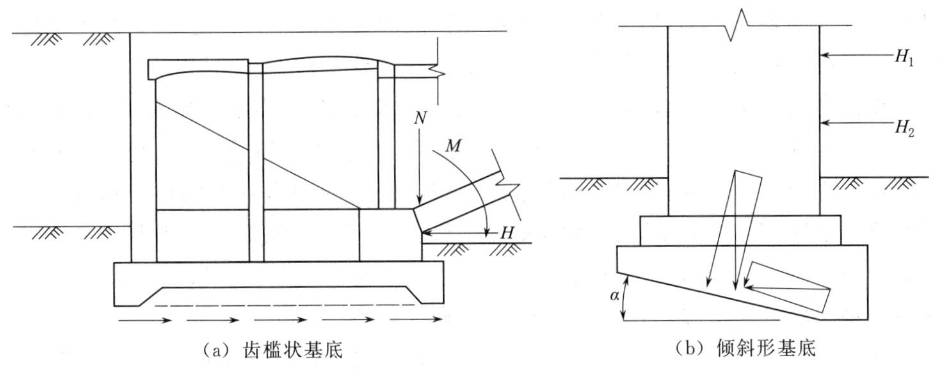

(a) 齿槛状基底　　(b) 倾斜形基底

图 3.4　基础抗滑动措施

3.2　浅基础的设计与计算

3.2.1　基础埋置深度的确定

如果地基软弱，为了减轻不均匀沉降的危害，在进行基础设计的同时，需从整体上对桥梁设计和结构设计采取相应的措施，并对施工提出具体（或特殊）要求。

在工程设计中，通常把上部结构、下部结构和地基三者分离开来，分别对三者进行计算。常规设计法在满足下列条件时可认为是可行的：

(1) 地基沉降较小或较均匀。若地基不均匀沉降较大，就会在超静定的上部结构中引起很大的附加内力，导致结构设计不安全。

(2) 基础刚度较大。基底反力一般并非呈直线分布，它与土的类别及性质、基础尺寸和刚度一级荷载大小等因素有关。一般情况下，当基础刚度较大时，可认为基底反力近似呈直线分布。

合理的分析方法，原则上应该以上部结构、下部结构和地基之间必须同时满足静力平衡和变形协调两个条件为前提。只有这样，才能揭示它们在外荷载作用下相互制约、彼此影响的内在联系，从而达到安全、经济的设计目的。鉴于这种方法从整体上进行相互作用分析难度较大，于是对于一般的基础设计仍然采用常规设计法。而对于复杂的或大型的基础，应进行上部结构、下部结构和地基的整体计算。上部结构的形式不同，对基础产生的位移要求也不同：对中小跨度简支梁桥来说，这项因素对确定基础的埋置深度影响不大；但对超静定的结构即使基础发生较小的不均匀沉降也会使内力产生一定变化，例如对拱桥桥台，为了减少可能产生的水平位移和沉降差值，有时需将基础埋置在较深的良好地基上。

在确定基础埋置深度时，必须考虑把基础设置在变形较小，而强度又比较大的持力层上，以保证地基强度满足要求，而且不会产生过大的沉降或沉降差。此外还要使基础有足够的埋置深度，以保证基础的稳定性，确保基础的安全。确定基础的埋置深度时，必须综合考虑以下各种因素的作用。

1. 地基的地质条件

直接支承基础的土层称为持力层，其下的各土层称为下卧层，为了满足桥梁对地基承载力和地基变形的要求，基础应尽可能埋置在良好的持力层上。当地基受力层（或沉降计算深度）范围内存在软弱下卧层时，软弱下卧层的承载力和地基变形也应满足要求。

在选择持力层和基础埋深时，应通过工程地质勘察报告详细了解拟建场地的地层分布、各土层的物理力学性质和地基承载力等资料。为了便于讨论，对于中小型桥梁及涵洞，可将处于坚硬、硬塑或可塑状态的黏性土层，密实或中密状态的砂土层和碎石土层，以及属于低、中压缩性的其他土层视作良好土层；而把处于软塑、流塑状态的黏性土层，处于松散状态的砂土层，未经处理的填土和其他高压缩性土层视作软弱土层。针对工程中常遇到的四种土层分布情况，说明基础埋深的确定原则。

（1）在地基受力层范围内，自上而下都是良好土层。这时基础埋深由其他条件和最小埋深确定。

（2）自上而下都是软弱土层，对于中小型桥梁及涵洞，仍可考虑按情况（1）处理。如果地基承载力或地基变形不能满足要求，则应考虑采用连续基础、人工地基或桩基础方案。哪一种方案较好，需要从安全可靠、施工难易、造价高低等方面综合确定。

（3）上部为软弱土层而下部为良好土层。这时，持力层的选择取决于上部软弱土层的厚度。一般而言，软弱土层厚度小于 2m 者，应选取下部良好土层作为持力层；若软弱土层较厚，可按情况（2）处理。

（4）上部为良好土层而下部为软弱土层。这种情况在我国沿海地区较为常见，地表普遍存在一层厚度为 2～3m 的所谓“硬壳层”，硬壳层以下为孔隙比大、压缩性高、强度低的软土层。对于一般中小型建筑物或 6 层以下的住宅，可采用“宽基浅埋”方案加大基底与软弱土层的距离。但对于自重及汽车荷载均较大的桥梁结构，宜考虑深基础方案。

另外，对于覆盖土层较薄（包括风化岩层）的岩石地基，一般应清除覆盖土和风化层后，将基础直接修建在新鲜岩面上；如岩石的风化层很厚，难以全部清除时，基础放在风化层中的埋置深度应根据其风化程度、冲刷深度及相应的容许承载力来确定。如岩层表面倾斜时，不得将基础的一部分置于岩层上，而另一部分则置于土层上，以防基础因不均匀沉降而发生倾斜甚至断裂。在陡峭山坡上修建桥台时，还应注意岩体的稳定性。

2. 河流的冲刷深度

在有水流的河床上修建基础时，要考虑洪水对墩台基础的冲刷作用。洪水水流越急，流量越大，洪水的冲刷越大，整个河床面被洪水冲刷后要下降，称为一般冲刷，被冲下去的深度称为一般冲刷深度。同时由于桥墩的阻水作用，洪水在桥墩四周冲出一个深坑，称为局部冲刷，如图 3.5 所示。

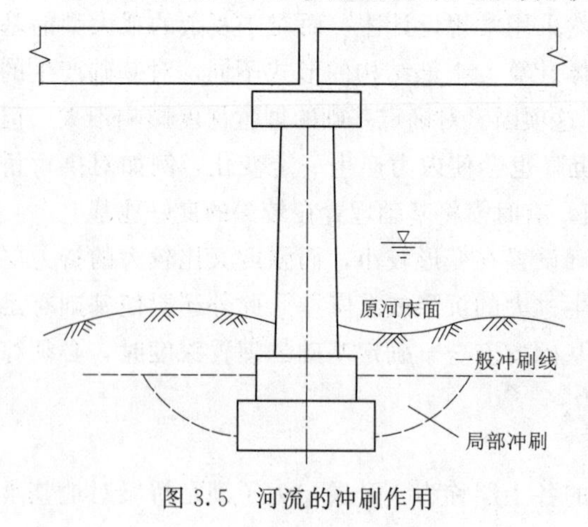

图 3.5 河流的冲刷作用

因此，在有冲刷的河流中，为了防止桥梁墩、台基础四周和基底下土层被水流掏空冲走以致倒塌，基础必须埋置在设计洪水的最大冲刷线以下不小于 1m。特别是在山区和丘陵地区的河流，更应注意考虑季节性洪水的冲刷作用。

基础在设计洪水冲刷总深度以下的最小埋置深度不应是一个定值，它与河床地层的抗冲刷能力、计算设计流量的可靠性、选用计算冲刷深度的方法、桥梁的重要性和破坏后修复的难易程度等因素有关。因此，对于非岩石河床桥梁墩台基础的基底在设计洪水冲刷总深度以下的最小埋置深度，参照表3.18采用。

表3.18　　桥梁墩台基础基底最小埋置深度　　单位：m

桥梁类别	总冲刷深度/m				
	0	5	10	15	20
大桥、中桥、小桥（不铺砌）	1.5	2.0	2.5	3.0	3.5
特大桥	2.0	2.5	3.0	3.5	4.0

在计算冲刷深度时尚应考虑其他可能产生的不利因素，如因水利规划使河道变迁，水文资料不足或河床为变迁性和不稳定河段等时，表3.18所列数值应适当加大。

修筑在覆盖土层较薄的岩石地基上，河床冲刷又较严重的大桥桥墩基础应置于新鲜岩面或弱风化层中并有足够埋深，以保证其稳定性。也可用其他锚固等措施，使基础与岩层能连成整体，以保证整个基础的稳定性。如风化层较厚，在满足冲刷深度要求下，一般桥梁的基础可设置在风化层内，此时，地基各项条件均按非岩石考虑。

位于河槽的桥台，当其最大冲刷深度小于桥墩总冲刷深度时，桥台基底的埋深应与桥墩基底相同。当桥台位于河滩时对河槽摆动不稳定河流，桥台基底高程应与桥墩基底高程相同，在稳定河流上桥台基底高程可按照桥台冲刷结果确定。

涵洞基础，在无冲刷处（岩石地基除外），应设在地面或河床底以下埋深不小于1m处；如有冲刷，基底埋深应在局部冲刷线以下不小于1m；如河床上有铺砌层时，基础底面宜设置在铺砌层顶面以下不小于1m。

3. 当地的冻结深度

在寒冷地区，应该考虑由于季节性的冰冻和融化对地基土引起的冻胀影响。对于冻胀性土，如土温在较长时间内保持在冻结温度以下，水分能从未冻结土层不断地向冻结区迁移，引起地基的冻胀和隆起，这些都可能使基础遭受损坏。为了保证建筑物不受地基土季节性冻胀的影响，除地基为非冻胀性土外，基础底面应埋置在天然最大冻结线以下一定深度。

我国幅员辽阔，地理气候不一，各地冻结深度应按实测资料确定。无资料时，可参照《公路桥涵地基与基础设计规范》（JTG 3363—2019）中标准冻深线图结合实地调查确定。

4. 当地的地形条件

当墩台、挡土墙等结构位于较陡的土坡上，在确定基础埋深时，还应考虑土坡连同结构物基础一起滑动的稳定性。由于在确定地基容许承载力时，一般是按地面为水平的情况下确定的，因而当地基为倾斜土坡时，应结合实际情况，予以适当折减并采取以下措施。

若基础位于较陡的岩体上，可将基础做成台阶形，但要注意岩体的稳定性。基础前缘至岩层坡面间必须留有适当的安全距离，其数值与持力层岩石（或土）的类别及斜坡坡度等因素有关。根据挡土墙设计要求，基础前缘至斜坡面间的安全距离 l 及基础嵌入地基中

的深度 h 与持力层岩石（或土）类的关系见表 3.19，在设计桥梁基础时也可作参考。但具体应用时，因桥梁基础承受荷载比较大，而且受力较复杂，采用表列 l 值宜适当增大，必要时应降低地基承载力容许值，以防止邻近边缘部分地基下沉过大。

表 3.19　　斜坡上基础埋深与持力层土类关系

持力层土类	h/m	l/m	示意图
较完整的坚硬岩石	0.25	0.25～0.50	
一般岩石（如砂页岩互层等）	0.60	0.60～1.50	
松软岩石（如千枚岩等）	1.00	1.00～2.00	
砂类砾石及土层	≥1.00	1.50～2.50	

5. 保证持力层稳定所需的最小埋置深度

地表土在温度和湿度的影响下，会产生一定的风化作用，其性质是不稳定的。加上人类和动物的活动以及植物的生长作用，也会破坏地表土层的结构，影响其强度和稳定，所以一般地表土不宜作为持力层。为了保证地基和基础的稳定性，基础的埋置深度（除岩石地基外）应在天然地面或无冲刷河底以下不小于 1m。

除此以外，在确定基础埋置深度时，还应考虑相邻建筑物的影响，如新建筑物基础比原有建筑物基础深，则施工挖土有可能影响原有基础的稳定。施工技术条件（施工设备、排水条件、支撑要求等）及经济分析等对基础埋深也有一定影响，这些因素也应考虑。

上述影响基础埋深的因素不仅适用于天然地基上的浅基础，有些因素也适用于其他类型的基础（如沉井基础）。

现举一简例来说明如何较合理地确定基础埋置深度和选择持力层。

某河流的水文资料和土层分布及其承载力容许值如图 3.6 所示。

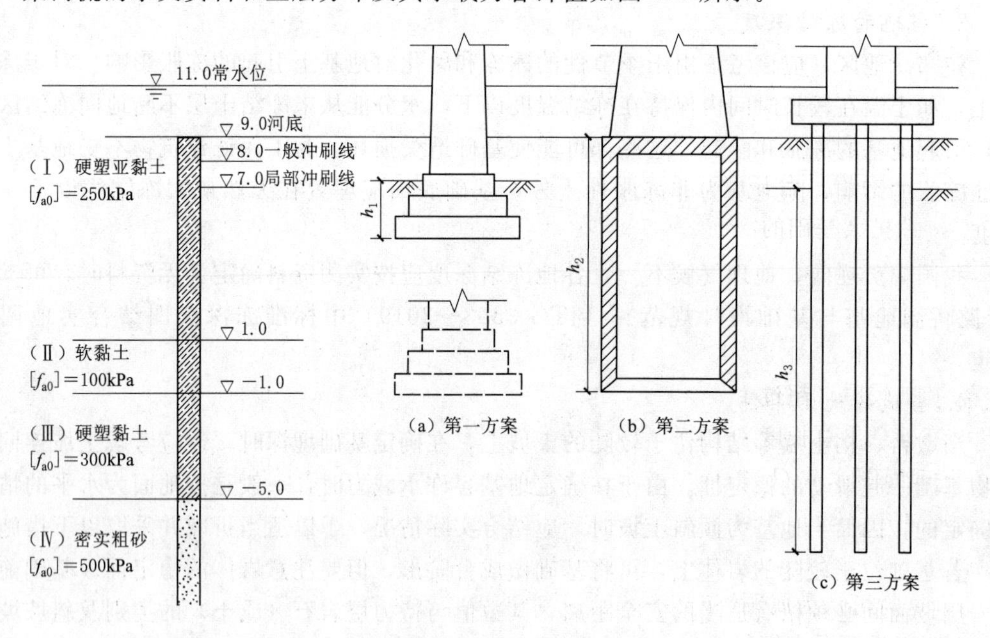

图 3.6　基础埋深的不同方案（高程单位：m）

根据水文地质资料，如施工技术条件有充分保证，由于基础修建在常年有水的河中（上部为静定结构），因而对上述后4项因素可以排除。从土质条件来看，土层（Ⅰ）（Ⅱ）（Ⅳ）均可作为持力层，所以第一方案采用浅基础，只需根据最大冲刷线确定其最小埋置深度，即在最大冲刷线以下 $h_1=2m$，然后验算土层（Ⅰ）（Ⅱ）的承载力是否满足要求。如这一方案不能通过，就应按土质条件将基底设置在土层（Ⅲ）上，但埋深 h_2 达8m以上，若仍采用浅基础大开挖施工方案则要考虑技术上的可能性和经济上的合理性，这时也可考虑沉井基础（第二方案）或桩基础。如荷载大，要求基础埋得更深时，则可考虑第三方案，采用桩基础，将桩底设置在土层（Ⅳ）中。采用这一方案时，可以避免水下施工，给施工带来便利。

3.2.2 刚性扩大基础尺寸的拟定

主要根据基础埋置深度确定基础平面尺寸和基础分层厚度。所拟定的基础尺寸，应是在可能的最不利荷载组合的条件下，能保证基础本身有足够的结构强度，使地基与基础的承载力和稳定性均能满足规定要求，并且是经济合理的。

在季节性流水的河流或旱地上的桥梁墩、台基础顶面不宜高出地面，以防碰损；水中基础顶面一般不高于最低水位。当然墩台基础顶面标高宜根据桥位情况、施工难易程度、美观与整体协调综合确定。

基础厚度应根据墩、台身结构形式，荷载大小，选用的基础材料等因素来确定，一般情况下，大、中桥墩、台混凝土基础厚度在1.0～2.0m。

基础平面尺寸：基础平面形式一般应考虑墩、台身底面的形状而确定，基础平面形状常用矩形。基础底面长宽尺寸与高度有如下的关系式

$$
\begin{aligned}
&\text{长度(横桥向)} \quad && a=l+2H\tan\alpha \\
&\text{宽度(顺桥向)} \quad && b=d+2H\tan\alpha
\end{aligned}
\tag{3.2}
$$

式中 l——墩、台身底截面长度，m；

d——墩、台身底截面宽度，m；

H——基础高度，m；

α——墩、台身底截面边缘至基础边缘线与垂线间的夹角。

刚性扩大基础的剖面形式一般做成矩形或台阶形，如图3.7所示。自墩、台身底边缘至基顶边缘距离 c_1 称为襟边，其作用一方面是扩大基底面积增加基础承载力，同时也便于调整基础施工时在平面尺寸上可能发生的误差，也为了支立墩、台身模板的需要。其值应视基底面积的要求、基础厚度及施工方法而定。桥梁墩台基础襟边最小值为20～30cm。

基础较厚（超过1m以上）时，可将基础的剖面浇砌成台阶形，如图3.7所示。

基础悬出总长度（包括襟边与台阶宽度之和），应使悬出部分在基底反力作用下，在 $a-a$ 截面图3.7（b）所产生的弯曲拉力和剪应力不超过基础圬工的强度限值。所以满足上述要求时，就可得到自墩台身边缘处的垂线与基底边缘的连线间的最大夹角 α_{max}，称为刚性角。在设计时，应使每个台阶宽度 c_i 与厚度 t_i 保持在一定比例内，使其夹角 $\alpha_i \leqslant \alpha_{max}$，这时可认为属刚性基础，不必对基础进行弯曲拉应力和剪应力的强度验算，在基础中也可不设置受力钢筋。刚性角 α_{max} 的数值与基础所用的圬工材料强度有关。

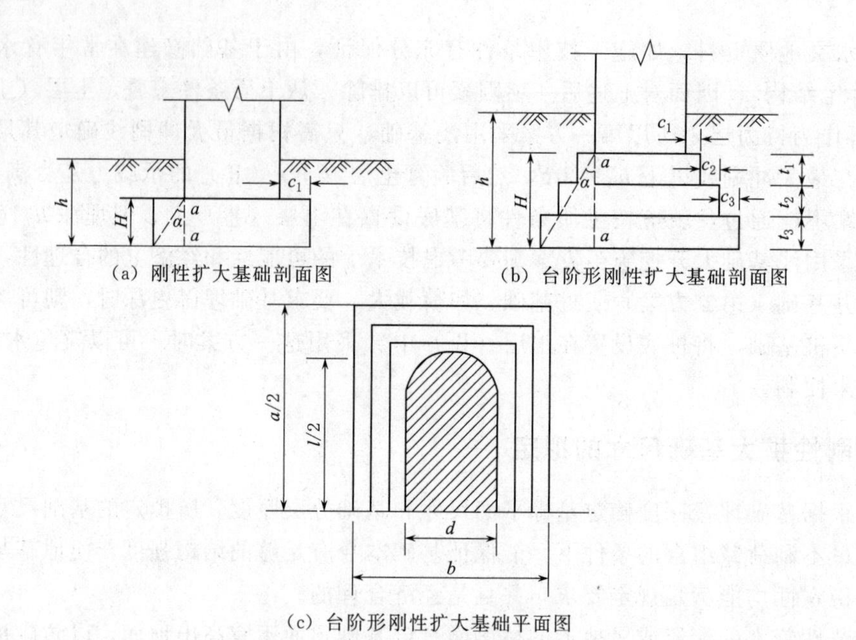

(a) 刚性扩大基础剖面图 (b) 台阶形刚性扩大基础剖面图

(c) 台阶形刚性扩大基础平面图

图 3.7 刚性扩大基础剖面、平面图

基础每层台阶高度 t_i，通常为 0.5～1.0m，在一般情况下各层台阶宜采用相同厚度。

3.2.3 地基承载力验算

地基承载力验算包括持力层强度验算、软弱下卧层承载力验算和地基容许承载力的确定。

1. 持力层强度验算

持力层是指直接与基底相接触的土层，持力层承载力验算要求荷载在基底产生的地基应力不超过持力层的地基容许承载力，其计算式为

$$\begin{matrix} p_{\max} \\ p_{\min} \end{matrix} = \frac{N}{A} \pm \frac{M}{W} \leqslant [p] \tag{3.3}$$

其中 $$M = \sum T_i h_i + \sum P_i e_i = N e_0$$

式中 p——基底应力，kPa；

N——基底以上竖向荷载，kN；

A——基底面积，m^2；

M——作用于墩、台上各外力对基底形心轴之力矩，kN·m；

W——基底偏心方向面积抵抗矩；

$[p]$——基底处持力层地基容许承载力，kPa；

T_i——水平力；

h_i——水平作用点至基底的距离；

P_i——竖向力；

e_i——竖向力 P_i 作用点至基底形心的偏心距；

e_0——合力偏心距。

2. 基底合力偏心距验算

控制基底合力偏心距的目的是尽可能使基底应力分布比较均匀，以免基底两侧应力相差过大，使基础产生较大的不均匀沉降，使墩、台发生倾斜，影响正常使用。若使合力通过基底中心，虽然可得均匀的应力，但这样做非但不经济，而且往往也是不可能的，所以在设计时，根据有关设计规范的规定，应遵循以下原则。

对于非岩石地基，以不出现拉应力为原则：当墩、台仅受恒载作用时，基底合力偏心距 e_0 应分别不大于基底核心半径 ρ 的 0.1 倍（桥墩）和 0.75 倍（桥台）；当墩、台受荷载组合Ⅱ、Ⅲ、Ⅳ时，由于一般是短时的，因此对基底偏心距的要求可以放宽，一般只要求基底偏心距 e_0 不超过核心半径 ρ 即可。

对于修建在岩石地基上的基础，可以允许出现拉应力，根据岩石的强度，合力偏心距 e_0 最大可为基底核心半径的 1.2～1.5 倍，以保证必要的安全储备（具体规定可参阅有关桥涵设计规范）。

当外力合力作用点不在基底两个对称轴中任一对称轴上，或当基底截面为不对称时，可直接按下式求 e_0 与 ρ 的比值，使其满足规定的要求

$$\frac{e_0}{\rho}=1 \quad \frac{\sigma_{min}}{\frac{N}{A}} \tag{3.4}$$

式中符号意义同前，但要注意 N 和 σ_{min} 应在同一种荷载组合情况下求得。

在验算基底偏心距时，应采用计算基底应力相同的最不利荷载组合。

【例 3.2】　某桥墩下方形刚性扩大基础边长为 2m，埋深为 1.5m。柱传给基础的竖向力为 800kN，基础及其上土自重 120kN，地下水位在地表下 0.5m 处（即地下水埋深为 0.5m）。试求基底压力 p。

解： 基础所受的浮力 N_b 为

$$N_b=\gamma_w A(h-0.5)=10\times(2\times2)\times(1.5-0.5)=40(\text{kN})$$

则基础底面总的竖向力为

$$N=800+120-40=880(\text{kN})$$

可求得基底压力

$$p=\frac{N}{A}=\frac{880}{2\times2}=220(\text{kPa})$$

【例 3.3】　如图 3.8 所示，某桥墩下刚性扩大基础尺寸为 3m×2m，埋深为 2.3m，桥墩传给基础的竖向力 $N=1000$kN，弯矩 $M=180$kN·m，基础及其上土重为 $N_f+N_s=276$kN，地下水埋深 1.2m。试求：基底压力的 p_{max} 和 p_{min}。

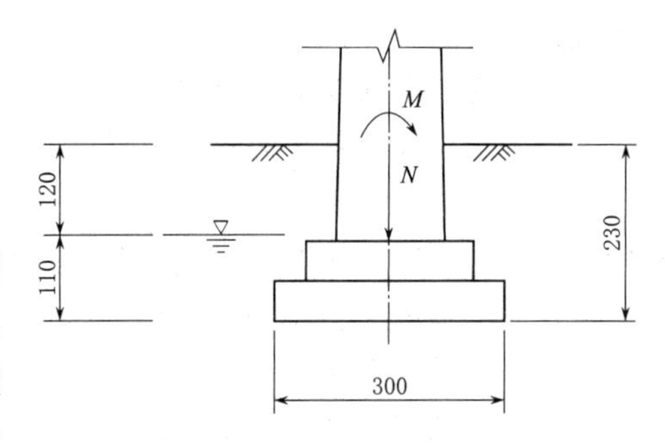

图 3.8　刚性扩大基础立面图（单位：cm）

解： 基础所受的浮力为

$$N_b=\gamma_w A(h-1.2)=10\times(3\times2)\times(2.3-1.2)=66(\text{kN})$$

则基础底面总的竖向力为

$$N=F+N_f+N_s-N_b=1000+276-66=1210(\text{kN})$$

荷载在基底产生的地基应力

$$\frac{p_{max}}{p_{min}}=\frac{N}{A}\pm\frac{M}{W}=\frac{1210}{3\times 2}\pm\frac{180}{\frac{1}{6}\times 2\times 3^2}=201.7\pm 60=\frac{261.7}{141.7}(kN\cdot m)$$

偏心距验算

$$e_0=\frac{M}{N}=\frac{180}{1210}=0.149(m)<\rho=\frac{b}{6}=\frac{3.0}{6}=0.5(m)$$

对公路桥梁，通常基础横向长度比顺桥向宽度大得多，同时上部结构在横桥向布置常是对称的，故一般由顺桥向控制基底应力计算。但对通航河流或河流中有漂流物时，应计算船舶撞击力或漂流物撞击力在横桥向产生的基底应力，并与顺桥向基底应力比较，取其大者控制设计。

在曲线上的桥梁，除顺桥向引起的力矩 M_x 外，尚有离心力（横桥向水平力）在横桥向产生的力矩 M_y；若桥面上活载考虑横向分布的偏心作用时，则偏心竖向力对基底两个方向中心轴均有偏心距（图3.9），并产生偏心矩 $M_x=Ne_x$，$M_y=Ne_y$。故对于曲线桥，计算基底应力时，应按下式计算

$$\frac{p_{max}}{p_{min}}=\frac{N}{A}\pm\frac{M_x}{W_x}\pm\frac{M_y}{W_y}\leqslant[p] \tag{3.5}$$

式中 M_x、M_y——外力对基底顺桥向中心轴和横桥向中心轴之力矩；

W_x、W_y——基底对 x、y 轴之截面模量。

对式（3.5）中的 N 值及 M（或 M_x、M_y）值，应按能产生最大竖向 N_{max} 的最不利荷载组合与此相对应的 M 值，和能产生最大力矩 M_{max} 时的最不利荷载组合与此相对应的 N 值，分别进行基底应力计算，取其大者控制设计。

3. 软弱下卧层承载力验算

当受压层范围内地基为多层土（主要指地基承载力有差异而言）组成，且持力层以下有软弱下卧层（指容许承载力小于持力层容许承载力的土层），这时还应验算软弱下卧层的承载力。

验算时先计算软弱下卧层顶面 A（在基底形心轴下）的应力（包括自重应力及附加力）不得大于该处地基土的容许承载力（图3.9和图3.10），即

$$p_{h+z}=\gamma_1(h+z)+a(p-\gamma_2 h)\leqslant\gamma_R[f_a] \tag{3.6}$$

式中 γ_1——相应于深度（$h+z$）以内土的换算重度，kN/m^3；

γ_2——深度 h 范围内土层的换算重度，kN/m^3；

h——基底埋深，m；

z——从基底到软弱土层顶面的距离，m；

a——基底中心下土中附加应力系数，可查用《公路桥涵地基与基础设计规范》附表8；

p——由计算荷载产生的基底压应力，kPa，当基底压应力为不均匀分布且 z/b（或 z/d）>1 时，σ 为基底平均压应力，当 z/b（或 z/d）$\leqslant 1$ 时，σ 按基底应力采用距最大应力边 $b/3\sim b/4$ 处的压应力（其中 b 为矩形基础的短边宽度，d 为圆形基础直径）。

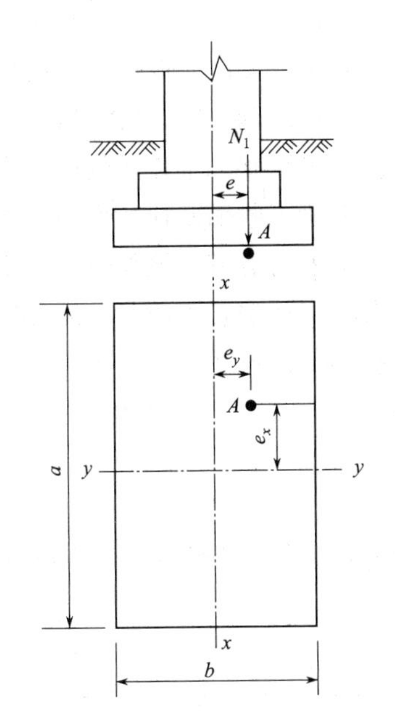

图 3.9 偏心竖直力作用在任意点

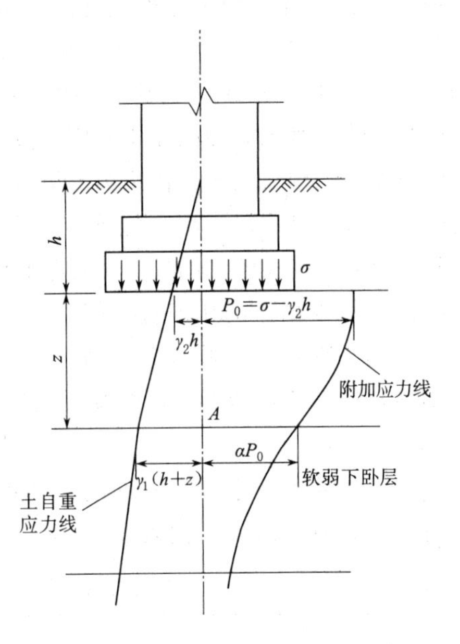

图 3.10 软弱下卧层承载力验算

当软弱下卧层为压缩性高而且较厚的软黏土，或当上部结构对基础沉降有一定要求时，除承载力应满足上述要求外，还应验算包括软弱下卧层的基础沉降量。

3.2.4 基础沉降验算

1. 基本规定

当墩台建筑在地质情况复杂、土质不均匀及承载力交叉的地基上，一级相邻跨径悬殊而需计算沉降差或跨线桥净高需预先考虑沉降时，均应计算其沉降。因而，一般情况下，有下列情况者，应验算墩台基底沉降：

(1) 两相邻跨径悬殊。

(2) 确定跨线桥或跨线渡槽下的净空时，需要预先计算其墩台沉降值。

(3) 当墩台建筑在地质复杂、地层不均匀及承载力交叉的地基上时，应验算其沉降。

(4) 桥梁改建或扩建。

墩台基础的沉降必然引起上部结构下沉，从而影响桥下净高和伸缩装置、支座、简支梁连续桥面的使用。更为重要的是，对于超静定结构（连续梁、推力拱、刚构等），会引起结构附加内力。由此，《公路桥涵地基与基础设计规范》规定墩台的沉降，应符合下列规定：

(1) 相邻墩台间不均匀沉降差（不包括施工中的沉降），不应使桥面形成大于 0.2% 的附加纵坡（折角）。

(2) 超静定结构桥墩墩台间不均匀沉降差值，还应满足结构的受力要求。

2. 分层总和法

计算基础沉降要考虑地基变形性质。由于地基土是大变形材料，具有长期的时间效应，因此基础沉降应按正常使用极限状态下作用长期效应组合进行计算。所谓作用长期效应组合，按照《公路工程结构可靠性设计统一标准》（JTG 2120—2020）的规定，为永久作用标准值效应与可变作用准永久值效应相组合。原规范的基础沉降是按结构自重（包括土重）作用下计算，但这种算法是不合理的。因而《公路桥涵地基与基础设计规范》规定：计算基础沉降时，传至基础底面的作用效应应按正常使用极限状态下作用效应组合采用。该组合仅为直接施加于结构上的永久作用标准值（不包含混凝土收缩及徐变作用、基础变位作用）和可变作用准永久值（仅指汽车荷载和人群荷载）引起的效应。该作用效应组合，在桥梁上出现的概率较大，持续的时间较长，对基础沉降有较大影响，因而是较为合理的。

地基土的沉降可根据土的压缩特性指标按《公路桥涵地基与基础设计规范》的单向应力分层总和法（用沉降计算经验系数 ψ_s 修正）计算。

墩台基础地基的最终沉降量 s，可按下式计算

$$s=\psi_s s_0 \tag{3.7}$$

式中 ψ_s——沉降计算经验系数，根据地区沉降观测资料及经验确定，缺少沉降观测资料及经验数据时，可按表 3.20 确定。

表 3.20 **沉降计算经验系数 ψ_s**

基地附加压应力	$\overline{E_s}$/MPa				
	2.5	4.0	7.0	15.0	20.0
$p_0 \geqslant [f_{a0}]$	1.4	1.3	1.0	0.4	0.2
$p \leqslant 0.75\ [f_{a0}]$	1.1	1.0	0.7	0.4	0.2

表 3.20 中 $\overline{E_s}$ 为沉降计算范围内压缩模量的当量值，应按下式计算

$$\overline{E_s}=\frac{\sum A_i}{\sum \dfrac{A_i}{E_{si}}} \tag{3.8}$$

式中 A_i——第 i 层土的附加压应力系数沿土层厚度的积分值。

s_0 为按分层总和法计算的地基沉降量（mm），其计算式为

$$s_0=\sum_{i=1}^{n}\frac{p_0}{E_{si}}(z_i\alpha) \tag{3.9}$$

$$p_0=p-\gamma h \tag{3.10}$$

式中 n——地基沉降计算深度范围内所划分的土层数（图 3.11）；

p_0——对应于荷载长期效应组合时的基础底面处附加压应力，kPa；

E_{si}——基础底面下第 i 层土的压缩模量，MPa，应取土的“自重压应力”至“土的自重压应力与附加压应力之和”的压应力段计算；

z_i——基础底面至第 i 层土底面的距离，m；

$\overline{\alpha}_i$——基础底面计算点至第 i 层土底面范围内平均附加压应力系数，可按《公路桥涵地基与基础设计规范》附表 8 取用；

p——基底压应力，kPa，当 $z/b>1$ 时，p 采用基底平均压应力；$z/b\leqslant 1$ 时，p 按压应力图形采用距最大压应力点 $b/3\sim b/4$ 处的压应力（对梯形图形，前后端压应力差值较大时，可采用 $b/4$ 处的压应力值；反之则采用 $b/3$ 处压应

力值），以上 b 为矩形基底宽度；

h——基底埋置深度，m，当基础受水流冲刷时，从一般冲刷线算起；当不受水流冲刷时，从天然地面算起；如位于挖方内，则由开挖后地面算起；

γ——h 内土的重度，kN/m^2，基底为透水地基时水位以下取浮重度。

3.2.5 基础稳定性验算

基础稳定性验算包括基础倾覆稳定性验算和基础滑动稳定性验算。

1. 基础倾覆稳定性验算

基础倾覆或倾斜除了地基的强度和变形原因外，往往发生在承受较大的单向水平推力且其合力作用点离基础底面的距离较高的结构物上，如挡土墙或高桥台受侧向土压力作用，大跨度拱桥在施工中墩、台受到不平衡的推力，以及在多孔拱桥中一孔被毁等，此时在单向恒载推力作用下，均可能引起墩、台连同基础的倾覆和倾斜。

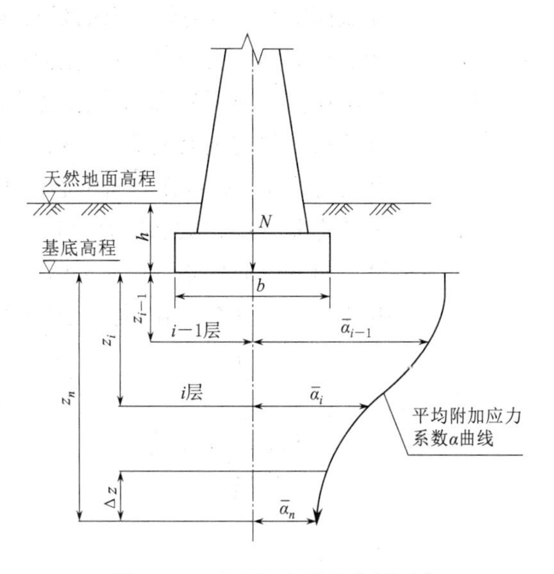

图 3.11 地基沉降计算分层示意

验算基底抗倾覆稳定性，旨在保证桥梁道台不致向一侧倾倒（绕基底的某一轴转动）。建筑在岩层上的墩台是绕基底受压的最外边缘（以最外边缘为轴）而倾覆；建筑在弹性的软土上面的台基础，由于最大受压边缘陷入土内，此时基础的转动轴将在受压最外边缘的内侧某一线上。基底土越弱，基础转动轴将越接近基底中心，基础抗倾覆的稳定性就越低。但在设计基础时，因要求基底最大压力限制在基底土的容许承载力以内，故基础的转动轴仍假定在最大受压的外边缘，如图 3.12 所示。

现将合力作用点移至基底，设基底底面合力 R 分解为竖向力 N 和水平力 H，如图 3.12（a）所示。此时 H 仅有滑动作用，N 才有倾覆作用。如将 N 移至基底重心，同时又加一对大小相等、方向相反的力偶 Ne_0，如图 3.12（b）所示，即在基底重心作用有一个竖向力 N 和弯矩 Ne_a，其各竖向力的作用与图 3.12（a）是一致的。可以看到，力偶 Ne_0 绕基底最外边 A 旋转，为倾覆力矩，而竖向力 N 对 A 点的力矩则为稳定力矩。

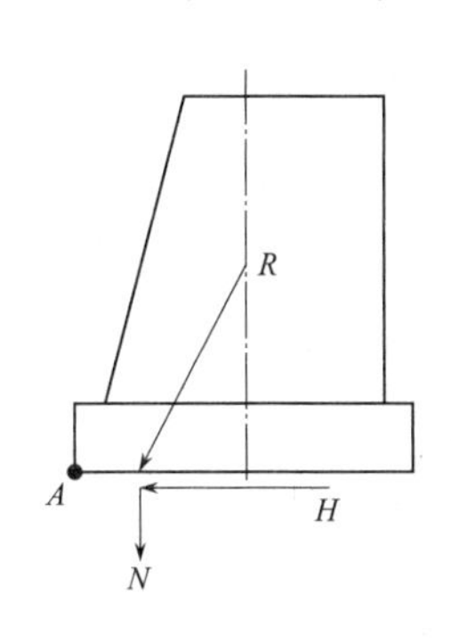

（a）基底底面合力R分解示意

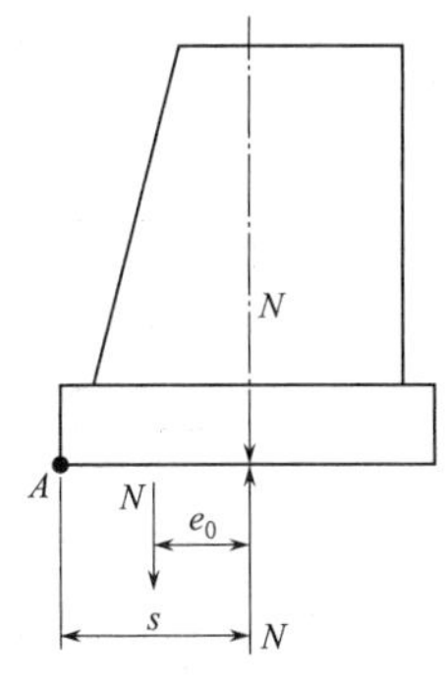

（b）倾覆力矩与稳定力矩的产生

图 3.12 倾覆稳定示意

理论和实践证明，基础倾覆稳定性与合力的偏心距有关。合力偏心距越大，则基础抗倾覆的安全储备越小。如图 3.13 所示，设基底截面重心至压力最大一边的边缘的距离为 y（荷载作用在重心轴上的矩形基础 $y=b/2$），外力合力偏心距 e_0，则两者的比值 k_0 可反映基础倾覆稳定性的安全度，即

$$k_0=\frac{s}{e_0} \tag{3.11}$$

$$e_0=\frac{\sum P_i e_i+\sum H_i h_i}{\sum P_i} \tag{3.12}$$

式中 k_0——墩台基础抗倾覆稳定性系数；

s——在截面重心至合力作用点的延长线上，自截面重心至验算倾覆轴的距离，m；

e_0——所有外力的合力 R 在验算截面的作用点对基底重心轴的偏心距，m；

P_i——不考虑其分析系数和组合系数的作用标准值组合或偶然作用（地震除外）标准值组合引起的竖向力，kN；

e_i——竖直分力 P_i 对验算截面重心的力臂，m；

H_i——不考虑其分析系数和组合系数的作用标准值组合或偶然作用（地震除外）标准值组合引起的水向力，kN；

h_i——相应于各水平分力作用点至基底的距离。

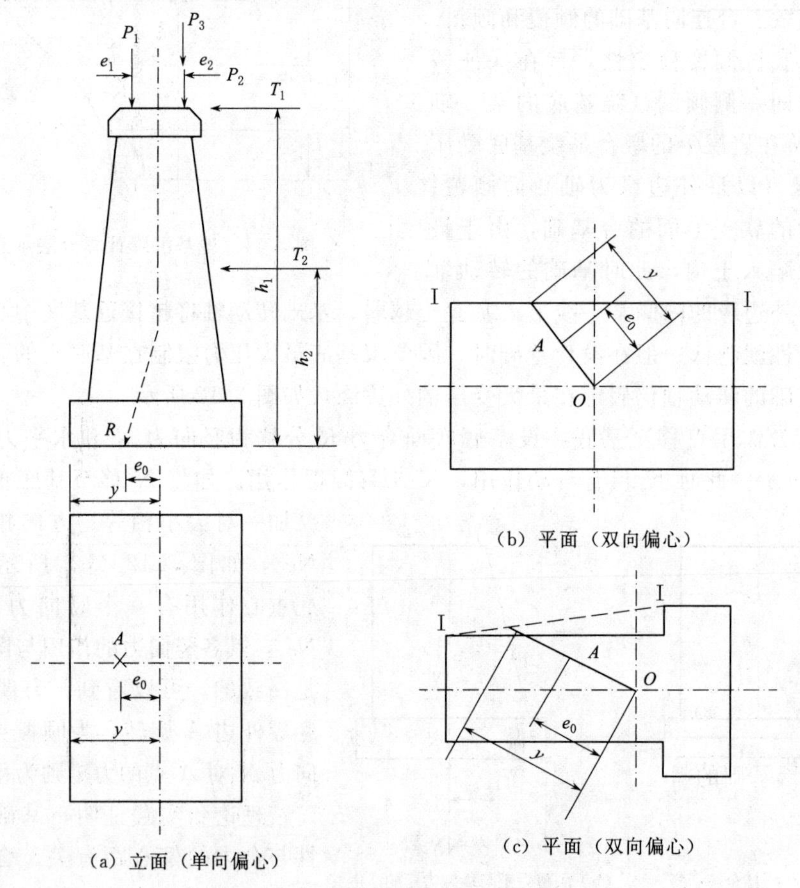

图 3.13 墩台基础的稳定性验算示意

O—截面重心；R—合力作用点；Ⅰ-Ⅰ—验算倾覆轴

如外力合力不作用在形心轴上［图 3.13（b）］或基底截面有一个方向为不对称，而合力又不作用在形心轴上［图 3.13（c）］，基底压力最大一边的边缘线应是外包线，如图 3.13（b）和（c）中的Ⅰ-Ⅰ线，y 值应是通过形心与合力作用点的连线并延长与外包线相交点至形心的距离。

不同的使用阶段、不同的荷载组合，抗倾覆稳定性系数 k_0 的容许值均有不同要求，具体见表 3.21。

表 3.21　　抗倾覆和抗滑动的稳定性系数

作用组合		验算项目	稳定性系数
使用阶段	永久作用（不计混凝土收缩及徐变、浮力）和汽车人群的标准值效应组合	抗倾覆	1.5
		抗滑动	1.3
	各种作用（不包括地震作用）的标准值效应组合	抗倾覆	1.3
		抗滑动	1.2
施工阶段作用的标准值效应组合		抗倾覆	1.2
		抗滑动	

2. 基础滑动稳定性验算

基础在水平推力作用下沿基础底面滑动的可能性即基础抗滑动安全度的大小，可用基底与土之间的摩擦阻力和水平推力的比值 k_c 来表示，k_c 称为桥涵墩台基础的抗滑动稳定性系数，即

$$k_c=\frac{\mu\sum P_i+\sum H_{iP}}{\sum H_{ia}} \tag{3.13}$$

式中　$\sum P_i$——竖向力总和；

$\sum H_{iP}$——抗滑稳定水平力总和；

$\sum H_{ia}$——滑动水平力总和；

μ——基础底面与地基之间的摩擦系数，通过试验确定；当缺少实际资料时，可参照表 3.22 采用。

表 3.22　　基底摩擦系数

地基土分类	μ	地基土分类	μ
黏土（流塑～坚硬）粉土	0.25	软岩（极软岩～较软岩）	0.40～0.60
砂土（粉砂～砾砂）	0.30～0.40	硬岩（较硬岩～坚硬岩）	0.60、0.70
碎石土（松散～密实）	0.40～0.50		

验算桥台基础的滑动稳定性时，如台前填土保证不受冲刷，可同时考虑计入与台后土压力方向相反的台前土压力，其数值可按主动或静止土压力进行计算。

修建在非岩石地基上的拱桥桥台基础，在拱的水平推力和力矩作用下，基础可能向路堤方向滑移或转动，此项水平位移和转动还与台后土抗力的大小有关。

【例 3.4】　某桥墩为混凝土实体墩刚性扩大基础，基础底面尺寸 3.0m×10m，自重

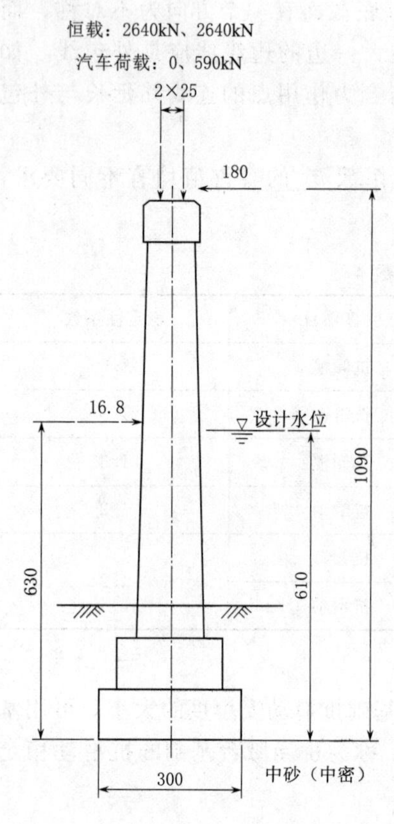

图 3.14 墩台立面图（单位：cm）

及二期恒载的支座反力为 2640kN 及 2640kN，汽车荷载的支座反力为 0 及 590kN；桥墩及基础自重 5480kN；设计水位以下墩身及基础浮力 1200kN；制动力 180kN，墩帽与墩身风力合力 16.8kN。结构尺寸及地质、水文资料如图 3.14 所示。试进行基础的稳定性验算。

解：（1）基底合理偏心距验算。

所有外力的合力 R 在验算截面的作用点对基底重心轴的偏心距 e_0 为

$$e_0=\frac{\sum P_i e_i+\sum H_i h_i}{\sum P_i}$$

$$=\frac{590\times0.25+180\times10.9+16.8\times6.3}{2640+2640+590+5480-1200}$$

$$=0.218(\text{m})$$

基础横向宽度为 3.0m，则自截面重心至验算倾覆轴的距离 $s=3.0/2=1.50$（m），则

$$k_0=\frac{s}{e_0}=\frac{1.50}{0.218}=6.88$$

查表 3.21 得，规范规定使用阶段在永久作用和汽车的标准值效应组合下，抗倾覆稳定性系数不应小于 1.5，满足。

（2）滑动稳定验算。查表 3.22 得中砂的摩擦系数 $\mu=0.35$；使用阶段永久作用和汽车的标准值效应组合

$$\sum P_i=2640+2640+590+5480-1200=10150\ (\text{kN})$$

$$\sum H_{ia}=180+16.8=196.8\ (\text{kN})$$

则抗滑动稳定性系数

$$k_c=\frac{\mu\sum P_i+\sum H_{iP}}{\sum H_{ia}}=\frac{0.35\times10150}{196.8}=18.05$$

查表 3.21 得，规范规定使用阶段在永久作用和汽车的标准值效应组合下，抗滑动稳定性系数不应小于 1.3，满足。

3.3 刚性扩大基础施工

刚性扩大基础的施工可采用明挖的方法进行基坑开挖，开挖工作应尽量在枯水或少雨季节进行，且不宜间断。基坑挖至基底设计标高应立即对基底土质及坑底情况进行检验，验收合格后应尽快修筑基础，不得将基坑暴露过久。基坑可用机械或人工开挖，接近基底设计标高应留 30cm 高度由人工开挖，以免破坏基底土的结构。基坑开挖过程中要注意排水，基坑尺寸要比基底尺寸每边大 0.5～1.0m，以方便设置排水沟及立模板和砌筑工作。

基坑开挖时根据土质及开挖深度对坑壁予以围护或不围护，围护的方式多样。水中开挖基坑还需先修筑防水围堰。

3.3.1 旱地上基坑开挖及围护

1. 无围护基坑

适用于基坑较浅，地下水位较低或渗水量较少，不影响坑壁稳定时，此时可将坑壁挖成竖直或斜坡形。竖直坑壁只适宜在岩石地基或基坑较浅又无地下水的硬黏土中采用。在一般土质条件下开挖基坑时，应采用放坡开挖的方法。

2. 有围护基坑

（1）板桩墙支护。板桩是在基坑开挖前先垂直打入土中至坑底以下一定深度，然后边挖边设支撑，开挖基坑过程中始终是在板桩支护下进行。

板桩墙分无支撑式、支撑式和锚撑式，其中支撑式板桩墙按设置支撑的层数又可分为单支撑板桩墙和多支撑板桩墙，如图 3.15 所示。由于板桩墙多应用于较深基坑的开挖，故多支撑板桩墙应用较多。

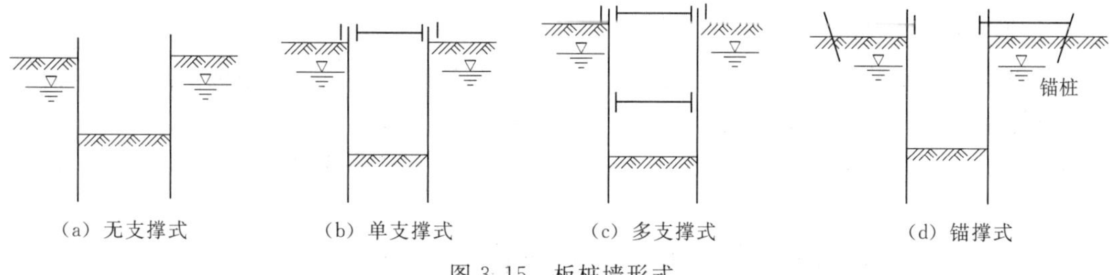

(a) 无支撑式　(b) 单支撑式　(c) 多支撑式　(d) 锚撑式

图 3.15　板桩墙形式

（2）喷射混凝土护壁。喷射混凝土护壁，宜用于土质较稳定，渗水量不大，深度小于 10m，直径为 6～12m 的圆形基坑。对于有流砂或淤泥夹层的土质，也有使用成功的实例。

喷射混凝土护壁的基本原理是以高压空气为动力，将搅拌均匀的砂、石、水泥和速凝剂干料，由喷射机经输料管吹送到喷枪，在通过喷枪的瞬间，加入高压水进行混合，自喷嘴射出，喷射在坑壁，形成环形混凝土护壁结构，以承受土压力。

（3）混凝土围圈护壁。采用混凝土围圈护壁时，基坑自上而下分层垂直开挖，开挖一层后随即灌注一层混凝土壁。为防止已浇筑的围圈混凝土施工时因失去支承而下坠，顶层混凝土应一次整体浇筑，以下各层均间隔开挖和浇筑，并将上下层混凝土纵向接缝错开。开挖面应均匀分布对称施工，及时浇筑混凝土壁支护，每层坑壁无混凝土壁支护总长度应不大于周长的一半。分层高度以垂直开挖面不坍塌为原则，一般顶层高 2m 左右，以下每层高 1～1.5m。混凝土围圈护壁也是用混凝土环形结构承受土压力，但其混凝土壁是现场浇筑的普通混凝土，壁厚较喷射混凝土大，一般为 15～30cm，也可按土压力作用下环形结构计算。

喷射混凝土护壁要求有熟练的技术工人和专门设备，对混凝土用料的要求也较严，用于超过 10m 的深基坑尚无成熟经验，因而有其局限性。混凝土围圈护壁则适应性较强，可以按一般混凝土施工，基坑深度可达15～20m，除流砂及呈流塑状态的黏土外，可适用于其他各种土类。

3.3.2 基坑排水

基坑如在地下水位以下，随着基坑的下挖，渗水将不断涌进基坑，因此施工过程中必须不断地排水，以保持基坑的干燥，便于基坑挖土和基础的砌筑与养护。目前常用的基坑排水方法有表面排水法和井点法降低地下水位两种。

1. 表面排水法

表面排水法是在基坑整个开挖过程及基础砌筑和养护期间，在基坑四周开挖集水沟汇集坑壁及基底的渗水，并引向一个或数个比集水沟挖得更深一些的集水坑，集水沟和集水坑应设在基础范围以外，在基坑每次下挖以前，必须先挖沟和坑，集水坑的深度应大于抽水机吸水龙头的高度，在吸水龙头上套竹筐围护，以防土石堵塞龙头。

这种排水方法设备简单、费用低，一般土质条件下均可采用。但当地基土为饱和粉细砂土等黏聚力较小的细粒土层时，由于抽水会引起流砂现象，造成基坑的破坏和坍塌，因此当基坑为这类土时，应避免采用表面排水法。

2. 井点法降低地下水位

对粉质土、粉砂类土等如采用表面排水极易引起流砂现象，影响基坑稳定，此时可采用井点法降低地下水位排水。根据使用设备的不同，主要有轻型井点、喷射井点、电渗井点和深井泵井点等多种类型，可根据土的渗透系数，要求降低水位的深度及工程特点选用。

轻型井点降水是在基坑开挖前预先在基坑四周打入（或沉入）若干根井管，井管下端1.5m左右为滤管，上面钻有若干直径约2mm的滤孔，外面用过滤层包扎起来。各个井管用集水管连接并抽水。由于使井管两侧一定范围内的水位逐渐下降，各井管相互影响形成了一个连续的疏干区。在整个施工过程中保持不断抽水，以保证在基坑开挖和基础砌筑的整个过程中基坑始终保持无水状态。该法可以避免发生流砂和边坡坍塌现象，并且流水压力对土层还有一定的压密作用。

3.3.3 水中基坑开挖时的围堰工程

在水中修筑桥梁基础时，开挖基坑前需在基坑周围先修筑一道防水围堰，把围堰内水排干后，再开挖基坑修筑基础。如排水较困难，也可在围堰内进行水下挖土，挖至预定标高后先灌注水下封底混凝土，然后再抽干水继续修筑基础。在围堰内不但可以修筑浅基础，也可以修筑桩基础等。

围堰应符合以下要求：

(1) 围堰顶面标高应高出施工期间可能出现的最高水位0.5m以上，有风浪时应适当加高。

(2) 修筑围堰将压缩河道断面，使流速增大引起冲刷，或堵塞河道影响通航，因此要求河道断面压缩一般不超过流水断面面积的30%。对两边河岸河堤或下游建筑物有可能造成危害时，必须征得有关单位同意并采取有效防护措施。

(3) 围堰内尺寸应满足基础施工要求，留有适当工作面积，由基坑边缘至堰脚距离一般不少于 1m。

(4) 围堰结构应能承受施工期间产生的土压力、水压力以及其他可能发生的荷载，满足强度和稳定要求。围堰应具有良好的防渗性能。

水中围堰的种类有土围堰、草（麻）袋围堰、钢板桩围堰、双壁钢围堰和地下连续墙围堰等。

1. 土围堰和草袋围堰

在水深较浅（2m 以内）、流速缓慢、河床渗水较小的河流中修筑基础，可采用土围堰或草袋围堰。土围堰用黏性土填筑，无黏性土时，也可用砂土类填筑，但须加宽堰身以加大渗流长度，砂土颗粒越大堰身越要加厚。围堰断面应根据使用土质条件、渗水程度及水压力作用下的稳定确定。若堰外流速较大时，可在外侧用草袋柴排防护。

此外，还可以用竹笼片石围堰和木笼片石围堰做水中围堰，其结构由内外两层装片石的竹（木）笼中间填黏土心墙组成。黏土心墙厚度不应小于 2m。为避免片石笼对基坑顶部压力过大，并且在必要时为变更基坑边坡留有余地，片石笼围堰内侧一般应距基坑顶缘 3m 以上。

2. 钢板桩围堰

当水较深时，可采用钢板桩围堰。修建水中桥梁基础常使用单层钢板桩围堰，其支撑（一般为万能杆件构架，也采用浮箱拼装）和导向（由槽钢组成内外导环）系统的框架结构称“围囹”或“围笼”，如图 3.16 所示。

3. 双壁钢围堰

在深水中修建桥梁基础还可以采用双壁钢围堰。双壁钢围堰一般做成圆形结构，它本身实际上是个浮式钢沉井。井壁钢壳是由有加劲肋的内外壁板和若干层水平钢桁架组成，中空的井壁提供的浮力可使围堰在水中自浮，使双壁钢围堰在漂浮状态下分层接高下沉。在两壁之间设数道竖向隔舱板将圆形井壁等分为若干个互不连通的密封隔舱，利用竖向隔舱不等高灌水来控制双壁围堰下沉及调整下沉时的倾斜。井壁底部设置刃脚以利切土下沉。如需将围堰穿过覆盖层下沉到岩层而岩面高差又较大时，可做成高低刃脚密贴岩面。双壁围堰内外壁板间距一般为 1.2～1.4m，这就使围堰刚度很大，围堰内无须设支撑系统。

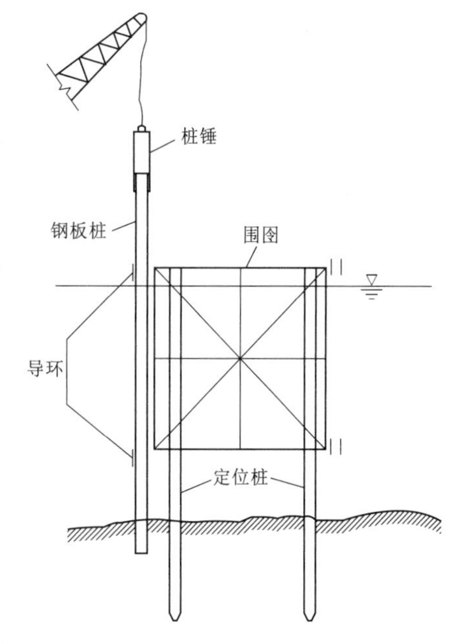

图 3.16 围囹法打钢板桩

天然地基上浅基础的设计，包括下列各项内容：

(1) 确定地基承载力。

(2) 选择基础的材料、类型，进行基础平面布置。

(3) 确定地基持力层和基础埋置深度。

(4) 确定基础的底面尺寸，必要时进行地基变形与稳定性验算。

(5) 进行基础结构设计（对基础进行内力分析、截面计算并满足构造要求）。

(6) 绘制基础施工图，提出施工说明。

设计浅基础时要充分掌握拟建桥址场地的工程地质条件和地基勘察资料，例如不良地质现象和发震断层的存在及其危害性、地基上层分布的不均匀性和软弱下卧层情况、各层土的类别及其工程特性指标。地基勘察的详细程度应与桥梁设计等级和场地的工程地质条件相适应。浅基础设计的各项内容是互相关联的。设计时可按上述顺序逐项进行设计与计算，如发现前面的选择不妥，则须修改设计，直至各项计算均符合要求且各数据前后一致。对规模较大的基础工程，还应对若干可能的方案作出经济技术比较，然后择优采用。在仔细研究地基勘察资料的基础上，结合考虑上部结构的类型、荷载的性质及大小和分布、建筑布置和使用要求以及拟建基础对周围环境的影响，即可选择基础类型和进行基础平面布置，并确定地基持力层和基础埋置深度。

课 后 习 题

1. 简述地基及基础的概念和分类。
2. 桩基础的特点和使用条件分别是什么？
3. 试述浅基础和深基础的基本形式及特点。
4. 结合国内外工程实例，论述基础工程的重要性和发展现状。
5. 结合国内外基础工程的最新发展，讨论基础工程学科的发展方向。

第4章 桩基础

深基础是埋深较大、通过下部土层或岩层作为持力层的基础，其作用是把所承受的荷载传递到地基的深层，而不像浅基础那样，是通过基础底面把所承受的荷载扩散分布于地基的浅层。因此，当建筑场地的浅层土质不能满足建筑物对地基承载力和变形的要求，而又不适宜采取地基处理措施时，就要考虑采用深基础方案了。深基础主要有桩基础、地下连续墙和沉井等几种类型，其中桩基础是一种最为古老且应用最为广泛的基础形式。本章着重讨论桩基础的理论与实践。

4.1 桩的类型

4.1.1 桩的分类

4.1.1.1 摩擦桩和端承桩

桩在竖向荷载作用下，桩顶荷载由桩侧摩阻力和桩端阻力共同承担，而桩侧摩阻力、桩端阻力的大小及分配荷载比例，主要由桩侧和桩端地基土的物理力学性质、桩的尺寸和施工工艺所决定。传统分类法是将桩分为摩擦桩和端承桩两大类。

1. 摩擦桩

当桩顶竖向荷载绝大部分由桩侧摩阻力承受，而桩端阻力很小可以忽略不计时，称为摩擦桩［图4.1（a）］。摩擦桩发生的情形：①桩的长径比很大，桩顶荷载只通过桩身压缩产生的桩侧摩阻力传递给桩周土，因而桩端下土层无论坚实与否，其分担的荷载都很小；②桩端下无较坚实的持力层；③桩底残留虚土或残渣较厚的灌注桩；④打入邻桩使先前设置的桩上抬，甚至桩端脱空等情况。

一般摩擦桩的桩端持力层多为较坚实的黏性土、粉土和砂类土。

2. 端承桩

端承桩是指桩顶竖向荷载由桩侧摩阻力和桩端阻力共同承受，但桩端阻力分担荷载较多的桩［图4.1（b）］。端承桩的长径比一般较小（一般 $l/d \leqslant 10$），桩身穿越软弱土层，桩端设置在

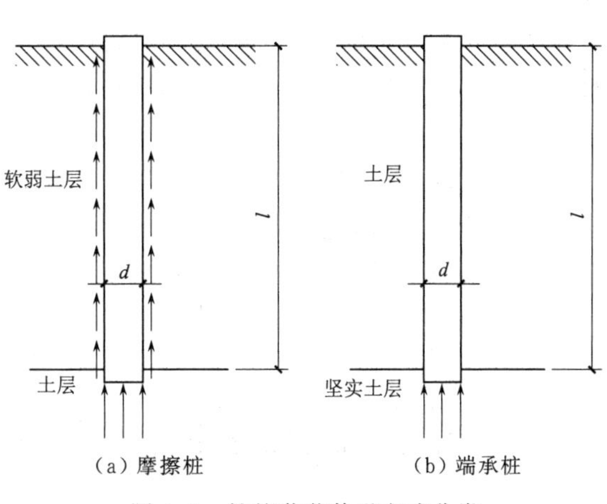

图4.1 桩按荷载传递方式分类

密实砂类、碎石类土层中或位于中等风化、微风化及未风化硬质岩石顶面（即入岩深度 $h_r \leqslant 0.5d$），桩顶竖向荷载绝大部分由桩端阻力承受，而桩侧阻力很小，可以忽略不计。

端承桩桩端一般进入中密以上的砂类、碎石类土层，或位于中等风化、微风化及新鲜基岩顶面。在桩端岩石饱和单轴抗压强度标准值（黏土质岩取天然湿度单轴抗压强度标准值）f_r 小于 2MPa 时，按摩擦桩计算。

当桩端嵌入完整和较完整的中等风化、微风化及未风化硬质岩石一定深度以上（$h > 0.5d$）时，称为嵌岩桩。嵌岩桩的桩侧与桩端荷载分担比与孔底沉渣及进入基岩深度有关，桩的长径比不是制约荷载分担的唯一因素。工程实践中，嵌岩桩一般按端承桩设计，即只计端阻、不计侧阻和嵌岩阻力，当然，这并不意味着嵌岩桩不存在侧阻和嵌岩阻力，而是考虑到硬质岩石强度超过桩身混凝土强度，嵌岩桩的设计是由桩身强度控制，不必再计入侧阻和嵌岩阻力等不定因素。实践及研究表明，即使是桩端穿过覆盖层、嵌入新鲜基岩的钻孔灌注桩，只要新鲜岩面以上覆盖层内桩的长径比足够大，覆盖层便能良好地发挥桩侧摩阻力作用，同时，嵌岩段的桩侧摩阻力常是构成单桩承载力的主要分量，也就是说，侧阻和嵌岩阻力是嵌岩桩传递轴向荷载的主要途径，因此，嵌岩桩不宜划归端承桩这一类。

4.1.1.2　预制桩和灌注桩

根据施工方法的不同，可分为预制桩和灌注桩两大类。

1. 预制桩

（1）预制桩的种类。根据所用材料不同，预制桩可分为混凝土预制桩、钢桩和木桩三类。目前，木桩在工程中已甚少使用，这里主要介绍混凝土预制桩和钢桩。

1）混凝土预制桩。混凝土预制桩的横截面有方、圆等各种形状，普通实心方桩的截面边长一般为 300～500mm，混凝土预制桩可以在工厂生产，也可在现场预制。现场预制桩的长度一般在 25～30m，工厂预制桩的分节长度一般不超过 12m，沉桩时在现场连接到所需长度。分节预制桩的接头质量应满足桩身承受轴力、弯矩和剪力的要求，连接方法有焊接接桩、法兰接桩和硫黄胶泥锚接桩三种。前两种接桩方法可用于各种土层；硫黄胶泥锚接桩适用于软土层。

混凝土预制桩的配筋主要受起吊、运输、吊立和沉桩等各阶段的应力控制，因而用钢量较大。为减少混凝土预制桩的钢筋用量、提高桩的承载力和抗裂性，可采用预应力混凝土桩。

预应力混凝土管桩（图 4.2）采用先张法预应力工艺和离心成型法制作，经高压蒸汽养护生产的为预应力高强混凝土管柱（代号为 PHC 桩），其桩身离心混凝土强度等级不低于 C80；未经高压蒸汽养护生产的为预应力混凝土管桩（代号为 PC 桩），其桩身离心混

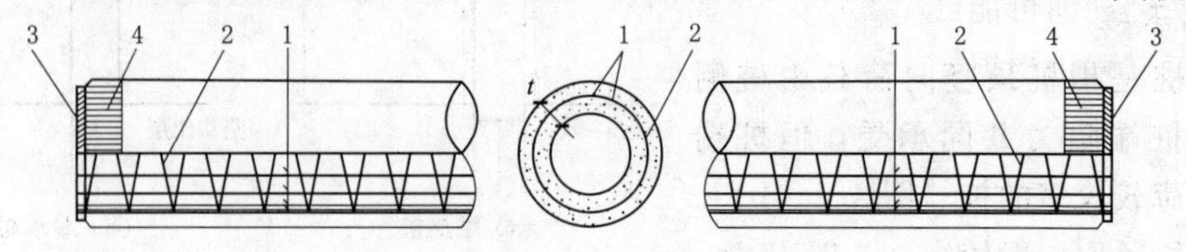

图 4.2　预应力混凝土管桩

1—预应力钢筋；2—螺旋箍筋；3—端头板；4—钢套箍；t—壁厚

凝土强度等级为C60～C80。建筑工程中常用的PHC、PC管桩的外径为300～600mm，分节长度为7～13m，沉桩时桩节处通过焊接端头板接长。桩的下端设置十字形柱尖、圆锥形柱尖或开口形柱尖（图4.3）。

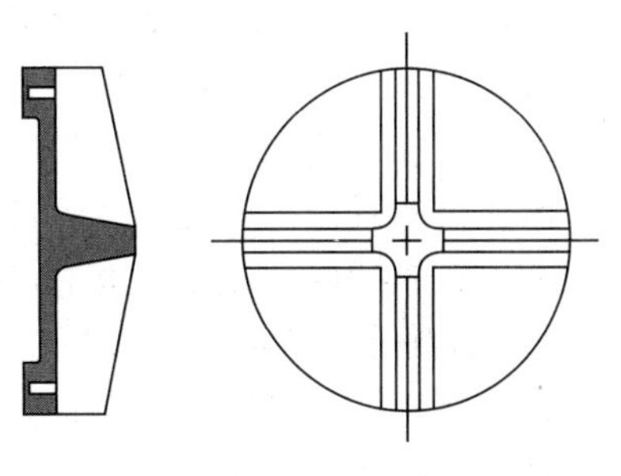

图4.3 预应力混凝土管桩的封口十字刃钢桩尖

2）钢桩。工程常用的钢桩有H型钢桩以及下端开口或闭口的钢管桩等。H型钢桩的横截面大都呈正方形，截面尺寸为200mm×200mm～360mm×410mm，翼缘和胶板的厚度为9～26mm。H型钢桩贯入各种土层的能力强，对桩周土的扰动亦较小。由于H型钢桩的横截面面积较小，因此能提供的端部承载力并不高。钢管桩的直径一般为400～30000mm，壁厚为6～50mm，国内工程中常用的大致为400～1200mm，壁厚为9～20mm。端部开口的钢管桩易于打入（沉桩困难时，可在管内取土以助沉），但端部承载力较闭口的钢管桩小。

钢桩的穿透能力强，自重轻，锤击沉桩的效果好，承载能力高，无论起吊、运输或是沉桩、接桩都很方便。但钢桩的耗钢量大，成本高，抗腐蚀性能较差，须做表面防腐蚀处理，目前我国只在少数重要工程中使用。

预制桩的沉桩方式主要有：锤击法、振动法和静压法等。

（2）预制桩的沉桩方式。

1）锤击法沉桩。锤击法沉桩是用桩锤（或辅以高压射水）将桩击入地基中的施工方法，适用于地基土为松散的碎石土（不含大卵石或漂石）、砂土、粉土以及可塑黏性土的情况。锤击法沉桩伴有噪声、振动和地层扰动等问题，在城市建设中应考虑其对环境的影响。

2）振动法沉桩。振动法沉桩是采用振动锤进行沉桩的施工方法，适用于可塑状的黏性土和砂土，对受振动时土的抗剪强度有较大降低的砂土地基和自重不大的钢桩，沉桩效果更好。

3）静压法沉桩。静压法沉桩是采用静力压桩机将预制桩压入地基中的施工方法。静压法沉柱具有无噪声、无振动、无冲击力、施工应力小、桩顶不易损坏和沉桩精度较高等特点。但较长桩分节压入时，接头较多会影响压桩的效率。

2. 灌注桩

灌注桩是直接在所设计桩位处成孔，然后在孔内加放钢筋笼（也有省去钢筋的）再浇灌混凝土而成。灌注桩的横截面呈圆形，可以做成大直径和扩底桩。通过选择适当的成孔设备和施工方法，灌注桩可适用于各种类型的地基土。与混凝土预制桩相比，灌注桩一般只根据使用期间可能出现的内力配置钢筋，用钢量较省，当持力层顶面起伏不平时，桩长可在施工过程中根据要求在某一范围内取定。但在成孔成桩过程中，应采取相应的措施和方法保证灌注桩桩身的成形和混凝土质量，这是保证灌注桩承载力的关键所在。

灌注桩有不下几十个品种，大体可归纳为沉管灌注桩、钻（冲、磨）孔灌注桩、挖孔灌注桩和爆扩灌注桩几大类。同一类桩还可按施工机械和施工方法以及直径的不同予以细分。

（1）沉管灌注桩。沉管灌注桩是指采用锤击沉管打桩机或振动沉管打桩机，将套上预制钢筋混凝土桩尖或带有活瓣桩尖（沉管时桩尖闭合，拔管时活瓣张开以便浇灌混凝土）的钢管沉入土层中成孔，然后边灌注混凝土、边锤击或边振动边拔出钢管并安放钢筋笼而形成的灌注桩。锤击沉管灌注桩的常用直径（指预制桩尖的直径）为300～500mm，振动沉管灌注桩的直径一般为400～500mm。沉管灌注桩桩长常在20m以内，可打至硬塑黏土层或中、粗砂层。在黏性土中，振动沉管灌注桩的沉管穿透能力比锤击沉管灌注桩稍差，承载力也比锤击沉管灌注桩低些。这种桩的施工设备简单，沉桩进度快，成本低，但很易产生缩颈（桩身截面局部缩小）、断桩、局部夹土、混凝土离析和强度不足等质量问题。

(2) 钻（冲、磨）孔灌注桩。各种钻（冲、磨）孔灌注桩在施工时都要把桩孔位置处的土排出地面，然后清除孔底残渣，安放钢筋笼，最后浇灌混凝土。

目前，桩径为600或650mm的钻孔灌注桩，国内常用回转机具成孔，桩长10～30m；1.2m以下的钻（冲、磨）孔灌注桩在钻进时不下钢套筒，而是采用泥浆保护孔壁以防塌孔，清孔（排走孔底沉渣）后，在水下浇灌混凝土。更大直径（1.5～3m）的钻（冲、磨）孔灌注桩一般用钢套筒护壁，所用钻机具有回旋钻进、冲击、磨头磨碎岩石和扩大桩底等多种功能，钻进速度快，深度可达80m，能克服流砂、消除孤石等障碍物，并能进入微风化硬质岩石。其最大优点在于能进入岩层，刚度大，因此承载力高而桩身变形很小。

(3) 挖孔灌注桩。挖孔灌注桩可采用人工或机械挖掘成孔，每挖深0.9～1.0m，就现浇或喷射一圈混凝土护壁（上、下圈之间用插筋连接），然后安放钢筋笼，灌注混凝土而成（图4.4）。人工挖孔灌注桩的桩身直径一般为0.8～2m，最大可达3.5m。当持力层承载力低于桩身混凝土受压承载力时，桩端可扩底，视扩底端部侧面和桩端持力层土性情况，扩底端直径与桩身直径之比D/d不应超过3，最大扩底直径可达4.5m。

扩底变径尺寸一般按$b/h=1/3\sim1/2$（砂土取1/3，粉土、黏性土和岩层取1/2）的要求进行控制。扩底端可分为平底和弧底两种，平底加宽部分的直壁段高（h_1）宜为0.3～0.5m，且（$h+h_1$）>1.0m；弧底的矢高h_1取（0.1～0.15）D（图4.5）。

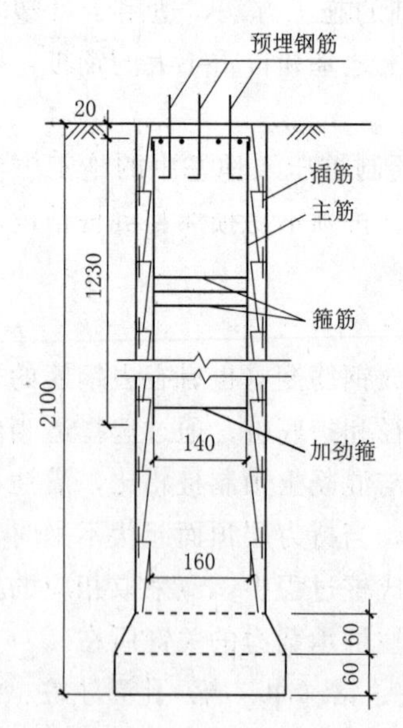

图4.4 人工挖孔灌注桩示例（单位：cm）

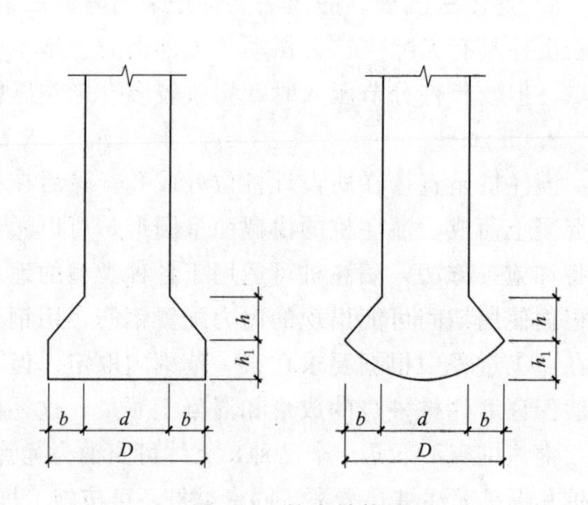

图4.5 扩底端构造

挖孔灌注桩的桩身长度宜限制在30m内。当桩长$L\leqslant 8$m时，桩身直径（不含护壁）不宜小于0.8m；当8m$<L\leqslant$15m时，桩身直径不宜小于1.0m；当15m$<L\leqslant$20m时，桩身直径不宜小于1.2m；当桩长$L>20$m时，桩身直径应适当加大。

挖孔灌注桩的优点是：可直接观察地层情况，孔底易清除干净，设备简单，噪声小，场区各桩可同时施工，桩径大，适应性强，又较经济；缺点是桩孔内空间狭小、劳动条件差，可能遇到流砂、塌孔、有害气体、缺氧、触电和上面掉下重物等危险而造成伤亡事故，在松砂层（尤其是地下水位下的松砂层）、极软弱土层、地下水涌水量多且难以抽水的地层中难以施工或无法施工。

（4）爆扩灌注桩。爆扩灌注桩是指就地成孔后，在孔底放入炸药包并灌注适量混凝土后，用炸药爆炸扩大孔底，再安放钢筋笼，灌注桩身混凝土而成的桩。爆扩灌注桩的桩身直径一般为0.2～0.35m，扩大头直径一般取桩身直径的2～3倍，桩长一般为4～6m，最深不超过10m。这种桩的适应性强，除软土和新填土外，其他各种地层均可用，最适宜在黏土中成型并支承在坚硬密实土层上的情况。

我国常用灌注柱的适用范围见表4.1。

表4.1　各种灌注桩适用范围

成孔方法		适用范围
泥浆护壁成孔	冲抓：冲击0.6～1.5mm；回转站0.4～3m	碎石类土、砂类土、粉土、黏性土及风化岩。冲击成孔的、进入中等风化和微风化岩层的速度比回转钻快，深度可达50m
	潜水钻0.45～3m	黏性土、淤泥、淤泥质土及砂土，深度可达80m
干作业成孔	螺旋钻0.3～1.5m	地下水位以上的黏性土、粉土、砂类土及人工填土，深度可达30m
	钻孔扩底，底部直径可达1.2m	地下水位以上的坚硬、硬塑的黏性土及中密以上的砂类土，深度在15m内
	机动洛阳铲0.27～0.5m	地下水位以上的黏性土、黄土及人工填土，深度在20m内
	人工挖孔0.8～3.5m	地下水位以上的黏性土、黄土及人工填土，深度在25m内
沉管成孔	锤击0.32～0.8m	硬塑黏性土、粉土、砂类土，直径0.6m以上的可达强风化岩，深度可达20～30m
	振动0.3～0.5m	可塑黏性土、中细砂，深度可达20m
爆扩成孔，底部直径可达0.8m		地下水位以上的黏性土、填土、黄土

4.1.2 桩的成型方式效应

桩的成型方式（打入或钻孔成桩等）不同，桩周土受到的挤土作用也很不相同。挤土作用会引起桩周土的天然结构、应力状态和性质产生变化，从而影响桩的承载力，这种变化与土的类别、性质特别是土的灵敏度、密实度和饱和度密切相关。对摩擦桩，成桩后的承载力还随时间呈一定程度的增长，一般来说初期增长速度较快，随后逐级变缓，一段时间后则趋于某一极限值。

1. 挤土桩、部分挤土桩和非挤土桩

根据成桩方法对桩周土层的影响，桩可分为挤土桩、部分挤土桩和非挤土桩三类。

(1) 挤土桩。实心的预制桩、下端封闭的管桩、木桩以及沉管灌注桩等打入桩，在锤击、振动贯入或压入过程中，都将桩位处的土大量排挤开，因而使桩周土层受到严重扰动，土的原状结构遭到破坏，土的工程性质有很大变化。黏性土由于重塑作用而降低了抗剪强度（经过一段时间可恢复部分强度）；而非密实的无黏性土则由于振动挤密而使抗剪强度提高。

(2) 部分挤土桩。开口的钢管桩、H型钢桩和开口的预应力混凝土管桩，在成桩过程中，都对桩周土体稍有挤土作用，但土的原状结构和工程性质变化不大。因此，由原状土测得的物理力学性质指标一般可用于估算部分挤土桩的承载力和沉降。

(3) 非挤土桩。先钻孔后再打入的预制桩和钻（冲或挖）孔桩，在成桩过程中，都将与桩体积相同的土体挖出，故设桩时桩周土不但没有受到排挤，相反可能因桩周土向桩孔内移动而产生应力松弛现象。因此，非挤土桩的桩侧摩阻力常有所减小。

2. 挤土桩的成桩效应

挤土桩成桩过程中产生的挤土作用，将使桩周土扰动重塑、侧向压应力增加，且桩端附近土也会受到挤密。非饱和土因受挤而增密，增密的幅度随密实度减小或黏性降低而增大。而饱和黏性土则因瞬时排水固结效应不显著、体积压缩变形小而引起超孔隙水压力，使土体产生横向位移和竖向隆起，致使桩密集设置时先打入的桩被推移或被抬起，或对邻近的结构物造成重大影响。因此，黏性土与非黏性土，饱和与非饱和状态，松散与密实状态，其挤土效应差别较大。一般而言，松散的非黏性土挤密效果最佳，密实或饱和黏性土的挤密效果较小。

(1) 黏性土中挤土桩的成桩效应。饱和黏性土中挤土桩的成桩效应，集中表现在成桩过程使桩侧土受到挤压、扰动、重塑，产生超孔隙水压力及随后出现超孔隙水压力消散、产生再固结和触变恢复等方面。

桩侧土按沉桩过程中受到的扰动程度可分为三个区：重塑区Ⅰ，部分扰动区Ⅱ和非扰动区Ⅲ（Ⅰ、Ⅱ区为塑性区，其半径一般为2.5～5倍桩径，Ⅲ区为弹性区），如图4.6所示。重型区因受沉桩过程的竖向剪切、径向挤压作用而充分扰动重塑。

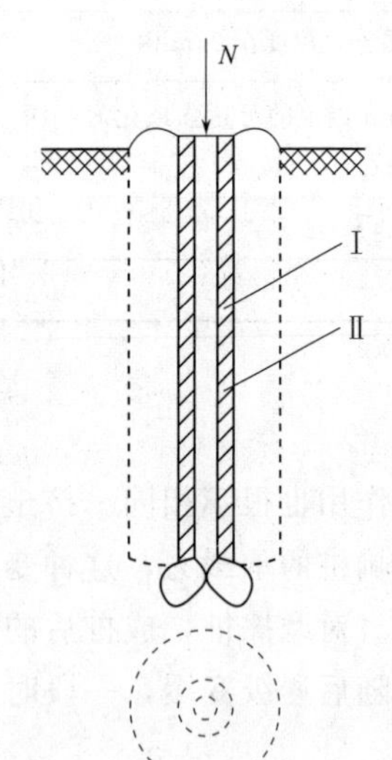

图4.6　桩周挤土分区

沉桩引起的超孔隙水压力在桩土界面附近最大，但当瞬时超孔隙水压力超过竖向或侧向有效应力时便会产生水力劈裂而消散，因此，成桩过程的超孔隙水压力一般稳定在土的有效自重压力范围内。沉桩后，超孔隙水压力消散初期较快，以后变缓。

由于沉桩引起的挤压应力、超孔隙水压力在桩土界面最大，因此，在不断产生相对位移、黏聚力最小的桩土界面上将形成一"水膜"，该水膜既降低了沉桩贯入阻力（若打桩中途停歇、水膜消散，则沉桩阻力会大大增加），又在桩表面形成了排水通道，使靠近桩土界面的5～20mm土层快速固结、并随静置和固结时间的延长强度快速增长，逐步形成一紧贴于桩表面的硬壳层（图4.6Ⅰ区）。当桩受竖向荷载产生竖向位移时，其剪切面将发生在Ⅰ、Ⅱ区的交界面（相当于桩表面积增大了），因而桩侧摩阻力取决于

Ⅱ区土的强度。由于Ⅱ区土体强度也因再固结、触变作用而最终超过天然状态。因此，黏性土中的挤土效应将使桩侧摩阻力提高。

值得一提的是，虽然挤土塑性区半径与桩径成正比增大，但桩土界面的最大挤土压力仅与土的强度、模量和泊松比有关。因此，桩周土的压缩增强效应是有限的，挤土量达到某一临界值后增强效应不再变化。

(2) 砂土中挤土桩的成桩效应。非密实砂土中的挤土桩，桩周土因侧向挤压使部分颗粒被压碎及土颗粒重新排列而趋于密实，在松散至中密的砂土中设置挤土桩，桩周土受挤密的范围，桩侧可达3～5.5倍桩径，桩端下可达2.5～4.5倍桩径。对于桩群，桩周土的挤密效应更为显著。因此，非密实砂土中挤土桩的承载力增加是由打桩引起的相对密实度增加所造成的。

(3) 饱和黏性土中挤土摩擦桩承载力的时间效应。饱和黏性土中挤土摩擦桩的承载力随时间而变化的主要原因在于：

1) 沉桩引起的超孔隙水压力在沉桩挤压应力下消散，导致桩周土再固结，其强度随时间逐渐恢复（甚至超过原始强度）。

2) 沉桩过程中受挤压扰动的桩周土，因土的触变作用使被损失的强度随时间逐步恢复。

研究表明，在土质相同的条件下，饱和黏性土中挤土摩擦桩承载力随时间的增长幅度，无论是单桩还是群桩，均与桩径、桩长有关，桩径越大、桩越长，增幅越大，且前期增长速率越大，趋于稳定值所需的时间也越长。与独立单桩相比，群桩由于沉桩所产生的挤土效应受桩群相互作用的影响而加强，土的扰动程度大、超孔隙水压力更大。因此，群桩中单桩的初始承载力及初期增长速率虽然都比独立单桩低，但其增长延续时间长、增长幅度大，且群桩中桩越多，时效引起的承载力增量越大。

3. 非挤土桩的成桩效应

非挤土桩在成孔过程中，随着孔壁侧向应力的解除，桩周土将出现侧向松弛变形而产生松弛效应，导致桩周土体强度削弱，桩侧摩阻力随之降低。桩侧摩阻力的降低幅度与土性、有无护壁、孔径大小等诸多因素有关。

(1) 黏性土中非挤土桩的成桩效应。黏性土中的钻（挖）孔桩，在干作业无护壁条件下，孔壁土处于自由状态将产生向孔内方向的径向位移，虽然浇筑混凝土后径向位移会有所恢复，但桩周土仍将产生一定程度的松弛效应；而在泥浆护壁条件下，孔壁土处于泥浆侧压平衡状态，侧向变形受到约束，松弛效应较小，尽管黏性土中钻（挖）孔桩成孔时的孔壁松弛效应并不明显，但桩、土之间的附着力却小于桩设置前的不排水黏聚力，这可能是由于成孔后黏性土体中的水分向孔壁周围的低应力区迁移以及孔壁土从潮湿混凝土中吸收水分等原因，引起孔壁周围黏性土软化所致；另外，在泥浆护壁条件下，桩侧摩阻力受泥浆稠度、混凝土浇筑等因素的影响而变化较大。因此，黏性土中钻（挖）孔桩的桩侧摩阻力或多或少会有所降低。

此外，桩端下的黏性土可能受到钻孔机具操作的扰动与软化，孔底残留有虚土或沉渣，这不但会使桩端阻力降低，还将导致沉降量增大。

(2) 砂土中非挤土桩的成桩效应。砂土中的大直径钻（挖）孔桩一般需用钢套管或泥浆护壁，在钢套管护壁条件下由于套管沉拔时边摇动边压拔，将造成孔壁砂土产生松动。砂土中的成桩松弛效应对桩侧摩阻力的削弱有较大的影响，一般桩侧摩阻力随桩径增大而呈双曲线型减小。

(3) 黏性土中非挤土摩擦桩承载力的时间效应。黏性土中非挤土摩擦桩的承载力随时间而变化的主要原因在于：

1) 成孔过程中受扰动的孔壁土，因土的触变作用使被损失的强度随时间逐步恢复。

2) 泥浆护壁成桩时附着于孔壁的泥浆随时间触变硬化。

一般而言，黏性土中非挤土摩擦桩承载力的时效，泥浆护壁法成桩要比干作业法成桩明显，干作业法成桩因其孔壁土扰动范围小，承载力的时效一般可予忽略。与挤土桩相比，非挤土桩由于成桩过程不产生挤土效应，不引起超孔隙水压力，土的扰动范围较小。因此，非挤土摩擦桩承载力的时间效应相对较小。

4.2 桩的竖向承载力

4.2.1 单桩轴向荷载的传递机理

在确定竖直单桩的轴向承载力时，有必要大致了解施加于桩顶的竖向荷载是如何通过桩-土相互作用传递给地基以及单桩是怎样到达承载力极限状态等基本概念。

1. 桩身轴力和截面位移

逐级增加单桩桩顶荷载时，桩身上部受到压缩而产生相对于土的向下位移，从而使桩侧表面受到土的向上摩阻力，随着荷载增加，桩身压缩和位移随之增大，遂使桩侧摩阻力从桩身上段向下渐次发挥；桩底持力层也因受压引起桩端反力，导致桩端下沉、桩身随之整体下移，这又加大了桩身各截面的位移，引发桩侧上下各处摩阻力的进一步发挥。当沿桩身全长的摩阻力都到达极限值之后，桩顶荷载增量就全归桩端阻力承担，直至桩底持力层破坏、无力支承更大的桩顶荷载，此时，桩顶所承受的荷载就是桩的极限承载力。

由此可见，单桩轴向荷载的传递过程就是桩侧摩阻力与桩端阻力的发挥过程。桩顶荷载通过发挥出来的侧摩阻力传递到桩周土层中去，从而使桩身轴力与桩身压缩变形随深度递减［图4.7 (c)、(e)］。一般而言，靠近桩身上部土层的桩侧摩阻力先于下部土层发挥，桩侧摩阻力先于端阻力发挥。

图4.7 (a) 表示长度为 l 的竖直单桩在桩顶轴向力 $N_0=Q$ 作用下，于桩身任一深度 z 处横截面上所引起的轴力 N_z，将使截面下桩身压缩、桩端下沉，致使该截面向下位移了 δ_z。从作用于深度 z 处、周长为 u_p、厚度为 dz 的微小桩段上力的平衡条件

$$N_z-\tau_z u_p d_z-(N_z+dN_z)=0 \tag{4.1}$$

可得桩侧摩阻力 τ_z 与桩身轴力 N_z 的关系

$$\tau_z=-\frac{1}{u_p}\cdot\frac{dN_z}{dz} \tag{4.2}$$

τ_z 也就是桩侧单位面积上的荷载传递量。由于桩顶轴力 Q 沿桩身向下通过桩侧摩阻力逐步传给桩周土，因此轴力 N_z 就相应地随深度而递减（所以上式右端带负号）。桩底的轴力 N_l 即桩端总阻力 $Q=N_l$，而桩侧总阻力 $Q_s=Q-Q_p$。

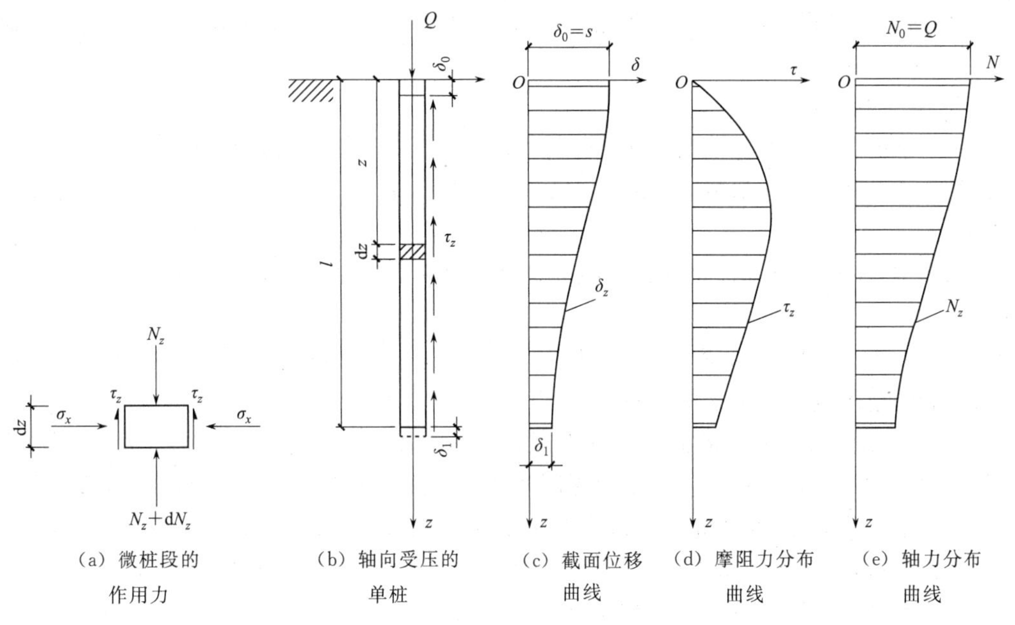

图 4.7　单桩轴向荷载传递

根据桩段 dz 的桩身压缩变形 $d\delta_z$ 与桩身轴力 N_z 之间的关系 $d\delta_z=-N_z\dfrac{dz}{A_pE_p}$，可得

$$N_z=-A_pE_p\frac{d\delta_z}{dz} \tag{4.3}$$

式中　A_p、E_p——桩身横截面面积和弹性模量。

将式（4.3）代入式（4.2）得

$$\tau_z=-\frac{A_pE_p}{u_p}\cdot\frac{d^2\delta_z}{dz^2} \tag{4.4}$$

式（4.4）是单桩轴向荷载传递的基本微分方程。它表明桩侧摩阻力 τ 是桩截面对桩周土的相对位移 δ 的函数 $[\tau=f(\delta)]$，其大小制约着土对桩侧表面的向上作用的正摩阻力 τ 的发挥程度。

由图 4.7（a）可知，任一深度 z 处的桩身轴力 N_z 应为桩顶荷载（$N_0=Q$）与 z 深度范围内的桩侧总阻力之差，即

$$N_z=Q-\int_0^Z u_p\tau_z dz \tag{4.5}$$

桩身截面位移 δ_z 则为桩顶位移 $\delta_0=s$ 与 z 深度范围内的桩身压缩量之差

$$\delta_z=s-\frac{1}{A_pE_p}\int_0^z N_z dz \tag{4.6}$$

上述二式中如取 $z=l$，则式（4.5）变为桩底轴力 N_l（即桩端总阻力 Q_p）表达式；式（4.6）则变为桩端位移 δ_l（即桩的刚体位移）表达式。

单桩静载荷试验时，除了测定桩顶荷载 Q 作用下的桩顶沉降 s 外，如还通过沿桩身若干截面预先埋设的应力或位移量测元件（钢筋应力计、应变片、应变杆等）获得桩身轴

力 N 分布图，便可利用式（4.2）及式（4.6）作出摩阻力 τ_z 和截面位移 δ_z 分布图［图4.7（e）、（d）、（c）］。

2. 影响荷载传递的因素

在任何情况下，桩的长径比 l/d（桩长与桩径之比）对荷载传递都有较大的影响，根据 l/d 的大小，桩可分为短桩（$l/d<10$）、中长桩（$l/d>10$）、长桩（$l/d>40$）和超长桩（$l/d>100$）。

N. S. 马特斯和 H. G. 波洛斯通过线弹性理论分析，得到影响单桩荷载传递的因素主要有：

（1）桩端土与桩周土的刚度比 E_b/E_s。E_b/E_s 越小，桩身轴力沿深度衰减越快，即传递到桩端的荷载越小，对于中长桩，当 $E_b/E_s=1$（即均匀土层）时，桩侧摩阻力接近于均匀分布，几乎承担了全部荷载，桩端阻力仅占荷载的5%左右，即属于摩擦桩；当 E_b/E_s 增大到100时，桩身轴力上段随深度减小，下段近乎沿深度不变，即桩侧摩阻力上段可得到发挥，下段则因桩土相对位移很小（桩端无位移）而无法发挥出来，桩端阻力分担了60%以上荷载，即属于端承桩；E_b/E_s 再继续增大，对桩端阻力分担荷载比的影响不大。

（2）桩土刚度比 E_b/E_s（桩身刚度与桩侧土刚度之比）。E_b/E_s 越大，传递到桩端的荷载越大，但当 E_b/E_s 超过1000后，对桩端阻力分担荷载比的影响不大，而对于 $E_b/E_s\leqslant 10$ 的中长桩，其桩端阻力分担的荷载几乎接近于零，这说明对于砂桩、碎石桩、灰土桩等低刚度柱组成的基础，应按复合地基工作原理进行设计。

（3）桩端扩底直径与桩身直径之比 D/d。D/d 越大，桩端阻力分担的荷载比越大。对于均匀土层中的中长桩，当 $D/d=3$ 时，桩端阻力分担的荷载比将由等直径桩（$D/d=1$）的约5%增至约35%。

（4）桩的长径比 l/d。随 l/d 的增大，传递到桩端的荷载减小，桩身下部桩侧摩阻力的发挥值相应降低。在均匀土层中的长桩，其桩端阻力分担的荷载比趋于零。对于超长桩，不论桩端土的刚度多大，其桩端阻力分担的荷载都小到可略而不计，即桩端土的性质对荷载传递不再有任何影响，且上述各影响因素均失去实际意义。可见，长径比很大的桩都属于摩擦桩，在设计这样的桩时，试图采用扩大桩端直径来提高承载力，实际上是徒劳无益的。

3. 桩侧摩阻力和桩端阻力

桩侧摩阻力 τ 与桩-土界面相对位移 δ 的函数关系，可用图4.8中曲线 OCD 表示，且常简化为折线 OAB，OA 段表示桩土界面相对位移 δ 小于某一限值 δ_u 时，摩阻力 τ 随 δ 线性增大；AB 段则表示一旦桩-土界面相对位移超过某一限值，摩阻力 τ 将保持极限值 δ_u 不变。按照传统经验，桩侧摩阻力达到极限值 τ_u 所需的桩土相对位移极限值 δ_u 基本上只与土的类别有关，而与桩径大小无关，根据试验资料为4～6mm（对黏性土）或6～10mm（对砂类土）。

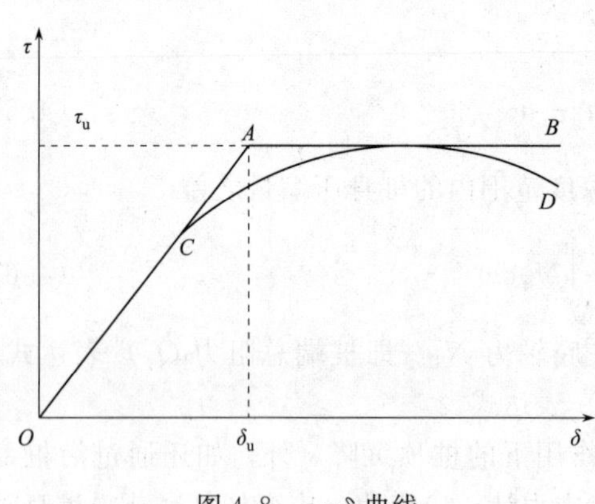

图4.8　$\tau-\delta$ 曲线

极限摩阻力 τ_u 可用类似于土的抗剪强度

的库仑公式表达

$$\tau_u = c_a + \sigma_x \tan\varphi_a \tag{4.7}$$

式中 c_a 和 φ_a——桩侧表面与土之间的附着力和摩擦角；

σ_x——深度 z 处作用于桩侧表面的法向压力，它与桩侧土的竖向有效应力 σ'_v 成正比例，即

$$\sigma_x = K_s \sigma'_v \tag{4.8}$$

式中 K_s——桩侧土的侧压力系数，对挤土桩 $K_a < K_s < K_p$；对非挤土桩，因桩孔中土被清除，而使 $K_a < K_s < K_0$。此处，K_a、K_0 和 K_p 分别为主动、静止和被动土压力系数。

以式（4.7）、式（4.8）的有效应力法计算深度 z 处的单位极限侧阻时，如取 $\sigma'_v = \gamma' z$，则侧阻将随深度线性增大。然而砂土中的模型桩试验表明，当柱入土深度达到某一临界深度后，侧阻力就不随深度增加了，这个现象称为侧阻的深度效应，维西克（A. S. Vesic，1967）认为：它表明邻近桩周的竖向有效应力未必等于覆盖应力，而是线性增加到临界深度（z_c）时达到一个限值（σ'_{vc}），他将其归因于土的“拱作用”。据此，曾作出桩周土中竖向自重应力 σ'_v 的理想化分布图。

由此可见，桩侧极限摩阻力与所在的深度、土的类别和性质、成桩方法等诸多因素有关，即发挥极限桩侧摩阻力 τ_u 所需的桩土相对位移极限值 δ 不仅与土的类别有关，还与桩径大小、施工工艺、土层性质和分布位置有关。

按土体极限平衡理论导得的用于计算桩端阻力的极限平衡理论公式有很多，可统一表达为

$$q_{pu} = \zeta_c c N_c^* + \zeta_\gamma \gamma_1 b N_\gamma^* + \zeta_q \gamma h N_q^* \tag{4.9}$$

式中 c——土的黏聚力；

γ_1、γ——桩端平面以下和桩端平面以上土的重度，地下水位以下取有效重度；

b、h——柱端宽度（直径）、桩的入土深度；

ζ_c、ζ_γ、ζ_q——桩端为方形、圆形时的形状系数；

N_c^*、N_γ^*、N_q^*——条形基础无量纲的承载力因数，仅与土的内摩擦角 γ 有关。

由于 N_γ 与 N_q 接近，而柱径 b 远小于柱深 h，故可略去式（4.9）中第二项，得

$$q_{pu} = \zeta_c c N_c^* + \zeta_q \gamma h N_q^* \tag{4.10}$$

式中的形状系数 ζ_c、ζ_p 可按表 4.2 取值。

表 4.2　　形状系数

φ	ζ_c	ζ_q	φ	ζ_c	ζ_q
<22°	1.20	0.80	35°	1.32	0.68
25°	1.21	0.79	40°	1.68	0.52
30°	1.24	0.76			

以式（4.10）计算单位极限端阻时，端阻将随桩端入土深度线性增大。然而，模型和原型桩试验研究都表明，与侧阻的深度效应类似，端阻也存在深度效应现象。当桩端入土深度小于某临界值时，极限端阻随深度线性增加而大于该深度后则保持恒值不变，这深度

称为端阻的临界深度，它随持力层密度的提高、上覆荷载的减小而增大。不同的资料给出侧阻与端阻的临界深度比可变动于 0.3～1.0 之间。关于侧阻和端阻的深度效应问题都有待进一步研究。此外，当桩端持力层下存在软弱下卧层且桩端与软弱下卧层的距离小于某一厚度时，桩端阻力将受软弱下卧层的影响而降低。这一厚度称为端阻的临界厚度，它随持力层密度的提高、桩径的增大而增大。

通常情况下，单桩受荷过程中桩端阻力的发挥不仅滞后于桩侧摩阻力，而且其充分发挥所需的桩底位移值比桩侧摩阻力到达极限所需的桩身截面位移值大得多。根据小型桩试验所得的桩底极限位移值，对砂类土为 $d/12 \sim d/10$，对黏性土为 $d/10 \sim d/4$（d 为桩径），但对于粗短的支承于坚硬基岩上的桩，一般清底好且桩不太长，桩身压缩量小和桩端沉降小，在桩侧摩阻力尚未充分发挥时便因桩身材料强度的破坏而失效。因此，对工作状态下的单桩，除支承于坚硬基岩上的粗短桩外，桩端阻力的安全储备一般大于桩侧摩阻力的安全储备。

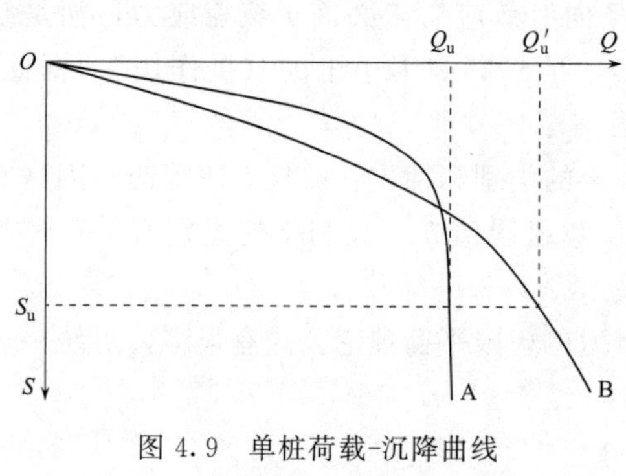

图 4.9　单桩荷载-沉降曲线

A—陡降型；B—缓变型

单桩静载荷试验所得的荷载-沉降（$Q-s$）关系曲线所呈现的沉降特征和破坏模式，是荷载作用下桩土相互作用内在机制的宏观反映，大体分为陡降型（A）和缓变型（B）两类型态（图 4.9），它们随桩侧和桩端土层分布与性质、桩的形状和尺寸（桩径、桩长及其比值）、成桩工艺和成桩质量等诸多因素而变化。对桩底持力层不坚实、桩径不大、破坏时桩端刺入持力层的桩，其 $Q-s$ 曲线多呈“急进破坏”的陡降型，相应于破坏时的特征点明显，据之可确定单桩极限承载力 Q'_u。对桩底为非密实砂类土或粉土、清孔不净残留虚土、桩底面积大、桩底塑性区随荷载增长逐渐扩展的桩，则呈“渐进破坏”的缓变型，其 $Q-s$ 曲线不具有表示变形性质突变的明显特征点，因而较难确定极限承载力。为了发挥这类桩的潜力，其极限承载力 Q'_u 宜按建筑物所能承受的最大沉降确定。事实上，对于 $Q-s$ 曲线呈缓变型的桩，在荷载达到极限承载力 Q'_u 后再继续施加荷载，也不会导致桩的整体失稳和沉降的显著增大，因此这类桩的极限承载力并不取决于桩的最大承载能力或整体失稳，而受“不适于继续承载的变形”制约。

4.2.2　单桩竖向承载力的确定

单桩竖向承载力的确定，取决于两方面：其一，桩身的材料强度；其二，地层的支承力。设计时分别按这两方面确定后取其中的小值。如按桩的载荷试验确定，则已兼顾到这两方面。

按材料强度计算低承台桩基的单桩承载力时，可把桩视作轴心受压杆件，而且不考虑纵向压屈的影响（取纵向弯曲系数为 1），这是由于桩周存在土的约束作用。对于通过很厚的软黏土层而支承在岩层上的端承桩或承台底面以下存在可液化土层的桩以及高承台桩基，则应考虑压屈影响。

单桩竖向极限承载力 Q_u 由桩侧总极限摩阻力 Q_{su} 和桩端总极限阻力 Q_{bu} 组成，若忽略两者间的相互影响，可表示为

$$Q_u = Q_{su} + Q_{bu} \tag{4.11}$$

以单桩竖向极限承载力 Q_u 除以安全系数 K 即得单桩竖向承载力特征值 R_a，即

$$R_a = \frac{Q_u}{K} = \frac{Q_{su}}{K_s} + \frac{Q_{bu}}{K_p} \tag{4.12}$$

通常取安全系数 $K=2$。前已提及，由于侧阻与端阻呈异步发挥，工作荷载（相当于允许承载力）下，侧阻可能已发挥出大部分，而端阻只发挥了很小一部分。因此，一般情况下 $K_s<K_p$，对于短粗的支承于基岩的柱 $K_s<K_p$。分项安全系数 K_s、K_p 的大小同桩型、桩侧与桩端土的性质、桩的长径比、成桩工艺与质量等诸多因素有关。虽然采用分项安全系数确定单桩允许承载力要比采用单一安全系数更符合桩的实际工作性状，但要付诸应用，还有待于积累更多的资料。现行《建筑地基基础设计规范》（GB 50007—2011）仍采用单一安全系数 K 来确定单桩竖向承载力。

1. 静载荷试验

静载荷试验是评价单桩承载力诸法中可靠性较高的一种方法。

挤土桩在设置后须隔一段时间才开始载荷试验，这是由于打桩时土中产生的孔隙水压力有待消散，且土体因打桩扰动而降低的强度也有待随时间而部分恢复。所需的间歇时间：预制桩在砂类土中不得少于 7 天；粉土和黏性土不得少于 15 天；饱和软黏土不得少于 25 天。灌注桩应在桩身混凝土达到设计强度后才能进行。

在同一条件下，进行静载荷试验的桩数不宜少于总桩数的 1%，且不应少于 3 根。

试验装置主要包括加荷稳压部分、提供反力部分和沉降观测部分。静荷载一般由安装在桩顶的油压千斤顶提供。千斤顶的反力可通过错桩承担［图 4.10（a）］，或借压重平台上的重物来平衡［图 4.10（b）］。量测桩顶沉降的仪表主要有百分表或电子位移计等。

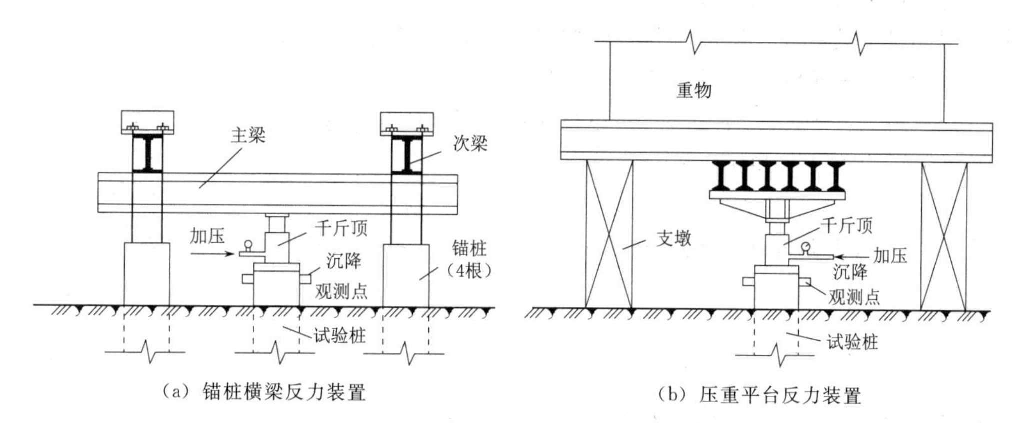

（a）锚桩横梁反力装置　　（b）压重平台反力装置

图 4.10　单桩静荷载试验的加荷装置

根据试验记录，可绘制各种试验曲线，如荷载-桩顶沉降（$Q-s$）曲线［图 4.11（a）］和沉降-时间（对数）（s-lg$t$）曲线［图 4.11（b）］，并由这些曲线的特征判断桩的极限承载力。

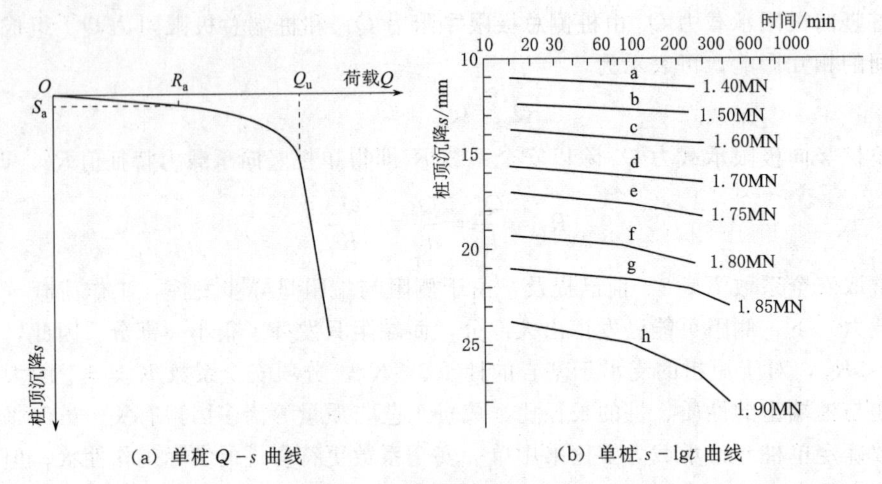

(a) 单桩 $Q-s$ 曲线　　(b) 单桩 $s-\lg t$ 曲线

图4.11 单桩静荷载试验曲线

关于单桩竖向静载荷试验的方法、终止加载条件以及单桩竖向极限承载力的确定详见《建筑地基基础设计规范》(GB 50007—2011) 附录Q。

单桩竖向静载荷试验的极限承载力必须进行统计，计算参加统计的极限承载力的平均值，当满足其极差不超过平均值的30%时，可取其平均值为单桩竖向极限承载力 Q_u，当极差超过平均值的30%时，宜增加试桩数并分析离差过大的原因，结合工程具体情况确定极限承载力 Q_u。对桩数为3根及3根以下的柱下桩台，则取最小值为单桩竖向极限承载力 Q。

将单桩竖向极限承载力 Q_u 除以安全系数2，作为单桩竖向承载力特征值 R_a。

2. 按土的抗剪强度指标确定

以土力学原理为基础的单桩极限承载力公式在国外广泛采用。这类公式在土的抗剪强度指标的取值上考虑了理论公式所无法概括的某些影响因素，例如土的类别和排水条件、桩的类型和设置效应等，所以仍是带经验性的。以下简介由波洛斯（H. G. Poulos）等综合有关学者研究成果而推荐的计算公式以供参考。

(1) 单桩承载力的一般表达式。单桩净极限承载力 Q_u 等于桩侧总极限摩阻力 Q_{su} 与桩端总极限阻力 Q_{bu} 之和减去桩的重量 G，即

$$Q_u = Q_{su} + Q_{bu} - G \tag{4.13}$$

式中桩侧总极限摩阻力 Q_{su} 根据式 (4.6)、桩端总极限阻力 Q_{bu} 根据式 (4.9) 计算，则

$$Q_u = \int_0^l u_p (c_a + K_s \sigma_v \tan\varphi_a) \mathrm{d}z + (\zeta_c c N_c^* + \zeta_q \gamma h N_q^*) A_b - G \tag{4.14}$$

单桩竖向允许承载力（即承载力特征值）R_a 为

$$R_a = Q_u / K$$

(2) 黏性土中单桩的承载力。

1) 正常固结、弱超固结或灵敏黏性土中的桩由于在桩设置和受荷初期，桩周土来不及排水固结，故宜按总应力分析法取不固结不排水抗剪强度估算其短期极限承载力。当黏

性土饱和时，不固结不排水内摩擦角 $\varphi_u=0$（此时 $N_q^*=1$），且 P 也可取为零，取黏聚力 c 为 c_u，于是，式（4.14）可表达为

$$Q_u=\int_0^l u_p c_a \mathrm{d}z+(\zeta_c c_u N_c^*+\zeta_q \gamma h)A_b-G \tag{4.15}$$

式中 γh——桩端处土的竖向自重应力 σ_{vb}；

$\gamma h A_b$——与桩同体积的土重。

假设 $\zeta_q \gamma h A_b$ 约等于桩重 G，则上式可简化为如下短期极限承载力表达式

$$Q_u=\int_0^l u_p c_a \mathrm{d}z+\zeta_c c_u N_c^* A_b=u_p\sum c_{ai} l_i+c_u N_c A_b \tag{4.16}$$

式中右边两项分别与 Q_{su} 和 Q_{bu} 对应，第一项为桩侧分别厚为 l_i 的各层土所提供的极限摩阻力的总和。式中有关计算参数 c_u、c_a 和 N_c（$N_c=\zeta_c N_c^*$）说明如下：

根据梅耶霍夫（G. G. Meyerhof）单桩承载力破坏模式，c_u 应为桩底以上三倍桩径至桩底以下一倍桩径（或桩宽）范围内土的不排水抗剪强度平均值，可按试验结果取值。对裂隙黏土宜采用包含裂隙的大试样测定，对钻孔桩，裂隙黏土的 c_u 可取三轴不排水抗剪强度的 0.75 倍。

N_c 为按塑性力学理论（土的不排水内摩擦角 $\varphi_u=0$）确定的深基础的地基承载力系数，当长径比 $l/d>5$ 时，$N_c=9$（Skempton，1959）。

c_a 为桩土之间的附着力，M. J. 唐林森以附着力因数 α 与 c_u 联系起来

$$c_a=\alpha c_u \tag{4.17}$$

对软黏土 $\alpha=1$ 或更大，但随 c_u 的增大而迅速降低。对全长打入硬黏土中的桩，由于靠近桩顶处出现土的开裂以及桩侧与土脱开现象，当桩长不大于 $20d$ 时，α 取 0.4。打入桩穿过上部其他土层时，上层土被桩拖带进入下卧硬黏土层而影响其 c_a 值，这种现象称为"涂抹作用"，当进入硬土层的长度 $l_1\leqslant 20d$ 时，如上部为砂、砾，α 增至 1.25，上部为软土，则降为 0.4，不属于上述情况者取 $\alpha=0$。对打入桩，c_a 取值不得超过 100kPa。对钻孔桩，α 的取值还不成熟，平均约为 0.45。对扩底桩，桩底以上 2 倍桩身直径范围内的附着力不予考虑，即取 $\alpha=0$。

【例 4.1】 承台底面下长度 12.5m 的预制柱截面为 350mm×350mm，打穿厚度 $l_1=5$m 的淤泥质土（以重塑试样测定的 $c_u=16$kPa），进入硬塑黏土的长度 $l_2=7.5$m，取黏土的 $c_u=130$kPa，试计算单桩承载力特征值。

解：$l_2=7.5\text{m}>20d=7.0\text{m}$，故取 $\alpha=0.7$。对硬黏土有

$$c_a=\alpha c_u=0.7\times 130=91\ (\text{kPa})<100\text{kPa}$$

$$\begin{aligned}Q_u&=c_u N_c A_b+u_p\ (c_{a1} l_1+c_{a2} l_2)\\&=130\times 9\times 0.35^2+4\times 0.35\times\ (16\times 5+91\times 7.5)\\&=143.3+1067.5=1210.8\ (\text{kN})\end{aligned}$$

取安全系数为 2，则单桩承载力特征值为

$$R_a=1210.8/2=605.4\ (\text{kN})$$

2）强超固结黏土或非灵敏黏土中桩的设计可能受排水条件下的长期承载力的控制，

宜按有效应力分析法取固结不排水抗剪强度估算。如假设桩土间的附着力 c'_a 为零且式(4.14)中所含的 N_c^* 可忽略不计，则式(4.14)可简化为

$$Q_u = \int_0^l u_p \sigma'_v K_s \tan\varphi'_a \mathrm{d}z + \zeta_q \gamma h N_q^* A_b - G \tag{4.18}$$

式中　σ'_v——桩侧土的竖向有效自重压力；

γh——桩端土的竖向有效自重压力 σ'_{vb}。

φ'_a 可以取用黏性土的有效内摩擦角 φ'。地基承载力系数 N_q^* 是 φ' 的函数，$\zeta_q N_q^* = N_q$ 可以取用与在砂土中的桩同样数值［图4.12(d)］。对于坚硬黏性土中的打入桩，K_s 约为静止土压力系数 K_0 的1.5倍，而对于钻孔桩，K_s 约为0.75倍 K_0。超固结土的 K_0 可根据超固结比OCR大致按下式估算

$$K_0 = (1 - \sin\varphi')\sqrt{OCR} \tag{4.19}$$

如假设 $\gamma h A_b$ 约等于桩重 G，则式(4.18)可进一步简化，于是，排水条件下的长期承载力表达式为

$$Q_u = u_p \sum \sigma'_{vi} K_{si} \tan\varphi_{ai} l_i + \sigma'_{vb}(N_q - 1)A_b \tag{4.20}$$

式中　σ'_{vi}——桩侧厚为 l_i 的第 i 层土的竖向有效自重压力平均值。

(3)无黏性土中单桩的承载力。对无黏性土，可按触探资料分层。由于无黏性土 $c=0$，且桩土间的附着力 c 也为零，则式(4.14)可简化为

$$Q_u = \int_0^l u_p \sigma'_v K_s \tan\varphi'_a \mathrm{d}z + \zeta_q \gamma h N_q^* A_b - G \tag{4.21}$$

上式虽然在形式上与式(4.18)完全相同，但 σ'_v、K_s，$\tan\varphi'_a$ 的取值却不同。如取 $\zeta_q N_q^* = N_q$，并假设 $\gamma h A_b$ 约等于桩重 G，则式(4.21)可进一步简化为

$$Q_u = u_p \sum \sigma'_{vc}(K_s \tan\varphi'_a)_i l_i + \sigma'_{vb}(N_q - 1)A_b \tag{4.22}$$

式中　σ'_v——桩侧土中竖向有效自重压力。

考虑侧阻和端阻深度效应，根据维西克的试验研究，认为 σ'_v 起始随深度线性增加至某一深度 z_c 时为 σ'_{vc}，再往下则大致保持此值不变，计算时可取如图4.12(a)所示的理想化图形，当 $z \leqslant z_c$ 时，照常规计算线性变化的值(对地下水位下的土取有效重度计算)，并取第 i 层内土的平均值为 σ'_{vi}；从 $z = z_c$ 往下直至桩底取各层的 $\sigma'_{vi} = \sigma'_{vc}$，同样，桩底处的 σ'_v 为 $\sigma'_{vb} = \sigma'_{vc}$。由式 $z_c = \eta d$（d 为桩径）确定，系数 η 为土的内摩擦角 φ' 的函数。

式(4.22)把 K_s 与 $\tan\varphi'_a$ 的乘积($K_s \tan\varphi'_a$)作为一个参数看待，其值与桩的类型(如打入桩、钻孔桩或压入桩等)有关。

地基承载力系数 N_q^* 是 φ' 的函数，由圆形基础下无黏性土地基承载力的理论解求得。

以上 η、($K_s \tan\varphi'_a$) 和 $\zeta_q N_q^* = N_q$ 各参数值均按土的内摩擦角 φ' 由相应的关系曲线(图4.12)查得。查曲线所用的 φ' 值是根据打桩前、后的内摩擦角 φ_1' 和 φ_2'，考虑不同类型桩的成桩效应加以修正(见各图中的修正公式)而得的。如已知打桩前各层土的标准贯入试验锤击数 N 值，相应的内摩擦角可按下列大崎(Kishida)经验公式确定

$$\varphi_1' = \sqrt{20N} + 15° \tag{4.23}$$

打桩后的内摩擦角 φ'_2，可按下式取用

$$\varphi_2{}' = (\varphi_1{}' + 40°)/2 \tag{4.24}$$

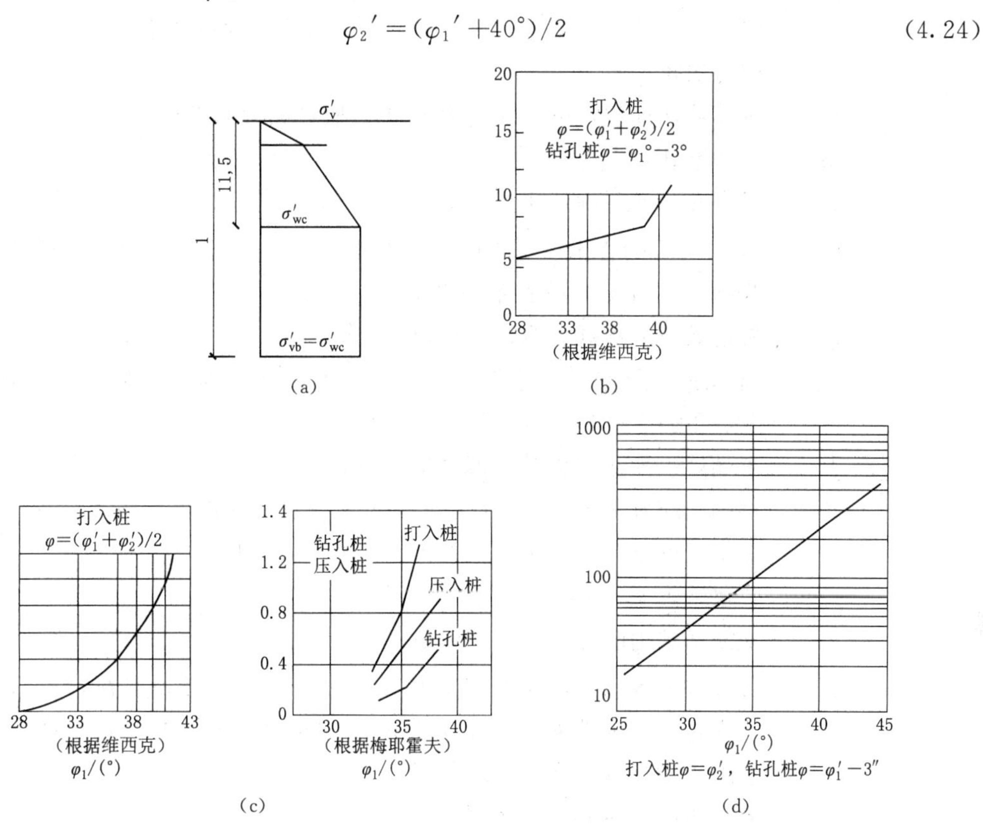

图 4.12 单桩承载力计算用图

4.2.3 现行《公路桥涵地基与基础设计规范》中的单桩轴向承载力计算方法

《公路桥涵地基与基础设计规范》（JTG 3363—2019）规定了以经验公式计算单桩轴向承载力容许值的方法，这是一种简化计算方法。规范根据全国各地大量的静载试验资料，经过理论分析和统计整理，给出不同类型的桩，按土的类别、密实度、稠度、埋置深度等条件下有关桩侧摩阻力及桩底阻力的经验系数、数据及相应公式。

1. 灌注桩

钻（挖）孔灌注桩与沉管灌注桩由于施工方法不同，根据试验资料所得桩侧摩阻力和桩底阻力数据不同，所给出的计算式和有关数据也不同，下面重点介绍钻（挖）孔灌注桩，其他桩型计算原理基本相同，具体计算公式及参数参见规范和相关文献。

钻（挖）孔灌注桩的轴向受压承载力容许值包含桩侧总摩阻力容许值及桩端总承载力容许值，具体为

$$[R_a] = \frac{1}{2}u\sum_{i=1}^{n} q_{ik} l_i + A_p q_r \tag{4.25}$$

$$q_r = m_0 \lambda \left[[f_{a0}] + k_2 \gamma_2 (h - 3) \right] \tag{4.26}$$

式中　$[R_a]$——单桩轴向受压承载力容许值，kN，桩身自重与置换土重（当自重计入浮力时，置换土重也计入浮力）的差值作为荷载考虑；

u——桩身周长，m；

A_p——桩端截面面积，m^2，对于扩底桩，取扩底截面面积；

n——土的层数；

l_i——承台底面或局部冲刷线以下各土层的厚度，m，扩孔部分不计；

q_{ik}——与 l_i 对应的各土层与桩侧的摩阻力标准值，kPa，宜采用单桩摩阻力试验确定，当无试验条件时按表 4.3 选用；

q_r——桩端处土的承载力容许值，kPa，当持力层为砂土、碎石土时，若计算值超过下列值，宜按下列值采用：粉砂 1000kPa；细砂 1150kPa；中砂、粗砂、砾砂 1450kPa；碎石土 2750kPa；

$[f_{a0}]$——桩端处土的承载力基本容许值，kPa；

h——桩端的埋置深度，m，对于有冲刷的桩基，埋深由一般冲刷线起算；对无冲刷的桩基，埋深由天然地面线或实际开挖后的地面线起算；h 的计算值不大于 40m，当大于 40m 时，按 40m 计算；

k_2——地基承载力随深度的修正系数；

γ_2——桩端以上各土层的加权平均重度，kN/m^3，若持力层在水位以下且不透水时，不论桩端以上土层的透水性如何，一律取饱和重度；当持力层透水时则水中部分土层取浮重度；

λ——修正系数，按表 4.4 选用；

m_0——清底系数，按表 4.5 选用。

表 4.3　钻孔桩桩侧土的摩阻力标准值 q_{ik}

土类		q_{ik}/MPa
中密炉渣、煤渣灰		40～60
黏性土	流塑 $I_L>1$	20～30
	软塑	30～50
	可塑、硬塑 $0<I_L\leqslant 0.75$	50～80
	坚硬 $I_L\leqslant 0$	80～120
粉土	中密	30～55
	密实	55～80
粉砂、细沙	中密	35～55
	密实	55～70
中砂	中密	45～60
	密实	60～80
粗砂、砾沙	中密	60～90
	密实	90～140

续表

土类		q_{ik}/MPa
圆砾、角砾	中密	120～150
	密实	150～180
碎石、卵石	中密	160～220
	密实	220～400
漂石		400～600

注 挖空桩的摩阻力标准值可参考本表采用。

表 4.4　修正系数 λ 值

桩端土情况	h/d		
	4～20	20～25	>25
透水性土	0.70	0.70～0.85	0.85
不透水性土	0.65	0.65～0.72	0.72

注 h 为桩的埋置深度；d 为桩的设计直径。

表 4.5　清底系数 m_0 值

t/d	0.3～0.1
m_0	0.7～1.0

注 1. t、d 为桩端沉渣厚度和桩的直径。
2. $d\leqslant 1.5$m 时，$t\leqslant 300$mm；$d>1.5$m 时，$t\leqslant 500$mm，且 $0.1<t/d<0.3$。

需要注意的是，《公路桥涵地基与基础设计规范》（JTG 3363—2019）中规定按桩的设计直径计算桩的桩身周长，而通常情况下，施工时选用的钻头直径与桩的设计直径相同，由于施工中钻头的摆动和碰撞，而实际的成孔直径稍大于设计直径，因此，按设计直径计算单桩轴向受压承载力容许值偏于安全。

2. 摩擦桩

由于对桩的受拉机理的研究尚不够充分，所以对于重要的建筑物和在没有经验的情况下，最有效的单桩受拉承载力容许值的确定方法是进行现场拔桩静载试验。对于非重要的建筑物，无当地经验时按《公路桥涵地基与基础设计规范》（JTG 3363—2019）规定，当桩的轴向力由结构自重、预加力、土重，土侧压力，汽车荷载和人群荷载短期效应组合所引起，桩不允许受拉；当桩的轴向力由上述荷载并与其他作用组成的短期效应组合或荷载效应的偶然组合（地震作用除外）所引起，则桩允许受拉。摩擦桩单桩轴向受拉承载力容许值按下式计算

$$[R_t]=0.3u\sum_{i=1}^{n}\alpha_i q_i l_{ik} \tag{4.27}$$

式中 $[R_t]$——单桩轴向受拉承载力容许值，kN；

u——桩身周长，m，对于等直径桩，$u=\pi d$；对于扩底桩，自桩端起算的长度 $\Sigma l_i\leqslant 5d$ 时，取 $u=\pi D$；其余长度均取 $u=md$（其中 D 为桩的扩底直径，d 为桩身直径）；

α_i——振动沉桩对各土层桩侧摩擦阻力的影响系数，对于锤击、静压沉桩和钻孔桩，$\alpha_i=1$。

计算作用于承台底面由外荷载引起的轴向力时，应扣除桩身自重值。

3. 嵌岩桩

嵌岩桩系指桩端嵌入中风化岩、微风化岩或新鲜岩，桩端岩体能取样进行单轴抗压强度试验的情况。对于桩端置于强风化岩中的嵌岩桩，由于强风化岩不能取样成型，其强度不能通过单轴抗压强度试验确定。这类强风化嵌岩段极限承载力参数标准值可根据岩体的风化程度按砂土、碎石类土取值，按摩擦桩计算。《公路桥涵地基与基础设计规范》（JTG 3363—2019）给出嵌岩桩（不包括强风化、全风化岩）单桩承载力的计算模式为：承载力一般由桩周土总侧阻力、嵌岩段总侧阻力和总端阻力三部分组成。支承在基岩上或嵌入基岩内的钻（挖）孔桩、沉桩的单桩轴向受压承载力容许值［R_a］按下式计算，桩身自重与置换土重（当自重计入浮力时，置换土重也计入浮力）的差值作为荷载考虑。

$$[R_a]=c_1A_pf_{rk}+u\sum_{i=1}^{m}c_{2i}h_if_{rki}+\frac{1}{2}\sum_{i=1}^{n}l_iq_{ik} \tag{4.28}$$

式中 c_1——根据清孔情况、岩石破碎程度等因素而定的端阻发挥系数，按表4.6采用；

A_p——桩端截面面积，m^2，对于扩底桩，取扩底截面面积；

f_{rk}——桩端岩石饱和单轴抗压强度标准值，kPa，黏土质岩取天然湿度单轴抗压强度标准值，当 f_{rk} 小于 2MPa 时按摩擦桩计算；f_{rki} 为第 i 层的 f_{rk} 值；

c_{2i}——根据清孔情况、岩石破碎程度等因素而定的第 i 层岩层的侧阻发挥系数，按表4.6采用；

u——各土层或各岩层部分的桩身周长，m；

h_i——桩嵌入各岩层部分的厚度，m，不包括强风化层和全风化层；

m——岩层的层数，不包括强风化层和全风化层；

l_i——各土层的厚度，m；

q_{ik}——桩侧第 i 层土的桩侧摩阻力标准值，kPa；

n——土层的层数，强风化和全风化岩层按土层考虑。

表4.6　　系数 c_1、c_2 值

岩石层情况	c_1	c_2
完整、较完整	0.6	0.05
较破碎	0.5	0.04
破碎、极破碎	0.4	0.03

注　1. 当入岩深度小于或等于 0.5m 时，c_1 采以 0.75 的折减系数，$c_2=0$。

2. 对于钻孔桩，系数 c_1、c_2 值应降低 20%采用；桩端沉渣厚度 t 应满足以下要求：$d\leqslant1.5$m 时，$t\leqslant50$mm；$d>1.5$m 时，$t\leqslant100$mm。

3. 对于中风化层作为持力层的情况，c_1、c_2 应分别乘以 0.75 的折减系数。

关于上述计算公式一些需要需要注意的问题为：

(1) 关于上覆土层侧阻力问题，以往有这样一种概念：凡嵌岩桩必为端承桩，凡端承桩均不考虑土层侧阻力。研究结果表明：随着上覆土层的性质和厚度的不同，嵌入基岩性质和深度的不同，以及柱端沉渣厚度不同，桩侧阻力、端阻力的发挥性状也不同。大量现场试验结果表明，一般情况下，即使桩端置于新鲜或微风化基岩中，上覆土层的侧阻力也是可以发挥的。通过收集统计较理想的151根试桩资料（均为桩顶变位较大的试桩）的结果表明：上覆土层的侧阻力都是发挥的。为安全起见，当 2MPa$\leqslant f_{rk}<$15MPa 时，$\zeta_s=0.8$；当 15MPa$\leqslant f_{rk}\leqslant$30MPa 时，$\zeta_s=0.5$；当 $f_{rk}>$30MPa 时，$\zeta_s=0.2$；当 $f_{rk}<$2MPa 时按摩擦桩计算。

(2) 持力层岩性问题。实际上有大量的工程采用了中风化层作为桩基持力层，为安全起见，c_1、c_2 值还应分别乘以 0.75 的折减系数。

(3) 系数 c_1、c_2 的选择主要由孔中泥浆的清除情况及钻孔有无破碎等因素决定，同时也受嵌岩深度和施工工艺的影响。同时摩阻力系数 c_2 要适当考虑孔壁粗糙度的影响。根据冲击钻钻岩石的经验，坚硬的岩石和很软的岩石，孔壁的粗糙度比中等强度的岩石要平滑些。将 c_1、c_2 的数值划分为三类，根据具体情况选用。当嵌岩段桩长过短，入岩深度小于或等于 0.5m 时，综合考虑各种因素，c_1 采用表列数值的 0.75 倍，$c_2=0$；对于钻孔桩，系数 c_1、c_2 值可降低 20%采用。

4.2.4　竖向荷载下的群桩效应

由 2 根以上桩组成的桩基础称为群桩基础。在竖向荷载作用下，由于承台、桩、土相互作用，群桩基础中的一根桩单独受荷时的承载力和沉降性状，往往与相同地质条件和设置方法的同样独立单桩有显著差别，这种现象称为群桩效应。因此，群桩基础的承载力（Q_g）常不等于其中各根单桩的承载力之和（ΣQ_i）。通常用群桩效应系数（$\eta=Q_g/\Sigma Q_i$）来衡量群桩基础中各根单桩的平均承载力比独立单桩降低（$\eta<1$）或提高（$\eta>1$）的幅度。

以下简述由端承型和摩擦型两类桩组成的低承台群桩基础的群桩效应。对后类，将分别讨论承台底面脱地和贴地两种情况。

1. 端承型群桩基础

端承桩基的桩底持力层刚硬，桩端贯入变形较小，由桩身压缩引起的桩顶沉降也不大，因而承台底面土反力（接触应力）很小，这样，桩顶荷载基本上集中通过桩端传给桩底持力层，并近似地按某一压力扩散角 α 向下扩散（图 4.13），且在距桩底深度为 $h=(s-d)/(2\tan\alpha)$ 之下产生应力重叠，但并不足以引起持力层明显的附加变形。因此，端承型群桩基础中各根单桩的工作性状接近于独立单桩，群桩基础承载力等于各根单桩承载力之和，群桩效应系数 $\eta=1$。

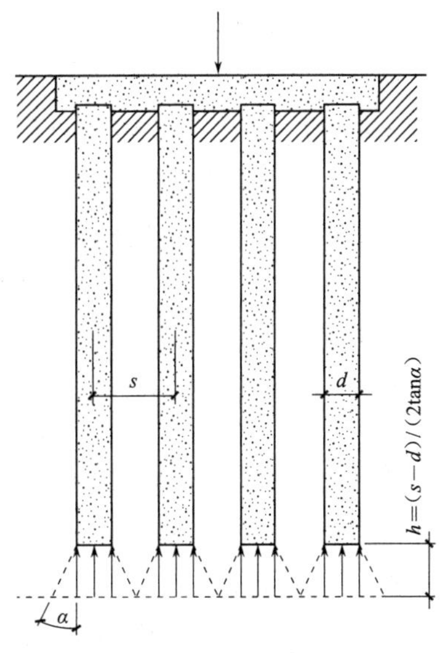

图 4.13　端承型群桩基础群桩效应

2. 摩擦型群桩基础

为便于讨论，假设承台底面脱地的群桩基础中各桩均匀受荷［图 4.14 (b)］，如同独立单桩［图 4.14

(a)] 那样，桩顶荷载 (Q) 主要通过桩侧摩阻力引起压力扩散角 α 范围内桩周土中的附加压力。各桩在桩端平面上的附加压力分布面积的直径为 $D=d+2l\tan\alpha$，当桩距 $s<D$ 时，群桩桩端平面上的应力因各邻桩桩周扩散台底的相互重叠而增大。所以，摩擦型群桩的沉降大于独立单桩，对非条形承台下按常用桩距布桩的群桩，桩数越多则群桩与独立单桩的沉降量之比越大。摩擦型群桩基础的荷载-沉降曲线属缓变型，群桩效率系数可能小于1，也可能大于1。

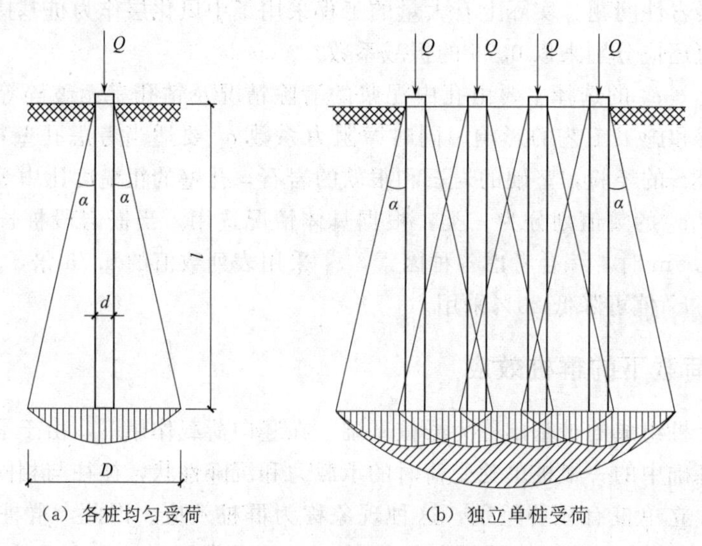

图 4.14 摩擦型群桩基础群桩效应

实际的群桩效应比上述简化概念复杂得多，它受下列因素的影响而变化：

(1) 承台刚度的影响。中心荷载作用下的刚性承台在迫使各桩同步均匀沉降的同时，也使各桩的桩顶荷载发生由承台中部向外围转移的过程。所以，刚性承台下的桩顶荷载分配一般是角桩最大、中心桩最小、边桩居中，而且桩数越多，桩顶荷载配额的差异越大。随着承台柔度的增加，各桩的桩顶荷载分配将逐渐与承台上荷载的分布一致。

(2) 基土性质的影响。对打入较疏松的砂类土和粉土（摩擦性土）中的挤土群桩，其桩间土被明显挤密，致使桩侧和桩端阻力都因而提高；同类土中的非挤土群桩在受荷沉降过程中，桩间土会随之增密、桩侧法向应力增大，而使桩侧摩阻力有所提高。由这两种原因引起的摩阻力增值都以中间桩为大，边桩、角桩相对较小，其分配趋势恰与承台刚度的影响相反，致使桩顶荷载分布趋于均匀。

(3) 桩距 s 的影响。以上两项影响都是针对常用桩距 ($s=3d\sim4d$) 而言的，如果桩距过小 ($s<3d$)，则桩长范围内和桩端平面上的土中应力重叠严重。桩长范围内的应力重叠使桩间土明显压缩下移，导致桩土界面相对滑移减少，从而降低桩侧摩阻力的发挥程度；桩端平面上的应力重叠则导致桩端底面外侧竖向压力的增大，再加上邻桩的靠近，其结果都使桩底持力层的侧向挤出受阻，从而提高桩端阻力。此外，桩距的缩小还会加大各桩桩顶荷载配额的差异。反之，如果桩距很大 ($s>D$，一般大于 $6d$)，以上各项影响都将趋于消失，而各桩的工作性状就接近于独立单桩。所以，桩距是影响摩擦型群桩基础群桩效应的主导因素。

由摩擦桩组成的低承台群桩基础，当其承受竖向荷载而沉降时，承台底必产生土反力，从而分担一部分荷载，使桩基承载力随之提高。根据现有试验与工程实测资料，承台底面处土所分担的荷载，可由零变动至20%～35%。但对于低承台群桩基础建成后，承台底面与基土可能脱开的情况，一般都不考虑承台贴地时承台底土阻力对桩基承载力的贡献，这种情况大体包括：一是沉入挤土桩的桩周土体因孔隙水压力剧增所引起的隆起、于承台修筑后孔压继续消散而固结下沉，或车辆频繁行驶振动，以及可能产生桩周负摩阻力的各种情况所导致的承台底面与基土的初始接触随时间渐渐松弛而脱离；二是黄土地基湿陷或砂土地震液化所引起的承台底面与基土突然脱开。承台分担荷载既然是以桩基的整体下沉为前提，那么，只有在桩基沉降不会危及桥梁的安全和正常使用且台底不与软土直接接触时，才宜于开发利用承台底土反力的潜力；桥梁工程中一般不考虑该部分的贡献。

4.3 桩基础沉降的计算

4.3.1 单桩沉降的计算

竖向荷载作用下的单桩沉降由下述三部分组成：

(1) 桩身弹性压缩引起的桩顶沉降。

(2) 桩侧摩阻力引起的桩周土中的附加应力以压力扩散角α向下传递，致使桩端下土体压缩而产生的桩端沉降。

(3) 桩端荷载引起桩端下土体压缩所产生的桩端沉降。

上述单桩沉降组成三分量的计算，都必须知道桩侧、桩端各自分担的荷载比，以及桩侧摩阻力沿桩身的分布图式，而荷载比和侧阻分布图式不仅与桩的长度、桩与土的相对压缩性、土的剖面有关，还与荷载水平、荷载持续时间有关。当荷载水平较低时，桩端土尚未发生明显的塑性变形且桩周土与桩之间并未产生滑移，这时单桩沉降可近似用弹性理论进行计算；当荷载水平较高时，桩端土将发生明显的塑性变形，导致单桩沉降组成及其特性都发生明显的变化，此外，桩身荷载的分布还随时间而变化，即荷载传递也存在时间效应，如荷载持续时间很短，桩端土体压缩特性通常呈现弹性性能；反之，如荷载持续时间很长，则需考虑沉降的时间效应，即土的固结与次固结的效应。一般情况下，桩身荷载随时间的推移有向下部和桩端转移的趋势。因此，单桩沉降计算应根据工程问题的性质以及荷载的特点，选择与之相适应的计算方法与参数。

目前单桩沉降计算方法主要有下述几种：①荷载传递分析法；②弹性理论法；③剪切变形传递法；④有限单元分析法；⑤其他简化方法。这些计算方法的详尽介绍可参见有关书籍。

4.3.2 群桩沉降的计算

群桩的沉降主要是由桩间土的压缩变形（包括桩身压缩、桩端贯入变形）和桩端平面以下土层受群桩荷载共同作用产生的整体压缩变形两部分组成。由于群桩的沉降性状涉及群桩几何尺寸（如桩间距、桩长、桩数、桩基础宽度与桩长的比值等）、成桩工艺、桩基施工与流程、土的类别与性质、土层剖面的变化、荷载大小与持续时间以及承台设置方式等众多复杂因素，因此，目前尚未有较为完善的桩基础沉降计算方法。《建筑地基基础设计规范》（GB 50007—2011）推荐的群桩沉降计算方法，不考虑桩间土的压缩变形对沉降的影响，采用单向压缩分层总和法按下式计算桩基础的最终沉降量

$$s=\psi_p\sum_{j=1}^{m}\sum_{i=1}^{n_j}\frac{\sigma_{j,i}\Delta h_{j,i}}{E_{sj,i}} \tag{4.29}$$

式中 s——桩基最终计算沉降量，mm；

m——桩端平面以下压缩层范围内土层总数；

$E_{sj,i}$——桩端平面下第 j 层土第 i 个分层在自重应力至自重应力加附加应力作用段的压缩模量，MPa；

n_j——桩端平面下第 j 层土的计算分层数；

$\Delta h_{j,i}$——桩端平面下第 j 层土的第 i 个分层厚度，m；

$\sigma_{j,i}$——桩端平面下第 j 层土第 i 个分层的竖向附加应力，kPa；

ψ_p——桩基沉降计算经验系数，各地区应根据当地的工程实测资料统计对比确定。

地基内的应力分布宜采用各向同性均质线性变形体理论，按实体深基础（桩距不大于 $6d$）或其他方法（包括明德林应力公式方法）计算。

1. 实体深基础（桩距不大于 $6d$）

采用实体深基础计算时，实体深基础的底面与桩端齐平，支承面积可按图 4.15 采用，并假设桩基础如同天然地基上的实体深基础一样工作，按浅基础的沉降计算方法进行计算，计算时需将浅基础的沉降计算经验系数 ψ_p 改为实体深基础的桩基沉降计算经验系数，即

$$s=\psi_p s' \tag{4.30}$$

此时，基底附加压力应为桩底平面处的附加压力。

实体深基础桩基沉降计算经验系数 ψ_p 应根据地区桩基础沉降观测资料及经验统计确定。在不具备条件时，ψ_p 值可按表 4.7 选用。

表 4.7　　实体深基础桩基沉降计算经验系数 ψ_p

$\overline{E}_s$/MPa	≤15	25	35	≥45
ψ_p	0.5	0.4	0.35	0.25

注　$\overline{E}_s$ 为变形计算深度范围内压缩模量的当量值，按下式计算

$$\overline{E}_s=\frac{\sum A_i}{\sum\frac{A_i}{E_{s}i}} \tag{4.31}$$

式中　A_i——第 i 层附加应力系数沿土层系数的积分值。

实体深基础桩底平面处的基地附加应力 P_{0k} 按下列方法考虑：

(1) 考虑扩散作用时［图 4.15 (a)］。

$$P_{0k}=P_k-\sigma_c=\frac{F_k+G'_k}{A}-\sigma_c \tag{4.32}$$

其中
$$G_k' \approx \gamma A(d+l)$$
$$A=\left(a_0+2l\tan\frac{\varphi}{4}\right)\left(b_0+2l\tan\frac{\varphi}{4}\right)$$

式中 P_k——作用的准永久组合时的实体深基础底面处的基底压力；

σ_c——实体深基础基底处原有的土中自重应力；

F_k——作用的准永久组合时，作用于桩基承台顶面的竖向力；

G_k'——实体深基础自重，包括承台自重、承台上土重以及承台底面至实体深基础范围内的土重与桩重；

γ——承台、桩与土的平均重度，一般取 $19kN/m^3$，但在地下水位以下部分应扣去浮力；

d、l——承台埋深及自承台底面算起的桩长；

A——实体深基础基底面积；

a_0、b_0——植群外围桩边包络线内矩形面积的长、短边长。

（2）不考虑扩散作用时［图 4.15（b）］。

$$P_{0k}=P_k-\sigma_c=\frac{F_k+G_k+G_{fk}-2(a_0+b_0)\sum q_{sia}l_i}{a_0b_0}-\gamma_m(d+l) \tag{4.33}$$

式中 G_k——桩基承台自重及承台上土自重；

G_{fk}——实体深基础的桩及桩间土自重；

γ_m——实体深基础底面以上各土层的加权平均重度。

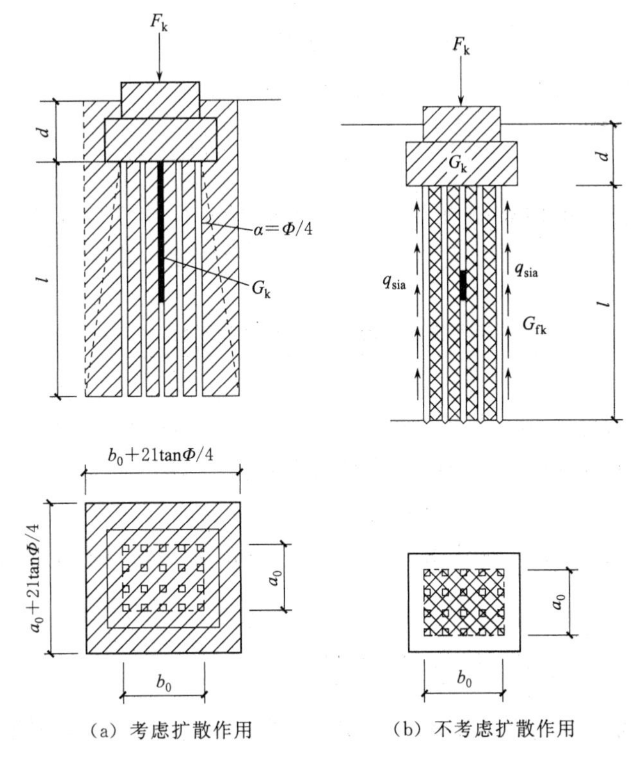

（a）考虑扩散作用　　（b）不考虑扩散作用

图 4.15　实体深基础的底面积

如认为 $G_{mk}=\gamma_m$ （$d+l$） a_0b_0，则上式简化为

$$P_{0k}=\frac{F_k+G_k-2(a_0+b_0)\sum q_{sia}l_i}{a_0b_0} \tag{4.34}$$

2. 明德林（Mindlin）应力公式

采用明德林应力公式计算地基中某点的竖向附加应力值，是根据格德斯（Geddes）对明德林公式积分而导出的应力解，用叠加原理将各根桩在该点所产生的附加应力逐根叠加按下式计算

$$\sigma_{j,i}=\sum_{k=1}^{n}(\sigma_{za,k}+\sigma_{zs,k}) \tag{4.35}$$

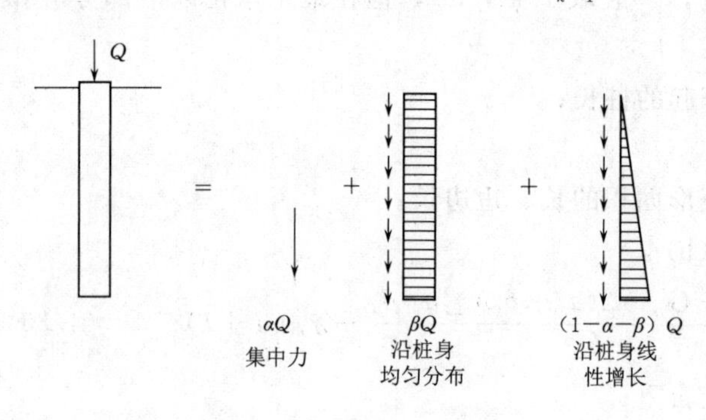

图 4.16 单桩荷载分组

单桩在竖向荷载准永久组合作用下的附加荷载为 Q，由桩端阻力 Q_p 和桩侧摩阻力 Q_s 共同承担，且 $Q_p=\alpha Q$，α 是桩端阻力比。桩端阻力假定为集中力，桩侧摩阻力可假定为沿桩身均匀分布和沿桩身线性增长分布两种形式组成，其值分别为 βQ 和（$1-\alpha-\beta$）Q，如图 4.16 所示。

第 k 根桩的端阻力在深度 z 处产生的应力为

$$\sigma_{zp,k}=\frac{\alpha Q}{l^2}I_{p,k} \tag{4.36}$$

第 k 根桩的侧摩阻力在深度 z 处产生的应力为

$$\sigma_{zs,k}=\frac{Q}{l^2}[\beta I_{s1,k}+(1-\alpha-\beta)I_{s2,k}]I_{p,k} \tag{4.37}$$

对于一般摩擦桩，可假定桩侧摩阻力全部是沿桩身线性增长的（即 $\beta=0$），则式（4.37）可简化为

$$\sigma_{zs,k}=\frac{Q}{l^2}(1-\alpha)I_{s2,k} \tag{4.38}$$

式中 l——桩长；

I_p、I_{s1}、I_{s2}——桩端集中力、桩侧摩阻力沿桩身均匀分布和沿桩身线性增长分布情况下对应力计算点的应力影响系数，按《建筑地基基础设计规范》（GB 50007—2011）附录R计算。

将式（4.35）～式（4.38）代入式（4.30），可得桩基础单向压缩分层总和法最终沉降量的计算公式为

$$s=\psi_p\frac{Q}{l_2}\sum_{j=1}^{m}\sum_{i=1}^{n_j}\frac{\Delta h_{j,i}}{E_{sj,i}}\sum_{k=1}^{n}[\alpha I_{p,k}+(1-\alpha)I_{s2,k}] \tag{4.39}$$

采用上式计算时，桩端阻力比 α 和桩基础沉降计算经验系数 ψ_p 应根据当地工程的实测资料统计确定。

4.4　桩的负摩阻力问题

4.4.1　产生负摩阻力的条件和原因

在桩顶竖向荷载作用下，当桩相对于桩侧土体向下位移时，土对桩产生的向上作用的摩阻力，称为正摩阻力。但是，当桩侧土体因某种原因而下沉，且其下沉量大于桩的沉降（即桩侧土体相对于桩向下位移）时，土又对桩产生的向下作用的摩阻力，称为负摩阻力[图 4.17（a）]。

产生负摩阻力的情况有多种，例如：位于桩周欠固结的软黏土或新填土在重力作用下产生固结；大面积堆载使桩周土层压密；在正常固结或弱超固结的软黏土地区，由于地下水位全面降低（例如长期抽取地下水），致使有效应力增加因而引起大面积沉降；自重湿陷性黄土浸水后产生湿陷；地面因打桩时孔隙水压力剧增而隆起，其后孔压消散而固结下沉等。

桩侧负摩阻力问题，实质上和正摩阻力一样，只要得知土与桩之间的相对位移以及负摩阻力与相对位移之间的关系，就可以了解桩侧负摩阻力的分布和桩身轴力与截面位移。

图 4.17（a）表示一根承受竖向荷载的桩，桩身穿过正在固结中的土层而达到坚实土层。在图 4.17（b）中，曲线 1 表示土层不同深度处的位移，曲线 2 为桩的截面位移曲线，曲线 1 和曲线 2 之间的位移差（图中画上横线部分）为桩土之间的相对位移，曲线 1 和曲线 2 的交点（O_1 点）为桩土之间不产生相对位移的截面位置，称为中性点。图 4.17（c）、（d）分别为桩侧摩阻力和桩身轴力分布曲线。其中 F_p 为中性点以下正摩阻力的累计值。中性点是摩阻力、桩土之间的相对位移和桩身轴力沿桩身变化的特征点。从图中易知，在中性点 O_1 点之上，土层产生相对于桩身的向下位移，出现负摩阻力 τ_{nz}，桩身轴力随深度递增；在中性点 O_1 点之下的土层相对向上位移，因而在桩侧产生正摩阻力 τ_z，桩身轴力随深度递减。在中性点处桩身轴力达到最大值（$Q+F_n$），F_n 为负摩阻力的累计值，又称为下拉荷载；而桩端总阻力则等于 $Q+(F_n-F_p)$。可见，桩侧负摩阻力的发生，将使桩侧土的部分重力和地面荷载通过负摩阻力传递给桩，因此，桩的负摩阻力非但不能成为桩承载力的一部分，反而相当于是施加于桩上的外荷载，这就必然导致桩的承载力相对降低、桩基础沉降加大。

由于桩侧负摩阻力是由桩周土层的固结沉降引起的，因此负摩阻力的产生和发展要经历一定的时间过程，这一时间过程的长短取决于桩自身沉降完成的时间和桩周土层固结完成的时间，由于土层竖向位移和桩身截面位移都是时间的函数，因此中性点的位置、摩阻力以及桩身轴力都将随时间而有所变化。如果在桩顶荷载作用下的桩自身沉降已经完成，以后才发生桩周土层的固结，那么土层固结的程度和速率是影响负摩阻力的大小和分布的主要因素。固结程度高，地面沉降大，则中性点往下移；固结速率大，则负摩擦力增长快，不过负摩阻力的增长要经过一定时间才能达到极限值，在这个过程中，桩身在负摩阻力作用下产生压缩，随着负摩阻力的产生和增大，桩端处的轴力增加，桩端沉降也增大了，必然带来桩土相对位移的减小和负摩阻力的降低，而逐渐达到稳定状态。

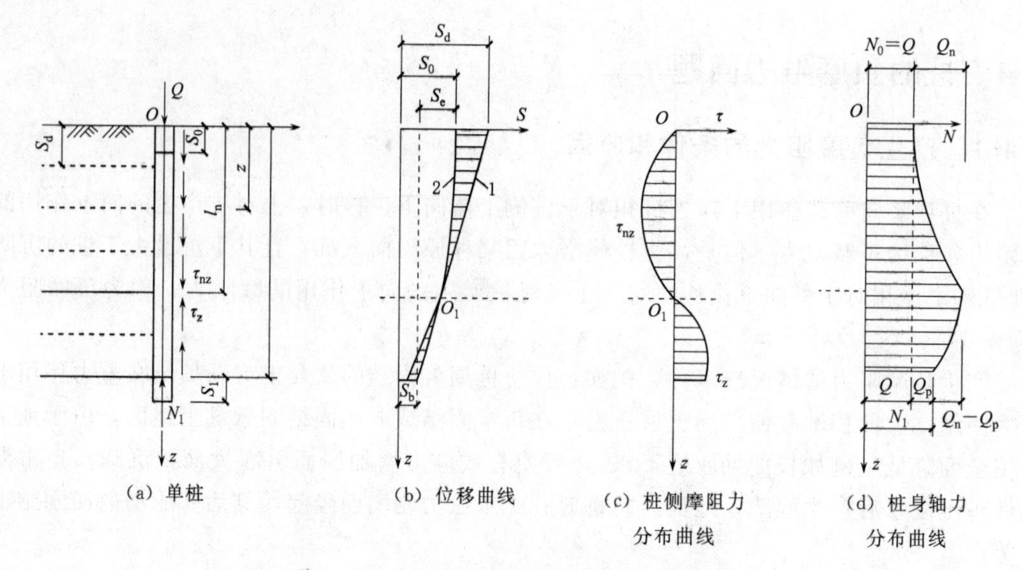

图4.17　单桩在产生负摩阻力时的荷载传递

1—土层竖向位移曲线；2—桩的截面位移曲线

4.4.2　负摩阻力的计算

1. 单桩负摩阻力的计算

要确定桩身负摩阻力的大小，须先确定中性点的位置和负摩阻力强度的大小。

(1) 中性点的位置。中性点的位置取决于桩与桩侧土的相对位移，原则上应根据桩沉降与桩周土沉降相等的条件确定，但影响中性点位置的因素较多，与桩周土的性质和外界条件（堆载、降水、浸水等）变化有关，一般而言，桩周欠固结土层越厚，欠固结程度越大，桩底持力层越硬，中性点位置越深；如果在桩顶荷载作用下的桩自身沉降已经完成，以后才因外界条件变化发生桩周土层的固结，则中性点位置较深，且堆载强度（或地下水降低幅度）和范围越大，中性点位置越深。此外，中性点的位置在初期或多或少会有所变化，它随桩沉降的增加而向上移动，当沉降趋于稳定，中性点才稳定在某一固定的深度 l_n 处，因此，要精确计算中性点的位置是比较困难的，目前多采用近似的估算方法，或采用依据一定的试验结果得出的经验值，工程实测表明，在可压缩土层 l_0 的范围内，中性点的稳定深度 l_n 是随桩端持力层的强度和刚度的增大而增加的，其深度比 l_n/l_0 可按表4.8的经验值取用。

表4.8　中性点深度 l_n

持力层性质	黏性土、粉土	中密以上砂	砾石、卵石	基　岩
中性点深度比 l_n/l_0	0.5～0.6	0.7～0.8	0.9	1.0

注　穿越自重湿陷性黄土层时，l_n 按表列值增大10%（持力层为基岩除外）。

(2) 负摩阻力强度。负摩阻力 τ_n 的大小受桩周土层和桩端土的强度与变形性质，土层的应力历史，地面堆载的大小与范围，地下水降低的幅度与范围，桩的类型与成桩工艺，桩顶荷载施加时间与发生负摩阻力时间之间的关系等因素的影响。因此，精确计算负摩阻力是复杂而困难的，已有的一些有关负摩阻力的计算方法与公式都是近似的和经验性的，使用较多的有以下两种：

1）对软土和中等强度黏土，可按太沙基（Terzaghi）建议的方法，取

$$\tau_{n}=q_{u}/2=c_{u} \tag{4.40}$$

式中 q_u——土的无侧限抗压强度；

c_u——土的不排水抗剪强度，可采用十字板现场测定。

2）根据产生负摩阻力的土层中点的竖向有效覆盖压力，按下式计算

$$\tau_{ni}=K_i\tan\varphi'_i\sigma'_{vi}=\beta\sigma'_{vi} \tag{4.41}$$

式中 τ_{ni}——第 i 层土桩侧负摩阻力强度；

σ'_{vi}——桩周第 i 层土平均竖向有效覆盖应力；

K_i——桩周第 i 层土的侧压力系数，可近似取静止土压力系数值 K_{0i}；

φ'_i——桩周第 i 层土的有效内摩擦角；

β——桩周土负摩阻力系数，与土的类别和状态有关。对粗粒土，β 随土的密度和粒径的增大而提高；对细粒土，则随土的塑性指数、孔隙比和饱和度的增大而降低。β 值可按表 4.9 取值。

表 4.9　负摩阻力系数 β

土　类	β	土　类	β
饱和软土	0.15～0.25	砂土	0.35～0.50
黏性土、粉土	0.25～0.40	自重湿陷性黄土	0.20～0.35

注 1. 在同一类土中，对于打入桩或沉管注桩，取表中较大值，对于钻（冲）挖孔灌注柱，取表中较小值。
2. 填土按其组成取表中同类土的较大值。
3. 当 τ_{ni} 计算值大于正摩阻力时，取正摩阻力值。

土中有效覆盖压力 σ'_{vi} 是指由原地面上填土等满布荷载（如果存在的话）和土的有效重度所产生的竖向应力，即地面荷载与土的自重压力之和。当地面堆载增加，或者地下水位降低，则土中有效应力增加，土中有效覆盖压力也随之增加。因此

当地下水位降低时

$$\sigma'_{vi}=\gamma_m z_i \tag{4.42}$$

当地面有均布荷载时

$$\sigma'_{vi}=p+\gamma_m z_i \tag{4.43}$$

式中 γ_m——第 i 层土层底以上桩周土的加权平均重度；$\gamma_m=(\gamma_1 l_1+\gamma_2 l_2+\cdots+\gamma_i l_i)/(l_1+l_2+\cdots+l_i)$，其中地下水位下的重度取有效重度；

z_i——自地面起算的第 i 层土中点深度；

p——地面均布荷载。

对于砂类土，也可按下式估算负摩阻力强度

$$\tau_{ni}=N_i/5+3 \tag{4.44}$$

式中 N_i——桩周第 i 层土经钻杆长度修正的平均标准贯入试验锤击数。

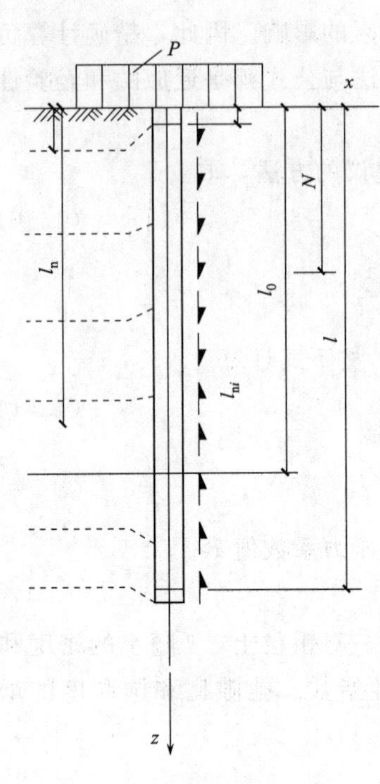

图 4.18 下拉荷载计算图示

(3) 下拉荷载的计算（图 4.18）。下拉荷载 F_n 为中性点深度 l_n 范围内负摩阻力的累计值，可按下式计算

$$F_n = u_p \sum_{i=1}^{n} l_{ni}\tau_{ni} \tag{4.45}$$

式中 u_p——柱截面周长；

n——中性点以上土层数；

l_{ni}——中性点以上桩周第 i 层土的厚度。

2. 群桩负摩阻力的计算

对于桩距较小的群桩，群桩所发生的负摩阻力因群桩效应而降低，即小于相应的单桩值。这是由于负摩阻力是由桩周土体的沉降引起的，若桩群中各桩表面单位面积所分担的土体重量小于单桩的负摩阻力极限值，将会导致群桩的负摩阻力降低，即显示群桩效应。这种群桩效应可按等效圆法（远腾，1969）计算，即假设独立单桩单位长度的负摩阻力 τ_n 由相应长度范围内半径 r_e 形成的土体重量与之等效（图 4.19），则有

$$\pi d\tau_n = \left(\pi r_e^2 - \frac{\pi}{4}d^2\right)\gamma_m$$

由上式得

$$r_e = \sqrt{\frac{d\tau_n}{\gamma_m} + \frac{d^2}{4}} \tag{4.46}$$

式中 r_e——等效圆半径；

d——桩身直径；

τ_n——中性点以上单桩的平均极限负摩阻力；

γ_m——中性点以上桩周土体加权平均重度。

以群桩中各桩中心为圆心，以 r_e 为半径作圆，由各圆的相交点作矩形（图 4.19）（或以两排桩之间的中点作纵横向中心线形成以各桩为重心的矩形），矩形面积 $A_r = s_{ax}s_{ay}$ 与圆面积 $A_e = \pi r_e^2$ 之比为负摩阻力的群桩效应系数，即

$$\eta_n = \frac{\dfrac{A_r}{A_e} = S_{ax}S_{ay}}{\pi d\left(\dfrac{\tau_n}{\gamma_m} + \dfrac{d}{4}\right)} \tag{4.47}$$

式中 S_{ax}、S_{ay}——纵横向桩的中心距。

当按式（4.47）计算群桩基础的 $\eta_n > 1$ 时，取 $\eta_n = 1$。

群桩中任一单桩的极限负摩阻力为

$$\tau_g^n = \eta_n \tau_n \tag{4.48}$$

式中 τ_n——单桩的极限负摩阻力，可按式（4.41）计算。

因此，群桩中任一单桩的下拉荷载 Q_g^n 可按下式计算

$$Q_g^n = \eta_n u_p \sum_{i=1}^{n} \tau_{ni} l_{ni} \tag{4.49}$$

式中 u_p——桩截面周长；

n——中性点以上土层数；

l_{ni}——中性点以上各土层的厚度。

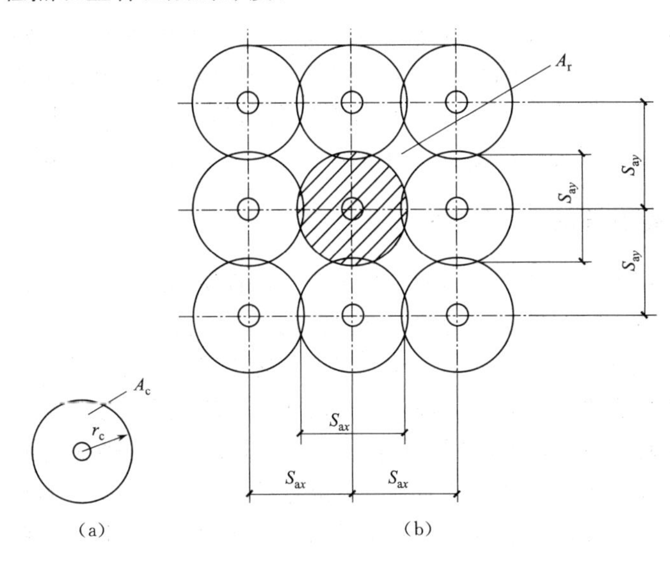

图 4.19 负摩阻力群桩效应的等效圆法

4.4.3 减小负摩阻力的工程措施

1. 采用预制混凝土桩和钢桩

对位于欠固结土层、湿陷性土层、冻融土层、液化土层、地下水位变动范围，以及受地面堆载影响发生沉降的土层中的预制混凝土桩和钢桩，一般采用涂软沥青涂层的办法来减小负摩阻力，涂层施工时应注意不要将涂层扩展到需利用桩侧正摩阻力的桩身部分。涂层宜采用软化点较低的沥青，一般为 50～65℃，在 25℃时的针入度为 40～70mm。在涂层施工前，应先将桩表面清洗干净，然后将沥青加热至 150～180℃，喷射或浇淋在桩表面上，喷浇厚度为 6～10mm，一般而言，沥青涂层越软和越厚，减小的负摩擦力也越大。国际上使用的 SL 沥青复合材料，对减低负摩擦力作用的效果甚佳。

2. 采用灌注桩

对穿过欠固结等土层支承于坚硬持力层上的灌注桩，可采用下列措施来减小摩阻力：①在沉降土层范围内插入比钻孔直径小 50～100mm 的预制混凝土桩段，然后用高稠度膨润土泥浆填充预制桩段外围形成隔离层；对泥浆护壁成孔的灌注桩，可在浇筑完下段混凝土后，填入高稠度膨润土泥浆，然后再插入预制混凝土桩段；②对干作业成孔灌注桩，可在沉降土层范围内的孔壁先铺设双层筒形塑料薄膜，然后再浇筑混凝土，从而在桩身与孔壁之间形成可自由滑动的塑料薄膜隔离层。

4.5　桩的水平承载力

作用于桩顶的水平荷载性质包括：长期作用的水平荷载（如上部结构传递的或由土、水压力施加的以及拱的推力等水平荷载），反复作用的水平荷载（如风力、波浪力、船舶撞击力以及机械制动力等水平荷载）和地震作用所产生的水平力，承受水平荷载为主的桩基础（如桥梁桩基础）可考虑采用斜桩，在一般工业与民用建筑中即便采用斜桩更为有利，但常因施工条件限制等原因而很少采用斜桩。一般而言，当水平荷载和竖向荷载的合力与竖直线的夹角不超过5°（相当于水平荷载的数值为竖向荷载的1/12～1/10）时，竖直桩的水平承载力不难满足设计要求，应采用竖直桩。下面的讨论仅限于竖直桩。

4.5.1　水平荷载下桩的工作性状

在水平荷载作用下，桩产生变形并挤压桩周土，促使桩周土发生相应的变形而产生水平抗力。水平荷载较小时，桩周土的变形是弹性的，水平抗力主要由靠近地面的表层土提供；随着水平荷载的增大，桩的变形加大，表层土逐渐产生塑性屈服，水平荷载将向更深的土层传递；当桩周土失去稳定，或桩体发生破坏（低配筋率的灌注桩常是桩身首先出现裂缝，然后断裂破坏），或桩的变形超过建筑物的允许值（抗弯性能好的混凝土预制桩和钢桩，桩身虽未断裂但桩周土如已明显开裂和隆起，桩的水平位移一般已超限）时，水平荷载也就达到极限。由此可见，水平荷载下桩的工作性状取决于桩土之间的相互作用。

依据桩、土相对刚度的不同，水平荷载作用下的桩可分为刚性桩、半刚性桩和柔性桩，其划分界限与各种计算方法中所采用的地基水平反力系数分布图式有关，若采用“m”法计算，当换算深度$\overline{h} \leqslant 2.5$时为刚性桩，$2.5 < \overline{h} < 4.0$时为半刚性桩，$\overline{h} \geqslant 4.0$时为柔性桩。半刚性桩和柔性桩统称为弹性桩。

（1）刚性桩。当桩很短或桩周土很软弱时，桩、土的相对刚度很大，属刚性桩。由于刚性桩的桩身不发生挠曲变形且桩的下段得不到充分的嵌制，因而桩顶自由的刚性桩发生绕靠近桩端的一点作全柱长的刚体转动［图4.20（a）］，而桩顶嵌固的刚性桩则发生平移［图4.20（d）］。刚性桩的破坏一般只发生于桩周土中，桩体本身不发生破坏。刚性桩常用布诺姆斯的极限平衡法计算。

（2）弹性桩。半刚性桩（中长桩）和柔性桩（长桩）的桩、土相对刚度较低，在水平荷载作用下桩身发生挠曲变形，桩的下段可视为嵌固于土中而不能转动，随着水平荷载的增大，桩周土的屈服区逐步向下扩展，桩身最大弯矩截面也因上部土抗力减小而向下部转移，一般半刚性桩的桩身位移曲线只出现一个位移零点［图4.20（b）、（e）］，柔性桩则出现两个以上位移零点和弯矩零点［图4.20（c）、（f）］。当桩周土失去稳定，或桩身最大弯矩处（桩顶嵌固时可在嵌固处和桩身最大弯矩处）出现塑性屈服，或桩的水平位移过大时，弹性桩便趋于破坏。

4.5.2　水平荷载作用下弹性桩的计算

水平荷载作用下弹性桩的分析计算方法主要有地基反力系数法。弹性理论法和有限元法等，这里只介绍国内目前常用的地基反力系数法。地基反力系数法是应用文克勒地基模型，把承受水平荷载的单桩视作弹性地基（由水平向弹簧组成）中的竖直梁，通过求解梁的挠曲微分方程来计算桩身的弯矩、剪力以及桩的水平承载力。

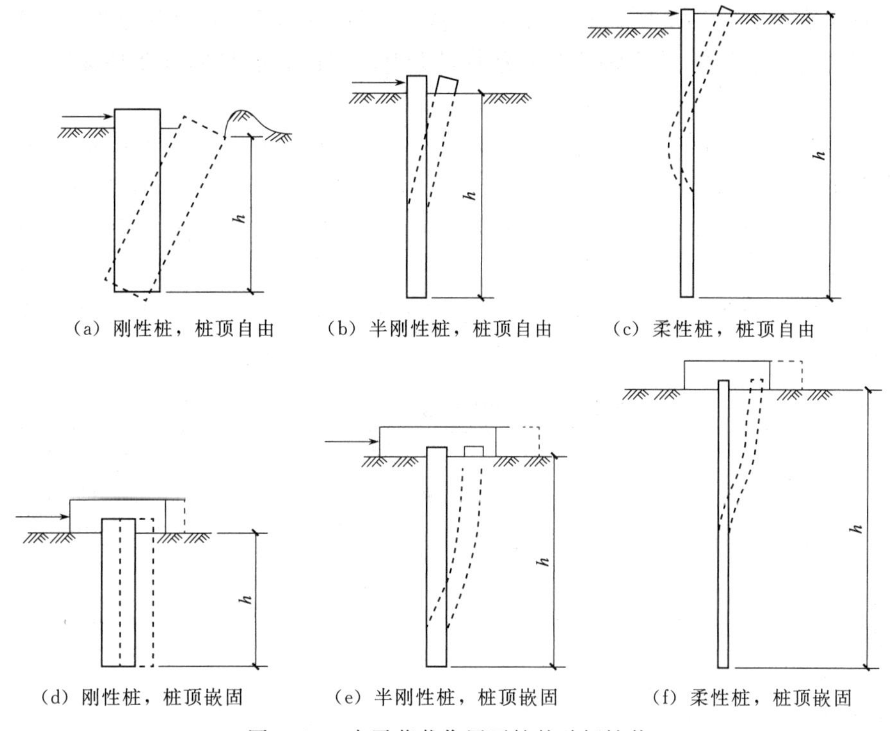

图 4.20 水平荷载作用下桩的破坏性状

1. 基本假设

单桩承受水平荷载作用时，可把土体视为线性变形体，假定深度 z 处的水平抗力 σ_x，等于该点的水平抗力系数 k_x 与该点的水平位移 x 的乘积，即

$$\sigma_x = k_x x \tag{4.50}$$

此时忽略桩土之间的摩阻力对水平抗力的影响以及邻桩的影响。

地基水平抗力系数的分布和大小，将直接影响挠曲微分方程的求解和桩身截面内力的变化。图 4.21 表示地基反力系数法所假定的 4 种较为常用的 k_x 分布图式。

(1) 常数法。假定地基水平抗力系数沿深度为均匀分布，即 $k_x = k_h$。这是我国学者张有龄在 20 世纪 30 年代提出的方法，日本等国常按此法计算，我国也常用此法来分析基坑支护结构。

(2) “k”法。假定在桩身第一挠曲零点（深度 t 处）以上按抛物线变化，以下为常数。

(3) “m”法。假定 k_x 随深度成正比地增加，即 $k_x = mz$。我国铁道部门首先采用这一方法，近年来也在建筑工程和公路桥涵的桩基础设计中逐渐推广。

(4) “C 值”法。假定 k_x 随深度按 $cz^{0.5}$ 的规律分布，即 $k_x = cz^{0.5}$（c 为比例常数，随土类不同而异）。这是我国交通部门在试验研究的基础上提出的方法。

实测资料表明，“m”法（当桩的水平位移较大时）和“C值”法（当桩的水平位移较小时）比较接近实际。本节只简单介绍“m”法。

2. 计算参数

单桩在水平荷载作用下所引起的桩周土的抗力不仅分布于荷载作用平面内，而且桩的截面形状对抗力也有影响。计算时简化为平面受力，因此，取桩的截面计算宽度 b_0（m）如下：

方形截面桩，当实际宽度 $b>1$m 时，$b=b+1$；当 $b\leqslant 1$m 时，$b_0=1.5b+0.5$。

圆形截面桩，当桩径 $d>1$m 时，$b_0=0.9(d+1)$；$d\leqslant 1$m 时，$b_0=0.9(1.5d+0.5)$。计算桩身抗弯刚度 EI 时，桩身的弹性模量 E，对于混凝土柱，可采用混凝土的弹性模量 E_c 的 0.85 倍（$E=0.85E_c$）

按“m”法计算时，地基水平抗力系数的比例常数 m，如无试验资料，可参考表 4.10 所列数值。

表 4.10 地基土水平抗力系数的比例常数 m

序号	地基土类别	预制桩、钢桩		灌注桩	
		m/（MN/m^4）	相应单桩在地面处水平位移/mm	m/（MN/m^4）	相应单桩在地面处水平位移/mm
1	淤泥，淤泥质土，饱和湿陷性黄土	2～4.5	10	2.5～6	6～12
2	流塑（$I_L>1$）、软塑（$0.75<I_L\leqslant 1$）状黏性土，$e>0.9$ 粉土，松散粉细砂，松散、稍密填土	4.5～6.0	10	6～14	4～8
3	可塑（$0.25<I_L\leqslant 0.75$）状黏性土，$e=0.75$～0.9 粉土，湿陷性黄土，中密填土，稍密细砂	6.0～10	10	14～35	3～6
4	硬塑（$0<I_L\leqslant 0.25$）、坚硬（$I_L\leqslant 0$）状黏性土，湿陷性黄土，$e<0.75$ 粉土，中密中粗砂，密实老填土	10～22	10	35～100	2～5
5	中密、密实的砾砂，碎石类土		10	100～300	1.5～3

注 1. 当桩顶横向位移大于表列数值或当灌注桩配筋率较高（≥0.65%）时，m 值应适当降低；当预制桩的横向位移小于 10mm 时，m 值可适当提高。

2. 当横向荷载为长期或经常出现的荷载时，应将表列数值乘以 0.4 降低采用。

3. 当地基为可液化土层时，表列数值尚应乘以有关系数。

3. 单桩计算

（1）确定桩顶荷载 N_0、H_0、M_0。单桩的桩顶荷载可分别按下列各式确定

$$N_0=\frac{F+G}{n};H_0=\frac{H}{n};M_0=\frac{M}{n} \tag{4.51}$$

式中 n——同一承台中的桩数。

（2）桩的挠曲微分方程。单桩在 H_0、M_0 和地基水平抗力 σ_x 作用下产生挠曲，取图

4.21所示的坐标系统，根据材料力学中梁的挠曲微分方程得到

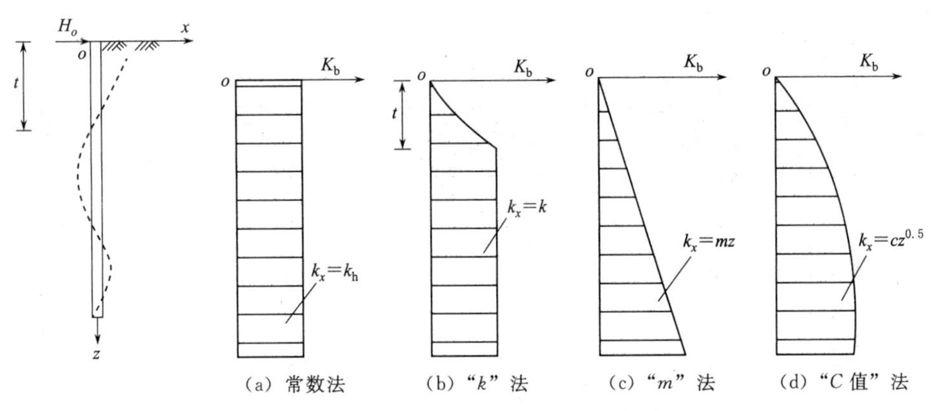

图 4.21　地基水平抗力系数的分布图示

$$EI\frac{d^4x}{dz^4}=-\sigma_x b_0=-k_x x b_0$$

或

$$\frac{d^4x}{dz^4}+\frac{k_x b_0}{EI}x=0 \tag{4.52}$$

在上列方程中，按不同的 k_x 图式求解，就得到不同的计算方法。“m”法假定 $k_x=mz$，代入式（4.52）得

$$\frac{d^4x}{dz^4}+\frac{mb_0}{EI}zx=0 \tag{4.53}$$

令

$$\alpha=\sqrt[5]{\frac{mb_0}{EI}} \tag{4.54}$$

式中　α——桩的水平变形系数（1/m）。

将式（4.54）代入式（4.53），则得

$$\frac{d^4x}{dz^4}+\alpha^5 zx=0 \tag{4.55}$$

注意到梁的挠度 x 与转角 φ、弯矩 M 和剪力 V 的微分关系，利用幂级数积分后可得到微分方程式（4.55）的解答，从而求出桩身各截面的内力 M、V 和位移 x、φ 以及土的水平抗力 σ_x。计算这些项目时，可查用已编制的系数表。图 4.22 表示一单桩的 x、M、V 和 σ_x 的分布图形。

（3）桩身最大弯矩及其位置。设计承受水平荷载的单桩时，为了计算截面配筋，设计者最关心桩身的最大弯矩值和最大弯矩截面的位置。为了简化，可根据桩顶荷载 H_0、M_0 及桩的变形系数 α 计算如下系数

$$C_\text{I}=\alpha\frac{M_0}{H_0} \tag{4.56}$$

由系数 C_I 从表 4.11 查得相应的换算深度 $\bar{h}(\bar{h}=\alpha z)$，则桩身最大弯矩的深度 $z_{\max}$ 为

$$z_{\max}=\frac{\bar{h}}{\alpha} \tag{4.57}$$

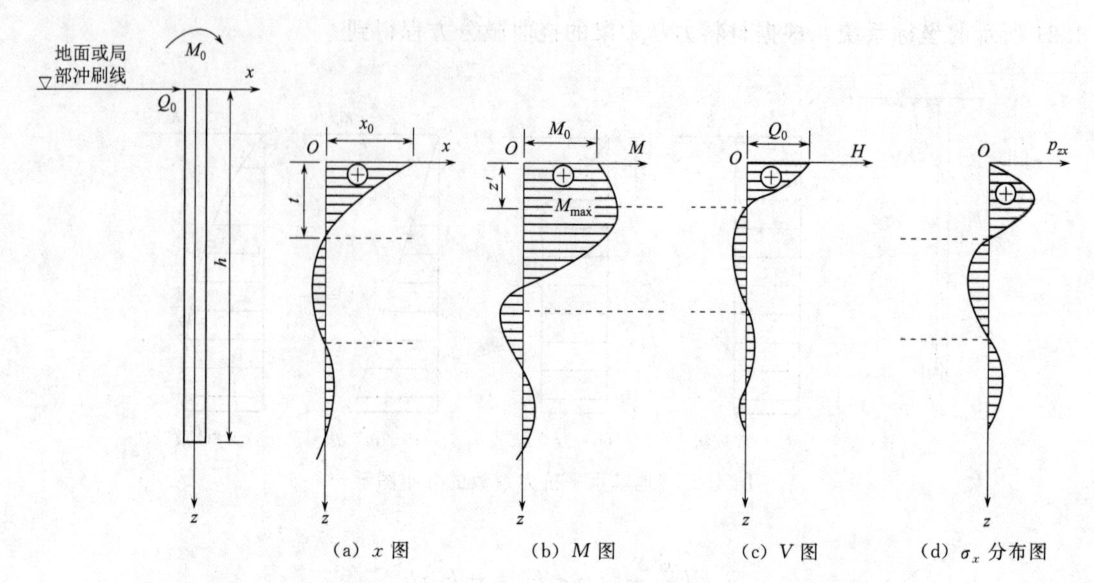

图 4.22 单桩的挠度 x 、弯矩 M 、剪力 V 和水平抗力 σ_x 的分布曲线图示

表 4.11 计算桩身最大弯矩位置和最大弯矩的系数 C_{I} 和 C_{II}

$\overline{h}$ ($\overline{h}=\alpha z$)	C_{I}	C_{II}	$\overline{h}$ ($\overline{h}=\alpha z$)	C_{I}	C_{II}
0	∞	1	1.4	−0.14479	−4.59637
0.1	131.25234	1.0005	1.5	−0.29866	−1.87585
0.2	34.1864	1.00381	1.6	−0.43385	−1.1283
0.3	15.54433	1.01248	1.7	−0.55497	−0.73996
0.4	8.78145	1.02911	1.8	−0.66546	−0.5303
0.5	5.53903	1.05718	1.9	−0.76797	−0.396
0.6	3.70896	1.1013	2	−0.86474	−0.30361
0.7	2.56562	1.16902	2.2	−1.04845	−0.18678
0.8	1.79134	1.27365	2.4	−1.22954	−0.11795
0.9	1.23825	1.44071	2.6	−1.42038	−0.07418
1	0.82435	1.728	2.8	−1.63525	−0.04530
1.1	0.50303	2.29939	3	−1.89298	−0.02603
1.2	0.24563	3.87572	3.5	−2.99386	−0.00343
1.3	0.03381	23.43769	4	−0.0445	0.01134

同时，由系数 C_{I} 或换算深度 $\overline{h}$ 从表 4.11 查得相应的系数 C_{II}，则桩身最大弯矩 M 为

$$M_{max}=C_{\mathrm{II}}M_0 \tag{4.58}$$

表 4.11 是按柱长 $l \geqslant \dfrac{4.0}{\alpha}$ 编制的，当 $l < \dfrac{4.0}{\alpha}$ 时，可另查有关设计手册。

桩顶刚接于承台的柱，其柱身所产生的弯矩和剪力的有效深度为 4.0m（对桩周为中等强度的土，直径为 400mm 左右的柱来说，此值为 4.5～5m），在这个深度以下，柱身

的内力 M、V 实际上可忽略不计，只需要按构造配筋或不配筋。

4.5.3 单桩水平静载荷试验

桩的水平静载荷试验是在现场条件下进行的，影响桩的承载力的各种因素都将在试验过程中真实反映出来，由此得到的承载力值和地基土水平抗力系数最符合实际情况。如果预先在桩身中埋设量测元件，则试验资料还能反映出加荷过程中桩身截面的应力和位移，并可由此求出桩身弯矩，据以检验理论分析结果。

1. 试验装置

进行单桩静载荷试验时，常采用一台水平放置的千斤顶同时对两根桩进行加荷（图4.23）。为了不影响桩顶的转动，在朝向千斤顶的桩侧应对中放置半球形支座，量测桩的位移的大量程百分表应放置在桩的另一侧（外侧），并应成对对称布置。有可能时宜在上方500mm处再对称布置一对百分表，以便从上、下百分表的位移差求出地面以上的桩轴转角。固定百分表的基准桩宜搭设在试验桩的侧面，与试验桩的净距不应少于一倍桩径。

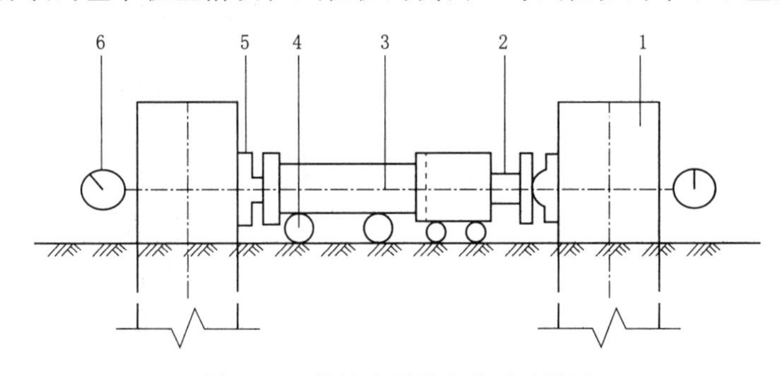

图 4.23 单桩水平静荷载试验装置

1—柱；2—千斤顶隔力计；3—传力杆；4—滚轴；5—球支座；6—量测桩顶水平位移的百分表

2. 加荷方法

对于承受反复作用的水平荷载的桩基础，其单桩试验宜采用多循环加卸载方式。每级荷载的增量为预估水平极限承载力的1/15～1/10，或取2.5～20kN（当桩径为300～1000mm时）。每级各加卸载5次，即每次施加不变的水平荷载4min（用千斤顶加荷时，达到预计的荷载值所需要的时间很短，不另外计算），卸载2min；或者加载、卸载各10min，并按上述时间间隔记录百分表读数，每次卸载都将该级荷载全部卸除。承受长期作用的水平荷载的桩基础，宜采用分级连续的加载方式，各级荷载的增量同上，各级荷载维持10min并记录百分表读数后即进行下一级荷载的试验。如在加载过程中观测到10min时的水平位移还未稳定，则应延长该级荷载的维持时间，直至稳定。其稳定标准可参照竖向静载荷试验。

3. 终止加荷的条件

当出现下列情况之一时，即可终止试验：

(1) 桩身已断裂。

(2) 桩侧地表出现明显裂缝或隆起。

(3) 桩顶水平位移超过30～40mm（软土取40mm）。

(4) 所加的水平荷载已超过所确定的极限荷载。

4. 资料整理

由试验记录可绘制桩顶水平荷载时间桩顶水平位移（H_0-t-u_0）曲线（图 4.24）及水平荷载-位移梯度（$H_0-\Delta x_0/\Delta H_0$）曲线（图 4.25）。当具有桩身应力量测资料时，尚可绘制桩身应力分布图以及水平荷载与最大弯矩截面钢筋应力（$H_0-\sigma_g$）曲线，如图 4.26 所示。

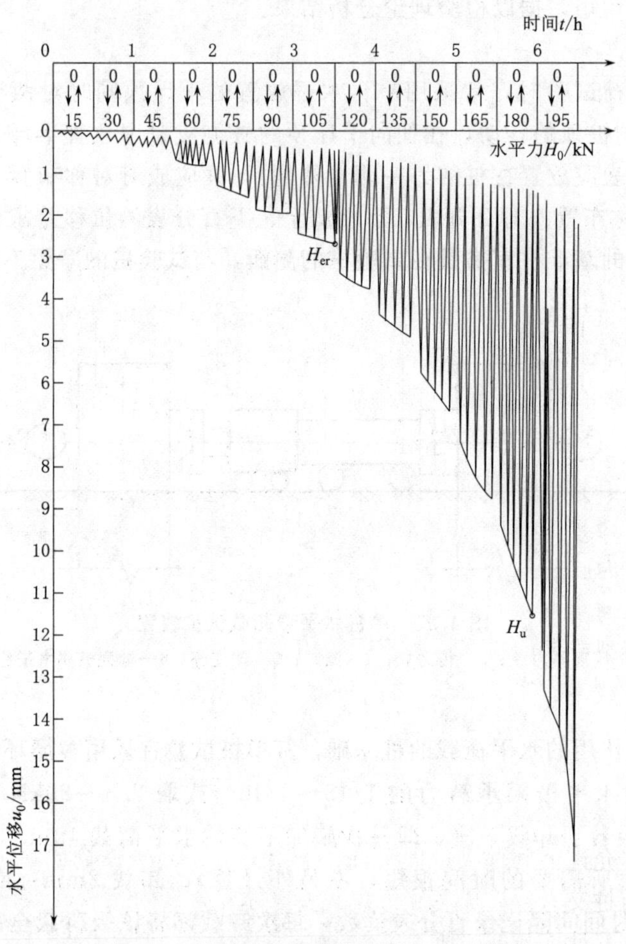

图 4.24　单桩水平静荷载 H_0-t-u_0 曲线

5. 水平临界荷载与极限荷载

根据一些试验成果分析，在上列各种曲线中常发现两个特征点，这两个特征点所对应的桩顶水平荷载，可称为临界荷载和极限荷载。

水平临界荷载（H_{cr}）是相当于桩身开裂、受拉区混凝土不参加工作时的桩顶水平力。其数值可按下列方法综合确定：

(1) 取 H_0-t-u_0 曲线出现突变点（在荷载增量相同的条件下出现比前一级明显增大的位移增量）的前一级荷载。

(2) 取 $H_0-\Delta x_0/\Delta H_0$ 曲线的第一直线段的终点所对应的荷载。

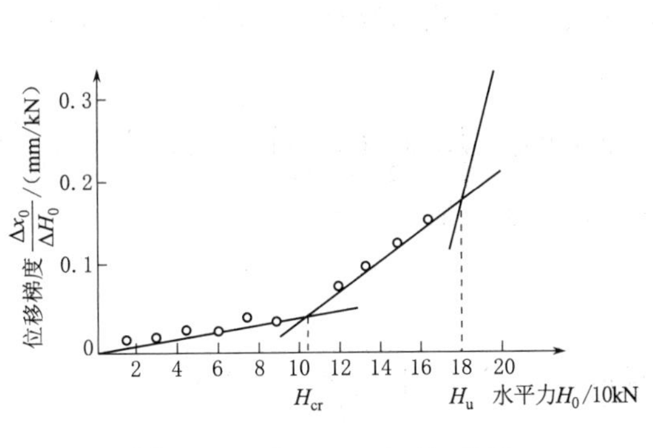

图 4.25　$H_0 - \Delta x_0/\Delta H_0$ 曲线

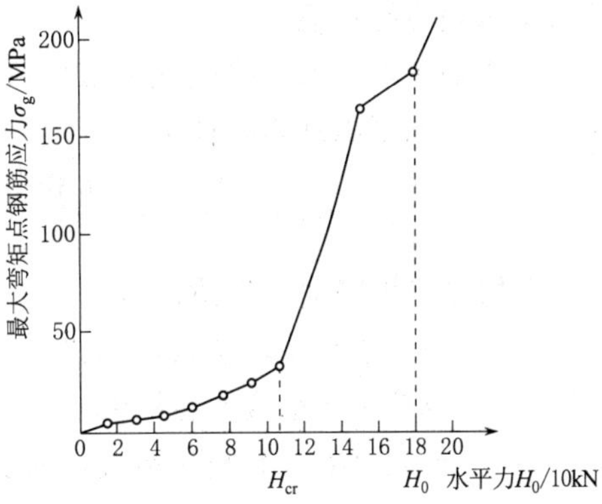

图 4.26　$H_0 - \sigma_g$ 曲线

(3) 取 $H_0 - \sigma_g$ 曲线第一突变点对应的荷载。

水平极限荷载（H_u）是相当于桩身应力达到强度极限时的桩顶水平力，此外，使得桩顶水平位移超过 30～40mm 或者使得桩侧土体破坏的前一级水平荷载，宜作为极限荷载看待。确定 H_u 时，可根据下列方法，并取其中的较小值：

(1) 取 $H_0 - t - u_0$ 曲线明显陡降的第一级荷载，或按该曲线各级荷载下水平位移包络线的凹向确定。若包络线向上方凹曲，则表明在该级荷载下，桩的位移逐渐趋于稳定。如包络线朝下方凹曲（如图 4.24 中当 H_0=195kN 时的水平位移包络线所示），则表明在该级荷载作用下，随着加卸荷循环次数的增加，水平位移仍在增加，且不稳定。因此可认为该级水平力为柱的破坏荷载，而其前一级水平力则为极限荷载。

(2) 取 $H_0 - \Delta x_0/\Delta H_0$ 曲线第二直线段终点所对应的荷载。

(3) 取桩身断裂或钢筋应力达到流限的前一级荷载。

由水平极限荷载 H_u 确定允许承载力时应除以安全系数 2.0。

4.5.4　单桩水平承载力特征值

影响桩的水平承载力的因素较多，如桩的材料强度、截面刚度、入土深度、土质条件、桩顶水平位移允许值和桩顶嵌固情况等。显然，材料强度高和截面抗弯刚度大的桩，当桩侧土质良好而桩又有一定的入土深度时，其水平承载力也较高。桩顶嵌固（刚接）于承台中的桩，其抗弯性能好，因而其水平承载力大于桩顶自由的桩。

确定单桩水平承载力的方法，以水平静载荷试验最能反映实际情况。此外，也可根据理论计算，从桩顶水平位移限值、材料强度或抗裂验算出发加以确定，有可能时还应参考当地经验。

(1) 单桩的水平承载力特征值应通过现场单桩水平载荷试验确定，必要时可进行带承台桩的载荷试验，试验宜采用慢速维持荷载法。

(2) 对于混凝土预制桩、钢桩、桩身全截面配筋率不小于 0.65%的灌注桩，根据静载试验结果取地面处水平位移为 10mm（对于水平位移敏感的建筑物取水平位移 6mm）所对应荷载的 75%为单桩水平承载力特征值。

(3) 对于桩身配筋率小于 0.65%的灌注桩，取单桩水平静载试验临界荷载的 75%为单柱水平承载力特征值。

（4）当缺少单桩水平静载试验资料时，可按下列公式估算桩身配筋率小于0.65%的灌注桩的单柱水平承载力特征值

$$R_{\mathrm{Ha}}=\frac{0.75\alpha\gamma_{\mathrm{m}}f_{\mathrm{t}}W_{0}}{v_{\mathrm{m}}}(1.25+22\rho_{\mathrm{g}})\left(1\pm\frac{\zeta_{\mathrm{N}}N}{\gamma_{\mathrm{m}}f_{\mathrm{t}}A_{\mathrm{n}}}\right) \tag{4.59}$$

其中±号根据桩顶竖向力性质确定，压力取“+”，拉力取“−”。

式中　α——桩的水平变形系数，见式（4.54）；

R_{Ha}——单桩水平承载力特征值；

γ_{m}——桩截面抵抗矩塑性系数，圆形截面$\gamma_{\mathrm{m}}=2$，矩形截面$\gamma_{\mathrm{m}}=1.75$；

f_{t}——桩身混凝土抗拉强度设计值；

W_0——桩身换算截面受拉边缘的弹性抵抗矩，圆形截面为$W_0=\frac{\pi d}{32}[d^2+2(\alpha_{\mathrm{E}}-1)\rho_{\mathrm{g}}d_0^2]$；

d_0——扣除保护层的桩直径；

α_{E}——钢筋弹性模量与混凝土弹性模量的比值；

v_{m}——桩身最大弯矩系数，按表4.12取值，单桩基础和单排桩基础纵向轴线与水平力方向相垂直的情况，按桩顶铰接考虑；

A_{n}——桩身换算截面面积；

ζ_{N}——桩顶竖向力影响系数，竖向压力取$\zeta_{\mathrm{N}}=0.5$，竖向拉力取$\zeta_{\mathrm{N}}=1.0$。

（5）当缺少单桩水平静载试验资料时，可按下式估算预制桩、钢桩、桩身配筋率不小于0.65%的灌注桩等的单桩水平承载力特征值，即

$$R_{\mathrm{Ha}}=0.75\frac{\alpha^3EI}{v_x}\chi_{0\mathrm{a}} \tag{4.60}$$

式中　EI——桩身抗弯刚度，对于混凝土桩，$EI=0.85E_{\mathrm{c}}I_0$；其中，I_0为桩身换算截面惯性矩，对圆形截面，$I_0=W_0d_0/2$；

$\chi_{0\mathrm{a}}$——桩顶允许水平位移；

v_x——桩顶水平位移系数，按表4.12取值，取值方法同v_{m}。

表4.12　桩顶（身）最大弯矩系数v_{m}和桩顶水平位移系数v_x

桩顶约束情况	桩的换算埋深 αh	v_{m}	v_x	桩顶约束情况	桩的换算埋深 αh	v_{m}	v_x
铰接、自由	4.0	0.768	2.441	固接	4.0	0.926	0.940
	3.5	0.750	2.502		3.5	0.934	0.970
	3.0	0.703	2.727		3.0	0.967	1.028
	2.8	0.675	2.905		2.8	0.990	1.055
	2.6	0.639	3.163		2.6	1.018	1.079
	2.4	0.601	3.526		2.4	1.045	1.095

注　1. 铰接（自由）的v_{m}系桩身的最大弯矩系数，固接的v_{m}系柱顶的最大弯矩系数。

2. 当$\alpha h>4$时取$\alpha h=4.0$，h为桩的入土深度。

当作用于桩基础上的外力主要为水平力时，应根据使用要求对桩顶变位的限制，对桩基础的水平承载力进行验算。当外力作用面的桩距较大时，桩基础的水平承载力可视为各单桩的水平承载力的总和。当承台侧面的土未经扰动或回填密实时，应计算土抗力的作用。

水平荷载作用下桩的水平位移和水平极限承载力主要受地面以下深度为3～4倍桩径范围内的土性决定。因而设柱方法和加载方式（静力的、动力的或循环的等）都是有关的因素，水平位移受到这些因素的影响比桩中弯矩或极限承载力所受到的影响更大。设计时要特别注意这一深度范围内的土性调查、评定沉桩以及加载方式等的影响。

4.6 桩的平面布置原则

4.6.1 一般原则

桩的平面布置可采用对称式、梅花式、行列式和环状排列。为使桩基在其承受较大弯矩的方向上有较大的抵抗矩，也可采用不等距排列，此时，对柱下单独桩基础和整片式的桩基础，宜采用外密内疏的布置方式。

为了使桩基础中各桩受力比较均匀，群桩横截面的重心应与竖向永久荷载合力的作用点重合或接近。布置柱位时，桩的间距（中心距）一般采用3～4倍桩径。间距太大会增加承台的体积和用料，太小则将使桩基础（摩擦桩）的沉降量增加，且给施工造成困难。桩的最小中心距应符合表4.13的规定。在确定桩的间距时尚应考虑施工工艺中挤土等效应对邻近桩的影响，因此，对于大面积桩群，尤其是挤土桩，桩的最小中心距宜按表列值适当加大。

表4.13　桩的最小中心距

<table>
<tr><th colspan="2">土类与成桩工艺</th><th>排数不少于3排且桩数不少于9根的摩擦桩桩基</th><th>其他情况</th></tr>
<tr><td colspan="2">非挤土灌注桩</td><td>$3.0d$</td><td>$3.0d$</td></tr>
<tr><td rowspan="2">部分挤土桩</td><td>非饱和土、饱和非黏性土</td><td>$3.5d$</td><td>$3.0d$</td></tr>
<tr><td>饱和黏性土</td><td>$4.0d$</td><td>$3.5d$</td></tr>
<tr><td rowspan="2">挤土桩</td><td>非饱和土、饱和非黏性土</td><td>$4.0d$</td><td>$3.5d$</td></tr>
<tr><td>饱和黏性土</td><td>$4.5d$</td><td>$4.0d$</td></tr>
<tr><td colspan="2">钻、挖孔扩底桩</td><td>$2D$ 或 $D+2.0$m（$D>2$m）</td><td>$1.5D$ 或 $D+1.5$m（$D>2$m）</td></tr>
<tr><td rowspan="2">沉管夯扩、钻孔挤扩桩</td><td>非饱和土、饱和非黏性土</td><td>$2.2D$ 且 $4.0d$</td><td>$2.0D$ 且 $3.5d$</td></tr>
<tr><td>饱和黏性土</td><td>$2.5D$ 且 $4.5d$</td><td>$2.2D$ 且 $4.0d$</td></tr>
</table>

注　1. d—圆桩设计直径或方桩设计边长；D—扩大端设计直径。

2. 当纵横向桩距不相等时，其最小中心距应满足“其他情况”一栏的规定。

3. 当为端承桩时，非挤土灌注桩的“其他情况”一栏可减小至$2.5d$。

4.6.2　布桩方法举例

工程实践中，桩群的常用平面布置形式为：柱下桩基础多采用对称多边形，墙下桩基础采用梅花式或行列式，筏形或箱形基础下宜尽量沿柱网、肋梁或隔墙的轴线设置，如图 4.27 所示。

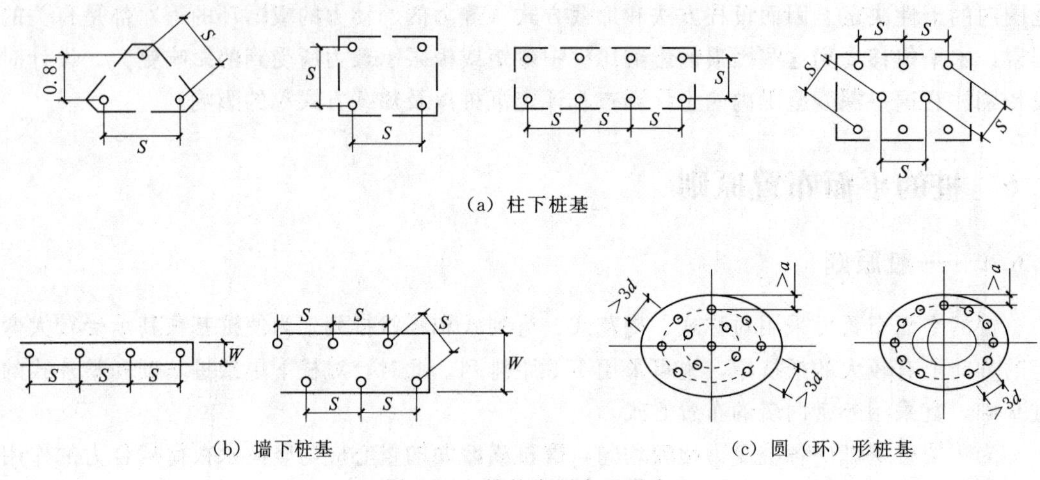

(a) 柱下桩基

(b) 墙下桩基

(c) 圆（环）形桩基

图 4.27　桩的常用布置形式

4.6.3　桩基础的设计原则

桩基础是由桩、土和承台共同组成的基础，设计时应结合地区经验考虑桩土、承台的共同作用。由于相应于地基破坏时的桩基础极限承载力甚高，同时桩基础承载力的取值在一定范围内取决于桩基础变形量控制值的大小，也就是说，大多数桩基础的首要问题在于控制其沉降量，因此，桩基础设计应按变形控制设计。

桩基础设计时，上部结构传至承台上的荷载效应组合与浅基础相同，详见第 3 章。

桩基础设计应满足下列基本条件：

(1) 单桩承受的竖向荷载不应超过单桩竖向承载力特征值。

(2) 桩基础的沉降不得超过建筑物的沉降允许值。

(3) 对位于坡地岸边的桩基础应进行稳定性验算。

此外，对于软土、湿陷性黄土、膨胀土、季节性冻土和岩溶等地区的桩基础，应按有关规范的规定考虑特殊性土对桩基础的影响，并在桩基础设计中采取有效措施。

对于软土地基上的多层建筑，如果邻近地表的土层是具有一定厚度的所谓“硬壳层”，那么，有时决定采用桩基础方案的出发点主要并不是因为地基的承载力不够，而是由于采用浅基础时的地基变形过大，因而需采用桩基础来限制沉降量。在这种情况下，桩是作为减少沉降的措施而设置的，一般所需的桩数较少、桩距较大，以使桩的承载力得以充分的发挥。这种当天然地基承载力基本满足建筑物荷载要求、而以减少沉降为目的设置的桩，特称为“减沉桩”。减沉桩的用桩数量是根据沉降控制条件（即允许沉降量）计算确定的。

4.6.4 桩基础的设计内容

桩基础设计包括下列基本内容：

（1）桩的类型和几何尺寸选择。

（2）单桩竖向（和水平向）承载力的确定。

（3）确定桩的数量、间距和平面布置。

（4）桩基础承载力和沉降验算。

（5）桩身结构设计。

（6）承台设计。

（7）绘制桩基础施工图。

当河床岩层有冲刷时，桩基嵌入基岩（不计强风化层和全风化层），其应嵌入基岩的有效深度 h，可按下式计算，且计算结果不应小于 0.5m。

圆形桩

$$h=\sqrt{\frac{M_{\mathrm{H}}}{0.0655\beta f_{\mathrm{rk}}d}} \tag{4.61}$$

矩形桩

$$h=\sqrt{\frac{M_{\mathrm{H}}}{0.0833\beta f_{\mathrm{rk}}b}} \tag{4.62}$$

式中 M_{H}——在基岩顶面处的弯矩，kN·m；

f_{rk}——岩石饱和单轴抗压强度标准值，kPa，黏土质岩取天然湿度单轴抗压强度标准值；

β——系数，$\beta=0.5\sim1.0$，根据岩层侧面构造而定，节理发育的取小值；节理不发育的取大值；

d——桩身直径，m；

b——垂直于弯矩作用平面桩的边长，m。

课 后 习 题

1. 桩的分类有哪些？
2. 影响桩荷载传递的因素有哪些？
3. 竖向荷载作用下的单桩沉降由什么组成？
4. 减小桩的负摩阻力的工程措施有哪些？
5. 单桩水平静载荷试验加荷方法是什么？
6. 桩基础的设计内容有哪些？

第5章 沉井基础

5.1 沉井基础的概念和构造

5.1.1 沉井基础的概念及特点

沉井基础是一种历史悠久的基础形式之一，适用于地基浅层较差而深部较好的地层，既可以用作陆地基础，也可用作较深的水中基础。所谓沉井基础，就是用一个事先筑好的以后能充当桥梁墩台或结构物基础的井筒状结构物，一边井内挖土，一边靠它的自重克服井壁摩阻力后不断下沉到设计标高，经过混凝土封底并填塞井孔，浇筑沉井顶盖，沉井基础便宣告完成。然后即可在其上修建墩身，沉井基础的施工步骤如图5.1所示。

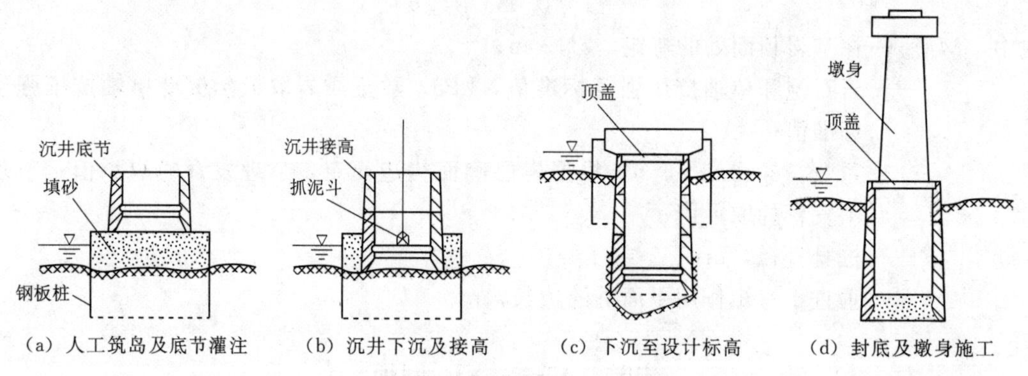

图5.1 沉井基础施工步骤

沉井基础是桥梁工程中较常采用的一种基础形式。南京长江大桥正桥1号墩基础就是钢筋混凝土沉井基础，同时它也是从长江北岸算起的第一个桥墩。该墩位处水浅，但地质钻探结果表明在地面以下100m以内尚未发现岩面，地面以下50m处有较厚的砾石层，因而采用了尺寸为20.2m×24.9m的长方形多井式沉井，沉井在土层中下沉了53.5m，就当时来说，是一项非常艰巨的工程。1999年建成通车的江阴长江大桥的北桥塔侧的锚锭，平面尺寸为69m×51m，是当时世界上平面尺寸最大的沉井基础。沪通铁路长江大桥（2014年）第28号墩钢沉井顶面平面尺寸为86.9m×58.7m，相当于12个篮球场大小，高度达115m，自重近15000t，是世界上规模最大的深水沉井基础，图5.2所示为第28号墩混凝土沉井正被拖带至桥址附近。

沉井基础的特点是其入土深度可以很大，且刚度大、整体性强、稳定性好，有较大的承载面积，能承受较大的垂直力、水平力及挠曲力矩，施工工艺也不复杂。缺点是施工周期较长；如遇到饱和粉细砂层时，排水开挖会出现翻砂现象，往往会造成沉井歪斜；下沉过程中，如遇到孤石、树干、溶洞及坚硬的障碍物及井底岩层表面倾斜过大时，施工有一定的困难，需做特殊处理。

图5.2 南京长江大桥的混凝土沉井基础

遵循经济上合理、施工上可能的原则，通常在下列情况下，可优先考虑采用沉井基础：

(1) 在修建负荷较大的建筑物时，其基础要坐落在坚固、有足够承载能力的土层上；当这类土层距地表面较深（8～30m），天然基础和桩基础都受水文地质条件限制时。

(2) 山区河流中浅层地基土虽然较好，但冲刷大，或河中有较大卵石不便桩基施工时。

(3) 倾斜不大的岩面，在掌握岩面高差变化的情况下，可通过高低刃脚与岩面倾斜相适应或岩面平坦且覆盖薄，但河水较深采用扩大基础施工围堰有困难时。

沉井有着广泛的工程应用范围，不仅大量用于铁路及公路桥梁中的基础工程；市政工程中给、排水泵房，地下电厂，矿用竖井，地下储水、储油设施；而且建筑工程中也用于基础或开挖防护工程，尤其适用于软土中地下建筑物的基础。

5.1.2 沉井的类型及一般构造

1. 沉井的分类

(1) 按沉井施工方法分。

1) 就地制作下沉沉井。即底节沉井一般是在河床或滩地筑岛在墩（台）位置上直接建造的，在其强度达到设计要求后，抽除刃脚垫木，对称、均匀地挖去井内土下沉。

2) 浮运沉井。多为钢壳井壁，亦有空腔钢丝网水泥薄壁沉井。在深水条件下修建沉井基础时，筑岛有困难或不经济，或有碍通航，可以采用浮运沉井下沉就位的方法施工。即在岸边先用钢料做成可以漂浮在水上的底节，拖运到桥位后在它的上面逐节接高钢壁，并灌水下沉，直至沉井稳定地落在河床上。然后在井内一面用各种机械的方法排除底部的土壤，一面在钢壁的隔舱中填充混凝土，使沉井刃脚沉至设计标高。最后灌筑水下封底混凝土，抽水，用混凝土填充井腔，在沉井顶面灌筑承台及将墩身筑出水面。

3) 气压沉箱。气压沉箱是将沉井的底节做成有顶板的工作室。工作室犹如一个倒扣的杯子，在其顶板上装有气筒及气闸。先将气压沉箱的气闸打开，在气压沉箱沉入水中达到覆盖层后，再将闸门关闭，并将压缩空气输送到工作室中，将工作室中的水排出。施工人员就可以通过换压用的气闸及气筒到达工作室内进行挖土工作。挖出的土向上通过气筒及气闸运出沉箱，这样，沉箱就可以利用其自重下沉到设计标高。然后用混凝土填实工作室做成基础的底节。

(2) 按沉井的外观形状分。按沉井的横截面形状可分为圆形、矩形和圆端形等。根据井孔的布置方式，又有单孔、双孔及多孔之分，如图5.3所示。

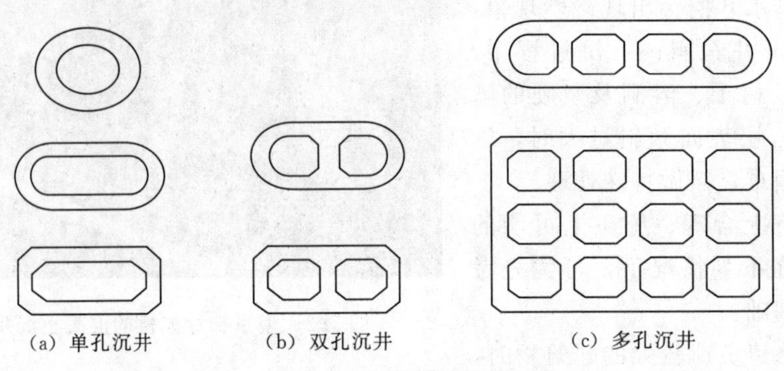

图5.3　沉井平面形式

1) 圆形沉井。在下沉过程中垂直度和中线较易控制，较其他形状沉井更能保证刃脚均匀作用在支承的土层上。在土压力作用下，井壁只受轴向压力，便于机械取土作业，但它只适用于圆形或接近正方形截面的墩（台）。

2) 矩形沉井。具有制造简单、基础受力有利、较能节省圬工数量的优点，并符合大多数墩（台）的平面形状，能更好地利用地基承载力，但四角处有较集中的应力存在，且四角处土不易被挖除，井角不能均匀地接触承载土层，因此四角一般应做成圆角或钝角。矩形沉井在侧压力作用下，井壁受较大的挠曲力矩，长宽比越大其挠曲应力亦越大，通常要在沉井内设隔墙支撑以增加刚度，改善受力条件；另在流水中阻水系数较大，导致过大的冲刷。

3) 圆端形沉井。控制下沉、受力条件、阻水冲刷均较矩形者有利，但沉井制造较复杂。对平面尺寸较大的沉井，可在沉井中设隔墙，使沉井由单孔变成双孔。双孔或多孔沉井受力有利，亦便于在井孔内均衡挖土使沉井均匀下沉以及下沉过程中纠偏。

其他异型沉井，如椭圆形、菱形等，应根据生产工艺和施工条件而定。

(3) 按沉井的竖向剖面形状，可分为柱形、锥形、阶梯形，如图5.4所示。柱形的沉井在下沉过程中不易倾斜，井壁接长较简单，模板可重复使用。因此当土质较松软，沉井下沉深度不大时，可以采用这种形式。而锥形及阶梯形井壁可以减小土与井壁的摩阻力，其缺点是施工及模板制造较复杂，耗材多，同时沉井在下沉过程中容易发生倾斜。因此，在土质较密实，沉井下沉深度大，要求在不太增加沉井本身重量的情况下下沉至设计标高，可采用此类沉井。锥形的沉井井壁坡度一般为1/20～1/50，阶梯形井壁的台阶宽度为100～200cm。

(4) 按沉井的建筑材料分。

1) 混凝土沉井。这种沉井多做成圆形，当井壁足够厚时，也可做成圆端形和矩形，适用于下沉深度不大（4～7m）的松软土层中。

2) 钢筋混凝土沉井。这种沉井不仅抗压强度高，抗拉能力也较强，下沉深度可以很大（达数十米以上）。当下沉深度不是很大时，井壁上部可用混凝土、下部（刃脚）用钢筋混凝土制造的沉井，在桥梁工程中得到较广泛的应用。当沉井平面尺寸较大时，可做成薄壁结构，沉井外壁可采用泥浆润滑套、壁后压气等施工辅助措施就地下沉或浮运下沉。此外，这种沉井井壁、隔墙可分段预制，工地拼接，做成装配式。

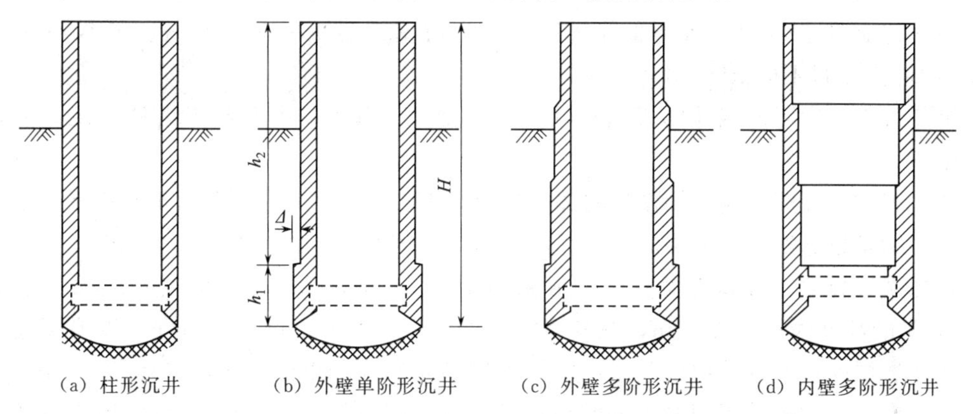

(a) 柱形沉井　(b) 外壁单阶形沉井　(c) 外壁多阶形沉井　(d) 内壁多阶形沉井

图 5.4　沉井竖直剖面形式

3）竹筋混凝土沉井。竹筋在下沉过程中受力较大因而需配置钢筋，一旦完工后，它就不再承受多大的拉力，因此，在南方产竹地区，可以采用耐久性差但抗拉力好的竹筋代替部分钢筋，我国南昌赣江大桥曾用这种沉井。但在沉井分节接头处及刃脚内仍用钢筋。

4）钢沉井。用钢材制造沉井井壁外壳，井壁内挖土，填充混凝土。此种沉井强度高，刚度大，重量较轻，易于拼装，常用于做浮运沉井，修建深水基础，但用钢量较大，成本较高。

2. 沉井基础的一般构造

沉井基础的形式虽有所不同，但在构造上主要由外井壁、刃脚、隔墙、井孔、凹槽、射水管、封底及盖板等组成，一般构造如图 5.5 所示，至于沉井基础的特殊构造，可参考有关资料。

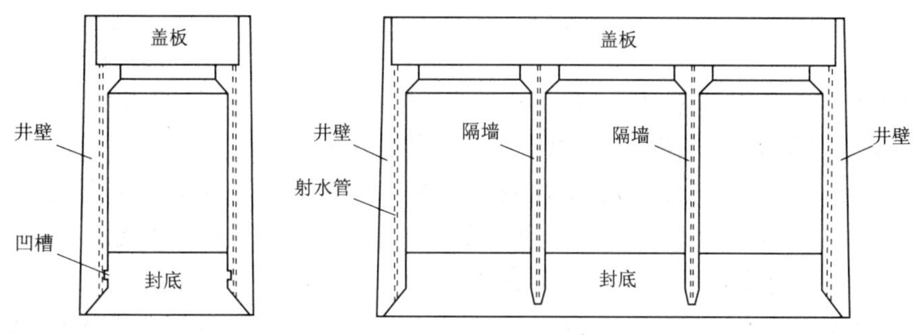

图 5.5　沉井构造示意

（1）外井壁。井壁是沉井的主体部分，在沉井下沉过程中起挡土、挡水及利用本身重量克服土与井壁之间的摩阻力的作用。当沉井施工完毕后，它就成为基础或基础的一部分而将上部荷载传到地基。因此，井壁必须具有足够的强度和一定的厚度。根据井壁在施工中的受力情况，可以在井壁内配置竖向及水平向钢筋，以增加井壁强度。井壁厚度按下沉需要的自重、本身强度以及便于取土和清基等因素而定，一般为 0.8～1.5m。钢筋混凝土薄壁沉井可不受此限制；另外，为减少沉井下井时的摩阻力，沉井壁外侧也可做成1%～2%向内斜坡。为了方便沉井接高，多数沉井都做成阶梯形，台阶设在每节沉井的接缝处，错台的宽度为5～20cm，井壁厚度多为0.7～1.5m。

井壁的混凝土强度等级不低于C20，当为薄壁浮运沉井时，井壁和隔板不应低于C25，腹腔内填料不应低于C15。

沉井每节高度可视沉井的平面尺寸、总高度、地基土情况和施工条件而定，不宜高于5m。

(2) 刃脚。井壁下端形如楔状的部分称为刃脚。其作用是在沉井自重作用下易于切土下沉。刃脚是根据所穿过土层的密实程度和单位长度上土作用反力的大小，以切入土中而不受损坏来选择的。刃脚踏面宽度一般采用10～20cm，刃脚的斜坡度 α 应大于或等于45°；刃脚的高度为0.7～2.0m，视其井壁厚度而定。沉井下沉深度较深，需要穿过坚硬土层或到岩层时，不宜采用混凝土结构，可用型钢制成的钢刃尖刃脚［图5.6 (b)］；沉井通过紧密土层时可采用钢筋加固并包以角钢的刃脚［图5.6 (c)］；地质构造清楚，下沉过程中不会遇到障碍时可采用普通刃脚［图5.6 (a)］。

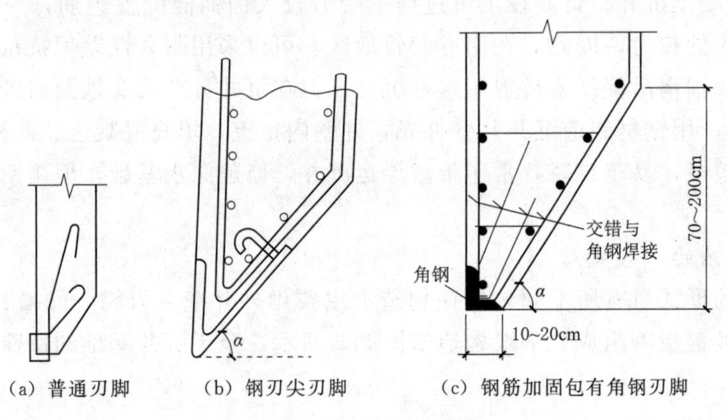

图5.6 刃脚构造图

(3) 隔墙。沉井隔墙系大尺寸沉井的分隔墙，是沉井外壁的支撑。其厚度多为0.8～1.2m，底面要高出刃脚50cm以上，避免妨碍沉井下沉。

(4) 井孔。井孔是挖土排土的工作场所和通道。其大小视取土方法而定，宽度（直径）最小不小于2.5m。平面布局是以中心线为对称轴，便于对称挖土使沉井均匀下沉。

(5) 射水管。射水管同空气幕一样是用来助沉的，多设在井壁内或外侧处，并应均匀布置。在下沉深度较大、沉井自重力小于土的摩阻力时，或所穿过的土层较坚硬时采用。射水压力视土质而定，一般水压不小于600kPa。射水管口径为10～12mm，每管的排水量不小于0.2m^3/min。

(6) 顶盖板。顶盖板是传递沉井襟边以上荷载的构件，不填芯沉井的沉井盖厚度为1.5～2.0m。其钢筋布设应按力学计算要求的条件进行。

(7) 凹槽。凹槽是为封底混凝土和沉井壁更好地联结而设立的。如井孔为全部填实的实心沉井也可不设凹槽。凹槽深度为0.15～0.25m，高约1.0m。

(8) 封底混凝土。封底混凝土是传递墩（台）全部荷载于地基的承重结构，其厚度依据承受压力的设计要求而定，根据经验也可取不小于井孔最小边长的1.5倍。封底混凝土顶面应高出刃脚根部不小于0.5m，并浇灌到凹槽上端。封底混凝土必须与基底及井壁都紧密结合。封底混凝土对岩石地基用C20，一般地基用C25。

5.2 沉井的施工

5.2.1 沉井施工的准备工作

沉井的方案及施工应做好以下准备工作：

(1) 掌握地质及水文资料。沉井施工前，应详细了解场地的地质和水文等条件，并据以进行分析研究，确定切实可行的下沉方案。

(2) 注意附近地区构、建造物影响。沉井下沉前，须对附近地区构、建筑物和施工设备采取有效的防护措施，并在下沉过程中，经常进行沉降观测。出现不正常变化或危险情况，应立即进行加固支撑等，确保安全，避免事故。

(3) 针对施工季节、航行等制定措施。沉井施工前，应对洪汛、凌汛、河床冲刷、通航及漂流物等做好调查研究，需要在施工中度汛、度凌的沉井，应制定必要的措施，确保安全。

(4) 沉井制作场地与方法的抉择。沉井位于浅水或可能被水淹没的岸滩上时，宜就地筑岛制作沉井；在制作及下沉过程中无被水淹没可能的岸滩上时，可就地整平夯实制作沉井；在地下水位较低的岸滩，若土质较好时，可开挖基坑制作沉井。

位于深水中的沉井，可采用浮运沉井。根据河岸地形、设备条件，进行技术经济比较，确保沉井结构、制作场地及下水方案。

5.2.2 沉井施工

沉井施工前，应该详细了解场地的地质和水文等条件，以便选择合适的施工方法。现以就地灌注式钢筋混凝土沉井和预制结构件浮运安装沉井的施工为例，介绍沉井的施工工艺以及下沉过程中常遇到的问题和处理措施。

5.2.2.1 就地灌注式钢筋混凝土沉井的施工

沉井可就地制造、挖土下沉、接高、封底、充填井孔以及浇筑盖板。

1. 准备场地

若旱地上天然地面土质较好，只需清除杂物并平整，再铺上0.3～0.5m厚的砂垫层即可；若旱地上天然地面土质松软，则应平整夯实或换土夯实，然后再铺0.3～0.5m的砂垫层。

若场地位于中等水深或浅水区，常需修筑人工岛。在筑岛之前，应挖除表层松土，以免在施工中产生较大的下沉或地基失稳，然后根据水深和流速的大小来选择采用土岛或围堰筑岛。

当水深在2m以内且流速不大于0.5m/s时，可用不设防护的砂岛，如图5.7 (a)所示。

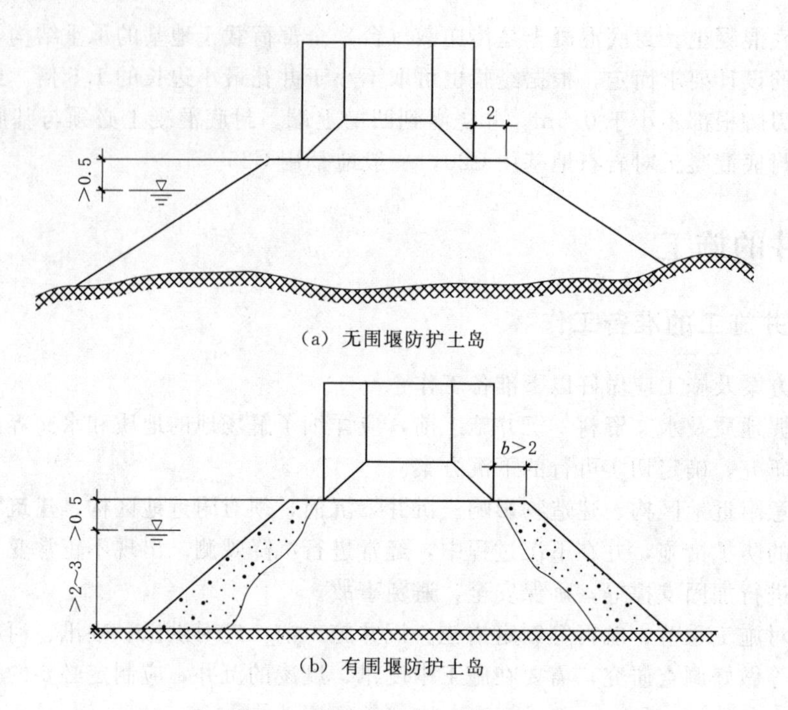

(a) 无围堰防护土岛

(b) 有围堰防护土岛

图5.7　筑土岛沉井（单位：m）

当水深超过2～3m且流速大于0.5m/s但小于1m/s时，可用柴排或砂袋等将坡面加以围护，如图5.7（b）所示。筑岛用土应是易于压实且透水性强的土料，如砂土或砾石等，不得用黏土、淤泥、泥炭或黄土类。土岛的承载力一般不得小于10kPa，或按设计要求确定。岛顶一般应高出施工最高水位（加浪高）0.5m以上，有流水时还应适当加高；岛面护道宽度应大于2.0m；临水面坡度一般可采用1∶1.75～1∶3。

当水深大于2m但不大于5m时，可用围堰筑岛制造沉井下沉（图5.8），以减少挡水面积和水流对坡面的冲刷。围堰筑岛所用材料与土岛一样，应用透水性好且易于压实的砂土或粒径较小的卵石等。用砂筑岛时，要设反滤层，围堰四周应留护道，承载力应符合设计要求，宽度可按下式计算

$$b \geqslant H\tan\left(45° - \frac{\varphi}{2}\right) \tag{5.1}$$

式中　H——筑岛高度；

φ——筑岛土在饱水时的内摩擦角。

护道宽度在任何情况下不应小于1.5m，如实际采用护道宽度小于计算值，则应考虑沉井重力对围堰所产生的侧压力影响。筑岛围堰与隔水围堰不同，前者是外胀型，墙身受拉；而后者是内挤型，墙身受压，应当根据受拉或受压合理选择墙身材料，一般在筑岛围堰外侧另加设外箍或外围图。若围堰为圆形，外箍可用钢丝绳或圆钢加护；若用型钢或钢轨弯制，可兼作打桩时的导框。

2. 制造第一节沉井

由于沉井自重较大，刃脚踏面尺寸较小，应力集中，场地上往往承受不了这样大的压

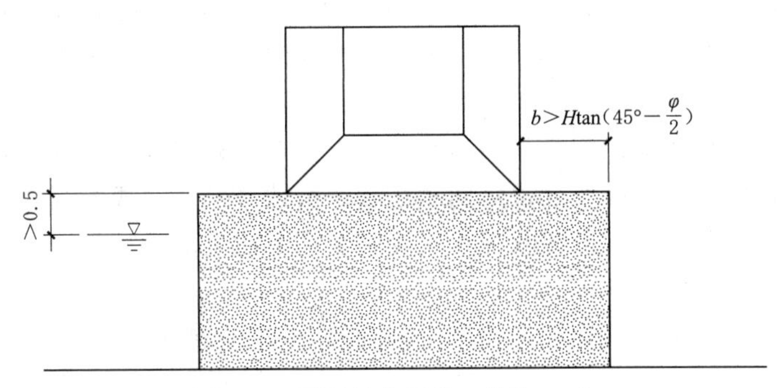

图 5.8 围堰筑岛沉井（单位：m）

力，所以在已整平且铺砂垫层的场地上应在刃脚踏面位置处对称地铺设一层垫木（可用200mm×200mm的方木）以加大支承面积，使沉井重量在垫木下产生的压应力不大于100kPa，垫木之间的空隙也应以砂填满捣实。然后在刃脚位置处放上刃脚角钢，竖立内模，绑扎钢筋，立外模，最后浇灌第一节沉井混凝土，如图5.9所示。模板和支撑应有较大的刚度，以免发生挠曲变形。外模板应平滑以利下沉。钢模较木模刚度大，周转次数多，也易于安装。

3. 拆模、抽垫

不承受重量的侧模拆除工作，可与一般混凝土结构一样，但刃脚斜面和隔墙的底模则至少要等强度达到70%时才可拆除。

抽垫是一项非常重要的工作，事先必须制定出详细的操作工艺流程和严密的组织措施。因为伴随垫木的不断拆除，沉井由自重产生的弯矩也将逐渐加大，如最后撤除的几个垫木位置定的不好或操作不当，则有可能引起沉井开裂、移动或倾斜。垫木应分区、依次、对称、同步地向沉井外抽出，抽垫的顺序是：拆内模→拆外模→拆隔墙下支撑和底模→拆隔墙下的垫木→拆井壁下的垫木，最后拆除定位垫木。在抽垫木时，应边抽边在刃脚和隔墙下回填砂并捣实，使沉井压力从支承垫木上逐步转移到砂土上，这样既可使下一步抽垫容易，还可以减少沉井的挠曲应力。

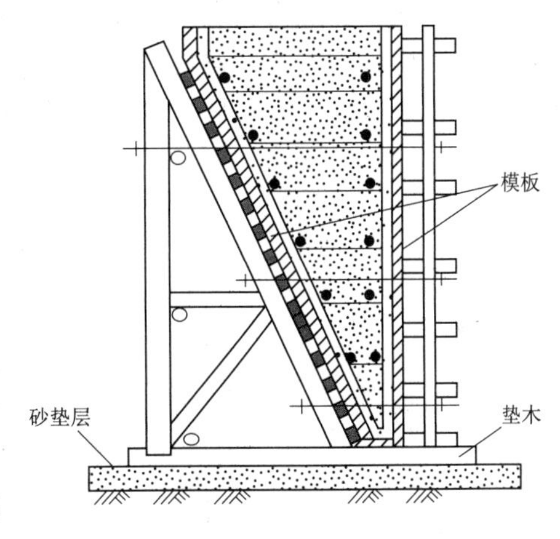

图 5.9 沉井刃脚立模

4. 挖土下沉第一节沉井

沉井下沉施工可分为排水下沉和不排水下沉。当沉井穿过的土层较稳定，不会因排水而产生大量流砂时，可采用排水下沉。土的挖除可采用人工挖土或机械除土，排水下沉常用人工挖土，它适用于土层渗水量不大且排水时不会产生涌土或流砂的情况。人工挖土可使沉井均匀下沉和清除井下障碍物，但应采取措施，确保施工安全。排水下沉时，有时也用机械除土。不排水下沉一般都采用机械除土，挖土工具可以是抓土斗或水力吸泥机，如土质较硬，水力吸泥机需配以水枪射水将土冲松。由于吸泥机是将水和土一起吸出井外，因此需经常向井内加水维持井内水位高出外水位 1～2m，以免发生涌土或流砂现象。抓斗抓泥可以避免吸泥机吸砂时的翻砂现象，但抓斗无法达到刃脚下和隔墙下的死角，其施工效率也会随深度的增加而降低。

正常下沉时，应从中间向刃脚处均匀对称除土。对于排水除土下沉的底节沉井，设计支承位置处的土，应在分层除土后最后同时挖除。由数个井室组成的沉井，应控制各井室之间除土面的高差，并避免内隔墙底部在下沉时受到下面土层的顶托，以减少倾斜。

5. 接高第二节沉井

第一节沉井下沉至顶面距地面还剩 1～2m 时，应停止挖土，保持第一节沉井位置竖直。第二节沉井的竖向中轴线应与第一节的重合，凿毛顶面，然后立模均匀对称地浇筑混凝土。接高沉井的模板，不得直接支承在地面上，而应固定在已浇筑好的前一节沉井上，并应预防沉井接高后使模板及支撑与地面接触，以免沉井因自重增加而下沉，造成新浇筑的混凝土产生拉力而出现裂缝。待混凝土强度达到设计要求后拆模。

6. 逐节下沉及接高

第二节沉井拆模后，即可按前述方法继续挖土下沉，接高沉井。随着多次挖土下沉与接高，沉井入土深度越来越大。

7. 加设井顶围堰

当沉井顶需要下沉至水面或岛面下一定深度时，需在井顶加筑围堰挡水挡土。井顶围堰是临时性的，可用各种材料建成，与沉井的连接应采用合理的结构型式，如图 5.10 所示，以避免围堰因变形不易协调或突变而造成严重漏水现象。

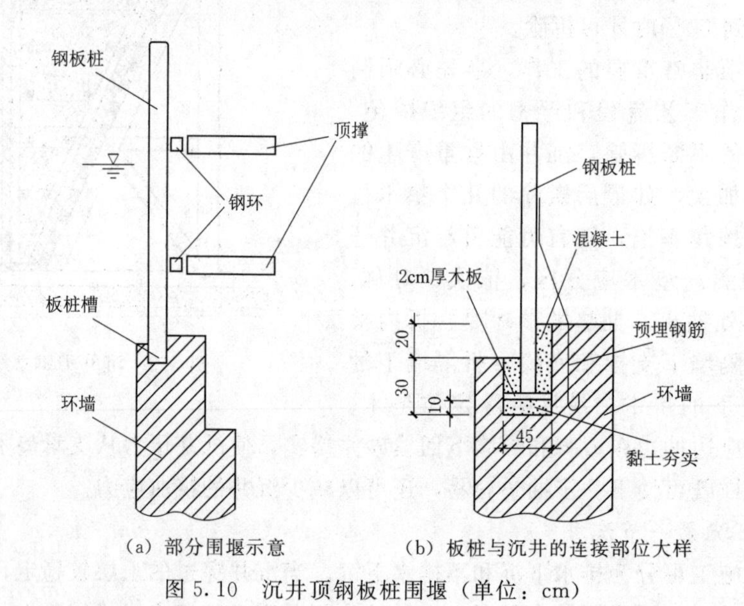

图 5.10 沉井顶钢板桩围堰（单位：cm）

8. 地基检验和处理

当沉井沉至离规定标高尚差 2m 左右时，须用调平与下沉同时进行的方法使沉井下沉到位，然后进行基底检验。检验内容是地基土质是否和设计相符，是否平整，并对地基进行必要的处理。如果是排水下沉的沉井，可以直接进行检查，不排水下沉的沉井由潜水工进行检查或钻取土样鉴定。地基若为砂土或黏性土，可在其上铺一层砾石或碎石至刃脚底面以上 200mm。地基若为风化岩石，应将风化岩层凿掉，岩层倾斜时，应凿成阶梯形。若岩层与刃脚间局部有不大的孔洞，应由潜水工清除软层并用水泥砂浆封堵，待砂浆有一定强度后再抽水清基。不排水情况下，可由潜水工清基或用水枪及吸泥机清基。总之，要保证井底地基尽量平整，浮土及软土清除干净，以保证封底混凝土、沉井及地基底紧密连接。

9. 封底

地基经检验及处理符合要求后，应立即进行封底。对于排水下沉的沉井，当沉井穿越的土层透水性低，井底涌水量小，且无流砂现象时，沉井应力争干封底，即按普通混凝土浇筑方法进行封底，因为干封底能节约混凝土等大量材料，确保封底混凝土的强度和密实性，并能加快工程进度。当沉井采用不排水下沉，或虽采用排水下沉，但干封底有困难时，则可用导管法灌注水下混凝土。若灌注面积大，可用多根导管，以先周围后中间、先低后高的顺序进行灌注（图 5.11），使混凝土保持大致相同的标高。

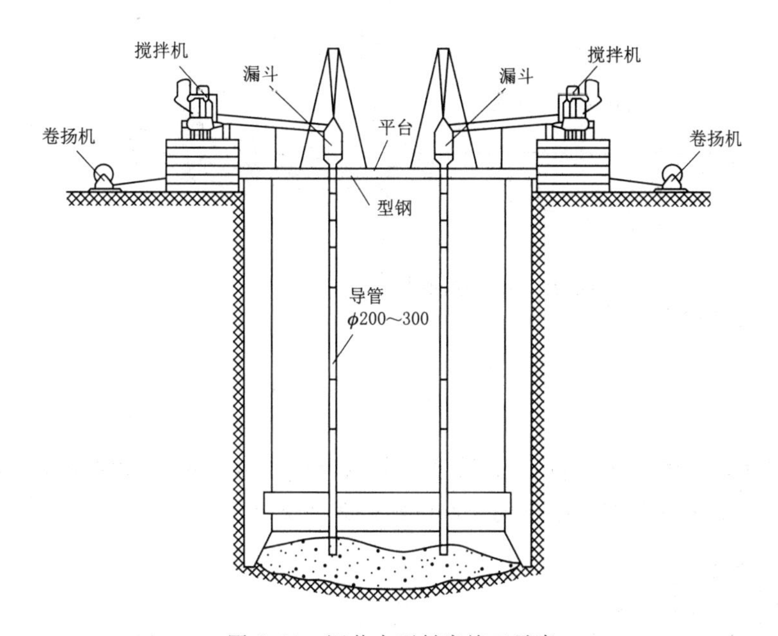

图 5.11　沉井水下封底施工示意

在灌注过程中，应注意混凝土的堆高和扩展情况，正确地调整坍落度和导管埋深，使流动坡度不陡于 1∶5。混凝土面的最终灌注高度，应比设计提高不小于 15cm。

10. 充填井孔及浇筑顶盖

沉井封底后，井孔内可以填充，也可以不填充。填充可以减小混凝土的合力偏心距，不填充可以节省材料和减小基底的压力。因此井孔是否需要填充，须根据具体情况，由设计确定。若设计要求井孔用砂等填充料填满，则应抽水填好填充料后浇筑顶板；若设计不要求井孔填充，则不需要将水抽空，直接浇筑顶盖，以免封底混凝土承受不平衡的水压力。

5.2.2.2　预制结构件浮运安装沉井的施工

水深较大，如超过10m时，筑岛法很不经济，且施工也困难，可改用浮运法施工。

浮式沉井类型较多，如空腹式钢丝网水泥薄壁沉井、钢筋混凝土薄壁沉井、双壁钢壳沉井（可作双壁钢围堰）、装配式钢筋混凝土薄壁沉井以及带临时井底沉井和带钢气筒沉井等，其下水浮运的方法因施工条件各不相同，但下沉的工艺流程基本相同。

1. 底节沉井制作与下水

底节沉井的制作工艺基本上与造船相同，然后因地制宜，采用合适的下水方法。底节沉井下水常用以下5种方法：

(1) 滑道法。如图5.12所示，滑道纵坡大小应以沉井自重产生的下滑力与摩阻力大致相等为宜，一般滑道的纵坡可采用15%。用钢丝绳牵引沉井下滑时，应设后梢绳，防止沉井倾倒或偏斜。使用此法时，底节沉井的重量将受限于滑道的荷载能力与入水长度，因此沉井重量宜尽量减轻。

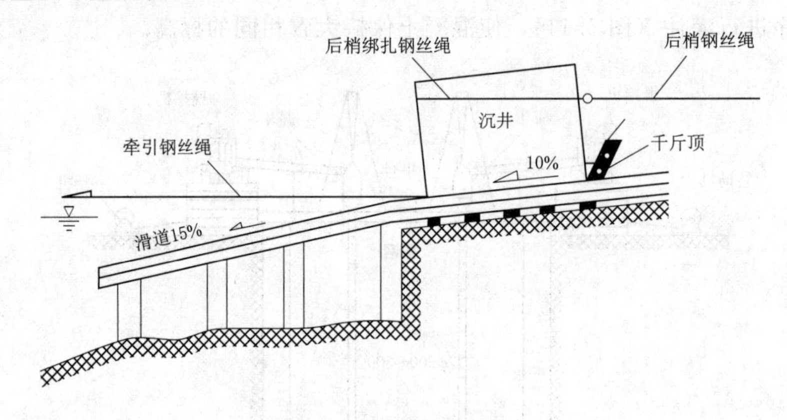

图5.12　沉井滑道法下水

(2) 沉船法。如图5.13所示，将装载沉井的浮船组或浮船坞暂时沉没，待沉井入水后再将其打捞。采用沉船方法应事先采取措施，保证下沉平衡。

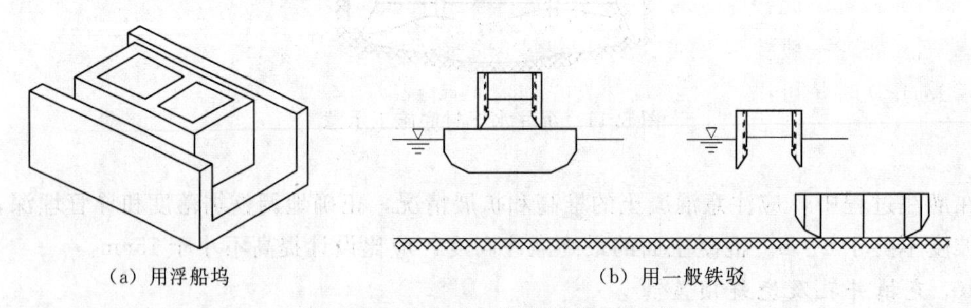

图5.13　沉井水下沉船法施工示意

(3) 吊装方法。用固定式吊机、自升式平台、水上吊船或导向船上的固定起重架将沉井吊入水中。沉井的重量受到吊装设备能力的限制。

(4) 涨水自浮法。利用干船坞或岸边围堰筑成的临时干船坞等底节沉井制好后，再破堰进水使沉井漂起自浮。

(5) 除土法。在岸边适当水深处筑岛制作沉井，然后挖除土岛使沉井自浮。

2. 拖曳浮运与锚碇定位

浮运与抛锚定位施工方法的选择与水文和气象等条件密切相关，现按内河与海洋两种情况来讨论。

(1) 在内河中进行浮运就位工作。内河航道较窄，浮运所占航道不能太宽，浮运距离也不宜太长。所以，拖曳用的主拖船最好只用一艘，帮拖船不超出两艘，而航运距离以半日航程为限，并应选择风平浪静、流速较为正常时进行。在任何时间内，露出水面的高度均不应小于1m。

沉井在漂浮状态下进行接高下沉的位置一般应设在基础设计位置的上游10～30m处，具体尺寸要考虑锚绳逐渐拉直而使沉井下游移位的因素和河床因沉井入水深度逐渐增大所引起的冲刷因素，尤以后者最重要，一旦位置选择不当，便有可能对以后的工作带来麻烦。

(2) 在海洋中进行浮运就位工作。沉井制造地点一般离基础位置甚远，浮运所需时间较长，因而要求用较快的航速拖曳。另外，浮运的沉井高度就是沉井的全高。因此，拖曳功率非常大。就位时，不允许在基础设计位置长期设置定位船和用为数很多的锚。就位后，进行一次性灌水压重迅速将全高沉井下沉落底。

3. 沉井在自浮状态下接高下沉

为了使沉井能落底而不没顶，就必须在自浮状态下边接高边下沉（海洋沉井例外）。随着井壁的接高，重心上移而降低稳定性，吃水深度增大而使井壁和井底的强度不足，必须在接高前后验算沉井的稳定性和各部件的强度，以便选择适当的时机在沉井内部由底层起逐层填充混凝土。接高时，为了降低劳动强度，并考虑到起吊设备的能力，对大型沉井，可以将单节沉井设计成多块，以站立式竖向焊接加工成型，起吊拼装。

4. 精确定位与落底

沉井落底时的位置，既可定在建筑物基础的设计位置上（落底后不需再在土中下沉时）或上游（流速大，主锚拉力小，沉井后土面不高时），也可定在设计位置的下游（主锚拉力大，沉井后土面较高时），上、下游可偏移的距离通常为在土中下沉深度的1%。

沉进落底前，一般要求对河床进行平整和铺设抗冲刷层（柴排、粗粒垫层等）。当采用带气筒的沉井时，可用“半悬浮（常为上游部分）半支承（常为下游部分）下沉法”来解决河床不平问题，因此对河床可以不加处理。

当沉井接高到足够高度（即冲刷深＋刃脚入土深＋水深＋沉井露出水面高度）时，即可进行沉井落底工作。落底所需压重措施可根据沉井的不同类型采用内部灌水、打穿假底和气筒放气等办法使沉井迅速落在河床上。

沉井落底以后，再根据设计要求进行接高、下沉、筑井顶围堰、地基检验和处理、封底、填充及浇筑顶盖等一系列工作，沉井施工完毕。

5.2.2.3 沉井下沉过程中遇到的问题及其处理

沉井在利用自身重力下沉过程中，常遇到偏斜、停沉、突沉等问题。

1. 偏斜

导致偏斜的主要原因有：制作场地高低不平，软硬不均；刃脚制作质量差，不平，不垂直，井壁与刃脚中线不在同一根直线上；抽垫方法不妥，回填不及时；河底高低不平，软硬不均；开挖除土不对称和不均匀，下沉时有突沉和停沉现象；沉井正面和侧面的受力不对称。

沉井如发生倾斜可采用下述方法纠正：在沉井高的一侧集中挖土；在低的一侧回填砂石；在沉井高的一侧加重物或用高压射水冲松土层；必要时可在沉井顶面施加水平力扶正。

纠正沉井中心位置发生偏移的方法是先使沉井倾斜，然后均匀除土，使沉井底中心线下沉至设计中心线后，再进行纠偏。

在刃脚遇到障碍物的情况下，必须予以清除后再下沉。清除方法可以是人工排除，如遇树根或钢材可锯断或烧断，遇大孤石宜用少许炸药炸碎，以免损坏刃脚。在不能排水的情况下，由潜水工进行水下切割或水下爆破。

2. 停沉

导致停沉的原因主要有：开挖面深度不够，正面阻力大；偏斜；遇到障碍物或坚硬岩层和土层；井壁无减阻措施或泥浆套、空气幕等遭到破坏。

解决停沉的方法是从增加沉井自重和减少阻力两个方面来考虑的：

(1) 增加沉井自重。可提前浇筑上一节沉井，以增加沉井自重，或在沉井顶上压重物（如钢轨、铁块或砂袋等）迫使沉井下沉。对不排水下沉的沉井，可以抽出井内的水以增加沉井自重。使用这种方法要保证土不会产生流砂现象。

(2) 减少阻力。首先应纠斜，修复泥浆套或空气幕等减阻措施或辅以射水、射风下沉，增大开挖范围及深度，必要时用爆破排除岩石或其他障碍物，但应严格控制药量。

3. 突沉

产生突沉的主要原因有：塑流出现；挖土太深；排水迫沉。

当漏砂或严重塑流险情出现时，可改为不排水开挖，并保持井内外的水位相平或井内水位略高于井外。在其他情况下，主要是控制挖土深度，或增设提高底面支承力的装置。

5.2.2.4　采用空气幕下沉沉井

为了预防沉井停沉，在设计时已经考虑了一些措施，如将沉井设计成阶梯形、钟形，或在井壁内埋设高压射水管组等。近年来，对下沉较深的沉井，为了减少井壁摩阻力，常采用泥浆润滑套或空气幕，后者的优点是：井壁摩阻力较泥浆润滑套容易恢复；下沉容易控制；不受水深限制；施工设备简单，经济效果较好。

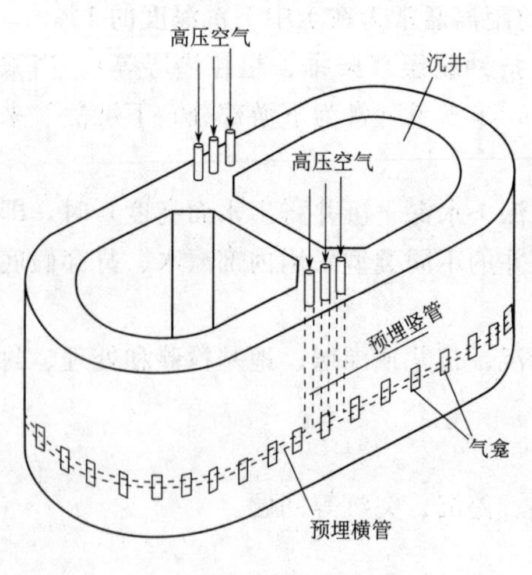

图5.14　空气幕沉井压气系统构造示意

用空气幕下沉沉井的原理是从预先埋设在井壁四周的气管中压入高压空气，此高压空气由设在井壁的喷气孔喷出，如同幕帐一般围绕沉井。其设备主要有井壁中的风管、外侧的气龛和压力设备，如图5.14所示。图中风管是分层分布设置的，竖管可用塑料管或钢管，水平环管采用直径25mm的硬质聚氯乙烯管，沿井壁外缘埋设。每层水平环管可按四角分为四个区，以便分别压气调整沉井倾斜。气龛凹槽的形状多为棱锥形（图 5.15），喷气孔均为直径 1mm 的圆孔，其数量以每个气龛分担或作用的有效面积计算求得，其布置应上下层交错排列。

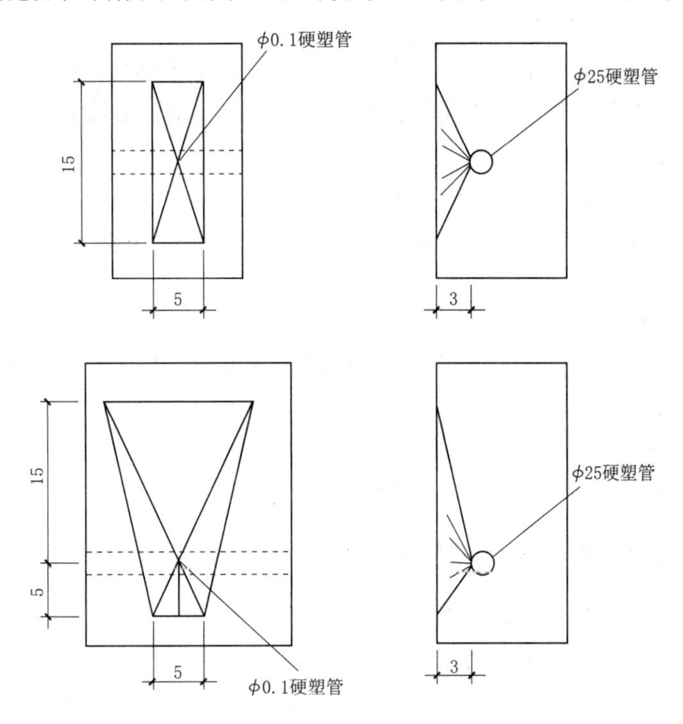

图 5.15 气龛形状（单位：cm）

空气幕的作用方式与泥浆套不同，它只在送气阶段才起作用，因此只有当井内土挖空后沉井仍不下沉的情况下才压气促沉。压气时间不宜过长，一般不超过 5min/次。压气顺序应先上后下逐层送风，以形成沿着沉井外壁往上喷的气流，否则可能造成气流向下经刃脚并由孔内逸出，出现翻砂现象。而停气时应先下后上逐层停风。

最近国外尚有帷幕法下沉沉井的，其方法是在沉井外壁预先埋设成卷的高分子强化薄膜，利用沉井的下沉力拉起展开薄膜，从而形成一贴紧井壁的帷幕。

5.3 沉井基础的设计与计算

沉井基础的设计计算首先根据水文地质条件、上部结构要求、施工技术设备来选择沉井的类组和进行尺寸拟定，在初拟尺寸的基础上进行沉井在使用阶段作为整体基础的设计计算，沉井结构施工中是一挡土、挡水的结构物，此时沉井各结构部分可能处于最不利的受力状态，要进行沉井结构施工过程的验算。

5.3.1 沉井基础的尺寸拟定

1. 根据墩台身尺寸拟定

类似刚性扩大基础尺寸拟定方法，只是襟边的要求不同。沉井结构的襟边要求不小于沉井全高的 1/50，且不小于 200mm，浮式沉井另加 200mm。沉井顶部需设置围堰时，其襟边宽度应满足安装墩台身模板的需要。

2. 根据地基容许承载力确定

按地基容许承载力推算出的基底平面尺寸，一般要比墩台身底截面尺寸大得多，要求墩台身边缘尽可能支承在井壁上或顶盖板的支承面上，一般空心沉井不允许墩台身边缘全部坐落在取土井孔内。

一般还要求：在确定沉井平面形状和尺寸时，力求结构简单对称、受力合理、施工方便；矩形沉井的长边和短边之比，一般不宜大于 3，以保证下沉时的稳定性和基底应力的均匀。

3. 沉井高度确定

沉井高度为基顶标高与基底标高之差。沉井井顶标高与扩大基础顶面标高确定要求相同，基底标高按持力层确定。

4. 沉井各结构细部尺寸拟定

沉井各结构部分的细部尺寸，按前面构造要求初拟尺寸，经验算调整确定。

5.3.2　沉井作为刚性深基础的整体验算

当沉井基础埋置深度在地面线或局部冲刷线以下小于 5.0m 时，可按前述刚性扩大基础验算。所以沉井作为刚性深基础的整体验算是有条件的，现一般按“m”法假设计算，要求是 $\alpha h \leqslant 2.5$；$h > 5.0$m（h 为沉井基础由地面线或局部冲刷线算起的深度）。其计算的基本假设主要是：认为基础的刚度无穷大；本身不产生挠曲变形；只产生转动；在考虑土的横向抗力固着作用计算地基压力时，一般不考虑作用在基础侧面的摩阻力；对土弹性抗力的假设按“m”法考虑。

在水平力和弯矩作用下，由于基础的转动而使土体产生了弹性土抗力（包括侧面和底面），这种土抗力产生的反弯矩将抵消一部分外荷载作用的总力矩，而使基底的应力分布比不考虑土抗力要均匀得多。实践证明，这完全符合刚性深基础的受力状况。

5.3.2.1　非岩石类地基上刚性深基础的计算

1. 基本原理

公式推导和计算中利用力的叠加和等效作用原理，将结构原来复杂的受力状态［图 5.16 (a)］转换为两种简单的受力状态分别计算。即在中心竖向力合力 $\sum N_i$（以后简为 N）作用下，基底应力均匀分布；将水平力和弯矩作用转换为基底以上高度为 λ 的水平力作用［图 5.16 (b)］。后一种情况的计算是下面要介绍的内容。

2. 水平力 H 作用高度 λ 的计算

$$\lambda = \frac{\sum M_i}{H}$$

式中　H——原地面线或局部冲刷线以上所有水平力合力；

$\sum M_i$——地面线或局部冲刷线以上所有水平力、弯矩、偏心竖向力对基础底面重心的总弯矩。

当仅有竖向力作用时，$\lambda \to \infty$。

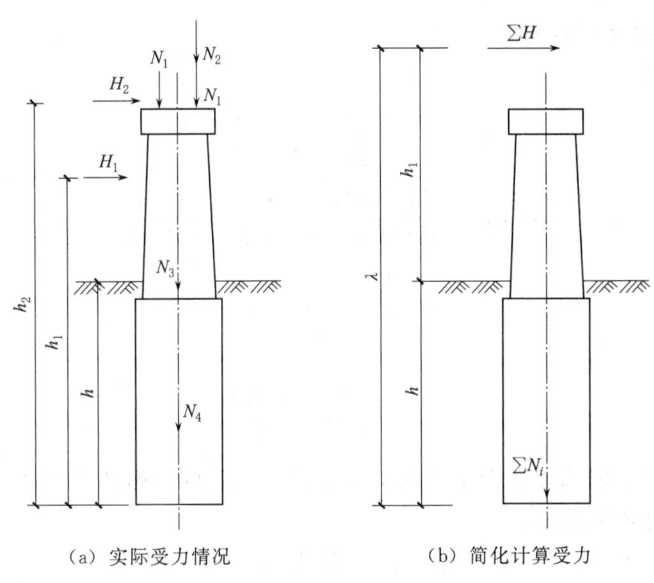

（a）实际受力情况　（b）简化计算受力

图 5.16　刚性深基础受力分析

3. 水平力 H 作用下地基应力计算

如图 5.17 所示，在水平力 H 作用下，沉井将绕位于地面（或局部冲刷线）以下 z_0 深度处的 A 点转 ω 角，则地面下任意深度 z 处基础产生的水平位移 Δx 、土的水平抗力 σ_{zx} 和基础底面竖向土抗力（压应力）$\sigma_{D/2}$ 的计算公式为

$$\Delta x=(z_0-z)\tan\omega \tag{5.2}$$

$$\sigma_{zx}=C_z\Delta x=C_z(z_0-z)\tan\omega=mz(z_0-z)\tan\omega \tag{5.3}$$

$$\sigma_{D/2}=C_0\frac{D}{2}\tan\omega \tag{5.4}$$

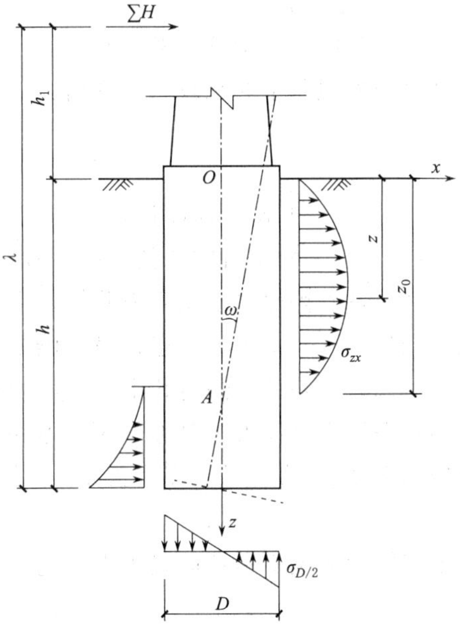

图 5.17　水平力 H 作用下的应力分布

由式（5.3）可知，基础侧面水平土抗力沿深度呈二次抛物线变化，上述公式中的 C_z 、C_0、m 见“m”法弹性桩计算。

在上述三个公式中，有两个未知数 z_0 和 ω ，为此可建立如下平衡方程式求解

$$H-\int_0^h\sigma_{zx}b_1\mathrm{d}z=H-mb_1\tan\omega\int_0^h z(z_0-z)\mathrm{d}z \tag{5.5}$$

式中　b_1——基础计算宽度。

沉井基础顶面 O 点弯矩等于零，即 $\sum M=0$，可得

$$Hh_1-\int_0^h\sigma_{zx}b_1z\mathrm{d}z-\sigma_{D/2}W=0$$

式中　W——基础底截面模量。

整理后可解得

$$z_0=\frac{\beta b_1 h^2(4\lambda-h)+6DW}{2\beta b_1 h(3\lambda-h)} \tag{5.6}$$

$$\tan\omega=\frac{12\beta H(2h+3h_1)}{mh(\beta b_1 h^3+18WD)}=\frac{6H}{Amh} \tag{5.7}$$

$$\beta=\frac{C_h}{C_0}=\frac{mh}{C_0}=\frac{m}{m_0} \tag{5.8}$$

其中

$$A=\frac{\beta b_1 h^3+18WD}{2\beta(3\lambda-h)} \tag{5.9}$$

式中　β——深度 h 处基础侧面水平向的地基系数与基础底面地基系数比；

A——表内简化系数。

将式（5.6）、式（5.7）代入式（5.3）及式（5.4），得

$$\sigma_{zx}=\frac{6H}{Ah}z(z_0-z) \tag{5.10}$$

$$\sigma_{D/2}=\frac{3DH}{A\beta} \tag{5.11}$$

4. 应力验算

（1）基底应力验算。考虑水平力 H 与竖向力 N 共同作用时，基底最大应力不应超过沉井底面处地基土的承载力容许值：

$$\sigma_{\min}^{\max}=\frac{N}{A_0}\pm\frac{3DH}{A\beta}\leqslant[f_a] \tag{5.12}$$

式中　A_0——基础底面面积；

$[f_a]$——修正后的地基承载力容许值。

（2）基础侧面水平压应力验算。由于刚性深基础破坏是周围土体破坏，现通常假定基础一侧处于主动土压力状态，另一侧处于被动土压力状态。当基础侧面土的应力达到极限平衡状态时，基础一侧达到主动土压力，另一侧达到被动土压力，则任意深度处桩对土产生的水平压力（亦为土对桩作用的水平土抗力）σ_{zx}，均应小于相应深度处土对桩的被动土压力强度 p_p 和主动土压力强度 p_a 之差，即

$$\sigma_{zx}\leqslant p_p-p_a \tag{5.13}$$

受上述结构类型不同及荷载作用情况不同的影响，公式引入 η_1、η_2 系数，得

$$\sigma_{zx}\leqslant\eta_1\eta_2(p_p-p_a) \tag{5.14}$$

其中

$$\eta_2=1-0.8\frac{M_g}{M}$$

式中　η_1——考虑上部结构形式的系数，对于静定结构 $\eta_1=1.0$，超静定结构 $\eta_1=0.7$；

η_2——考虑重力在总荷载中所占百分比的系数；

M_g——结构重力对基础底面重心产生的弯矩；

M——全部荷载对基础底面重心产生的总弯矩。

作用于基础侧面的被动土压力强度 p_p 和主动土压力强度 p_a 分别为

$$p_p = \gamma z \tan^2\left(45° - \frac{\varphi}{2}\right) + 2\cot(45° + \frac{\varphi}{2}) \tag{5.15}$$

$$p_a = \gamma z \tan^2\left(45° - \frac{\varphi}{2}) + 2\cot(45° - \frac{\varphi}{2}\right) \tag{5.16}$$

代入式（5.14），可得

$$\sigma_{zx} \leqslant \eta_1 \eta_2 \frac{4}{\cos\varphi}(\gamma z \tan\varphi + c) \tag{5.17}$$

且根据测试可知（图 5.17），对于非岩石地基上的沉井基础，其侧壁地基土最大水平压应力（横向抗力）的位置一般出现在 $z = \frac{h}{3}$ 和 $z = h$ 处，代入上式整理后，得

$$\sigma_{h/3} \leqslant \eta_1 \eta_2 \frac{4}{\cos\varphi}\left(\frac{\gamma h}{3}\tan\varphi + c\right) \tag{5.18}$$

$$\sigma_h \leqslant \eta_1 \eta_2 \frac{4}{\cos\varphi}(\gamma h \tan\varphi + c) \tag{5.19}$$

式中　γ——土的重度，对于透水性土，γ 取浮重度，在验算深度范围内有多层土时，取各层土的加权平均值；

φ、c——土的内摩擦角和黏聚力。

（3）基础截面弯矩计算。对刚性桩来说，需要验算桩身截面强度并配筋，所以还需计算距离地面或局部冲刷线以下深度 z 处基础截面上的弯矩，计算式如下

$$\begin{aligned} M_z &= H(\lambda - h + z) - \int_0^Z p_{z1} b_1 (z_0 - z_1) \mathrm{d}z_1 \\ &= H(\lambda - h + z) - \int_0^Z \frac{6H}{Ah} z_1 (z_0 - z_1) b_1 (z - z_1) \mathrm{d}z_1 \\ &= H(\lambda - h + z) - \frac{H b_1 z^3}{2Ah}(2z_0 - z) \end{aligned} \tag{5.20}$$

据此进行配筋和截面强度验算。

5. 墩台顶水平位移验算

在进行桥梁墩台设计时，除应考虑基础沉降外，尚需验算地基变形和墩台身弹性水平变形引起的墩台顶水平位移是否满足上部结构的设计要求。

当基础处于水平力 H 和力矩 M 作用时，墩台顶的水平位移 Δ 由以下三部分组成：地面处的水平位移 $z_0\tan\omega$；地面或局部冲刷线以上至墩台顶面 h_2 范围内的水平位移 $h_2\tan\omega$；台身或立柱的弹性挠曲变形引起的墩顶水平位移 δ_0，即

$$\Delta = (z_0 + h_2)\tan\omega + \delta_0 \tag{5.21}$$

考虑一般沉井基础转角很小，可近似用 ω 代替 $\tan\omega$，并考虑基础和墩身实际并非刚度无穷大，需考虑其刚度对墩顶水平位移的影响，因此引入系数 k_1、k_2，反映实际刚度对地面处水平位移及转角的影响，即

$$\Delta = k_1 \omega z_0 + k_2 \omega h_2 + \delta_0 \tag{5.22}$$

式中　h_2——地面或局部冲刷线至墩台顶的高度；

δ_0 ——在 h_1 范围内墩台身与基础变形产生的墩台顶面水平位移；

k_1、k_2 ——考虑基础刚性的影响系数，是与 αh、λ/h 有关的系数，按 $\alpha=\sqrt[5]{\frac{mb_1}{EI}}$ 换算的深度，k_1、k_2 可按表5.1取用。

表5.1 **k_1、k_2 系数**

换算深度 $\bar{h}=\alpha h$	系数	λ/h				
		1	2	3	5	∞
1.6	k_1	1.0	1.0	1.0	1.0	1.0
	k_2	1.0	1.1	1.1	1.1	1.1
1.8	k_1	1.0	1.1	1.1	1.1	1.1
	k_2	1.1	1.2	1.2	1.2	1.3
2.0	k_1	1.1	1.1	1.1	1.1	1.2
	k_2	1.2	1.3	1.4	1.4	1.4
2.2	k_1	1.1	1.2	1.2	1.2	1.2
	k_2	1.2	1.5	1.6	1.6	1.7
2.4	k_1	1.1	1.2	1.3	1.3	1.3
	k_2	1.3	1.8	1.9	1.9	2.0
2.5	k_1	1.2	1.3	1.4	1.4	1.4
	k_2	1.4	1.9	2.1	2.2	2.3

注 1. $\alpha h<1.6$ 时，$k_1=k_2=1.0$。

2. 当仅有偏心竖直力作用时，$\frac{\lambda}{h}=-\infty$。

5.3.2.2 基底嵌入基岩中的刚性深基础的计算

1. 计算要点

因基底嵌入基岩中，基底无水平位移，基础转动中心与基底中心重合，即 $z_0=h$ 。

基础在转动时，在基底嵌入基岩处基底岩有一水平阻力 P 作用于基础上。由于力 P 对基底中心的力臂很小，忽略其对基础底的弯矩，但需验算在力 P 作用于下嵌固处基础的抗剪强度。

2. 水平力 H 作用下的地基应力计算

如图5.18所示，在水平力 H 作用下，地面下任意深度 z 处沉井基础产生的水平位移 Δx 、井壁外侧土的横向抗力 σ_{zx} 和沉井基础底面竖向土抗力（压应力）$\sigma_{D/2}$ 分别为

$$\Delta x=(h-z)\tan\omega \tag{5.23}$$

$$\sigma_{zx}=mz(h-z)\tan\omega \tag{5.24}$$

$$\sigma_{D/2}=C_0\frac{D}{2}\tan\omega \tag{5.25}$$

上述公式只有一个未知数 ω ，建立一个平衡方程即可。

对 A 点取矩，则有 $\sum M_A=0$，则

$$H(h+h_1)=\int_0^h \sigma_{zx} b_1 (h-z)\mathrm{d}z-\sigma_{D/2}W \tag{5.26}$$

解得

$$\tan\omega=\frac{H}{mhD_0} \tag{5.27}$$

$$D_0=\frac{b_1\beta h^3+6DW}{12\beta\lambda} \tag{5.28}$$

将式（5.28）代入式（5.27）和式（5.24）中，得

$$\sigma_{zx}=z(h-z)\frac{H}{D_0 h} \tag{5.29}$$

$$\sigma_{D/2}=\frac{DH}{2\beta D_0} \tag{5.30}$$

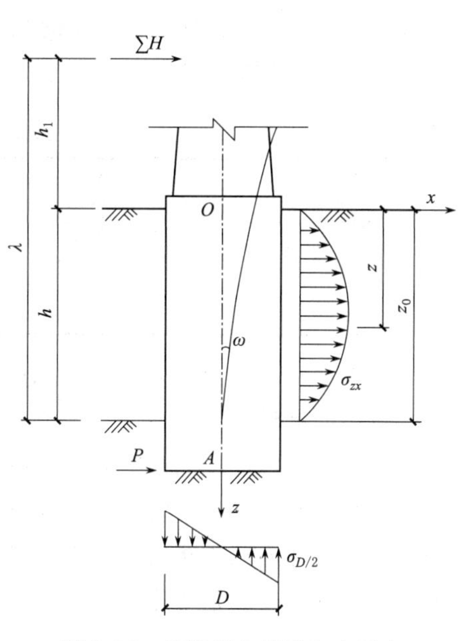

图 5.18　基底嵌入基岩中水平力作用下应力分布

3. 应力验算

（1）基底应力验算：

$$\sigma_{\min}^{\max}=\frac{N}{A}\pm\frac{dH}{2\beta D_0}\leqslant[f_a] \tag{5.31}$$

（2）基础侧面水平压应力验算。对于基底嵌入基岩的沉井基础，其最大水平压应力出现在 $z=\frac{h}{2}$ 处。

$$\sigma_{h/2}\leqslant\eta_1\eta_2\frac{4}{\cos\varphi}\left(\frac{\gamma h}{2}\tan\varphi+c\right) \tag{5.32}$$

（3）基础截面弯矩计算。地面下深度 z 处基础截面弯矩为

$$M_z=H(\lambda-h+z)-\frac{z^3 b_1 H}{12D_0 h}(2h-z) \tag{5.33}$$

（4）基底嵌固处水平阻力 P 为

$$P=\int_0^h \sigma_{zx} b_1 \mathrm{d}z-H=H\left(\frac{b_1 h^2}{6D_0}-1\right) \tag{5.34}$$

5.3.3 沉井施工过程结构验算

1. 沉井下沉的自重验算

一般情况，沉井顺利下沉的重量应大于下沉时土对井壁的摩擦阻力，即

$$Q>T \qquad T=\sum q_{ik}h_i u_i$$

式中　Q——沉井重力，如为不排水下沉，应扣除水的浮力；

T——土对沉井外壁的总摩擦阻力；

h_i、u_i——沉井穿过第 i 层土的厚度和该段沉井的周长，m；

q_{ik}——第 i 层土对井壁单位面积的摩阻力，应根据实践经验或实测资料确定，缺乏上述资料时，可根据土的性质、施工措施，按表 5.2 选用。

表 5.2　　井壁与土体间的摩阻力

土的名称	摩阻力/kPa	土的名称	摩阻力/kPa
黏性土	25～50	砂砾石	15～20
砂性土	12～25	软土	10～12
砂卵石	18～30	泥浆套	3～5

如不满足式（5.31）要求时，可加大井壁厚度以增加自重，否则应考虑施工中的临时助沉措施或助沉设计。

2. 第一节（底节）沉井竖向挠曲的抗裂验算

第一节沉井在抽垫木时，可将支承垫木确定在沉井受力最有利的位置处，使沉井在支点处产生的负弯矩基本相等或相近［图 5.19（a）］。而在下沉过程沉井支点位置应按排水和不排水两种情况分别考虑。

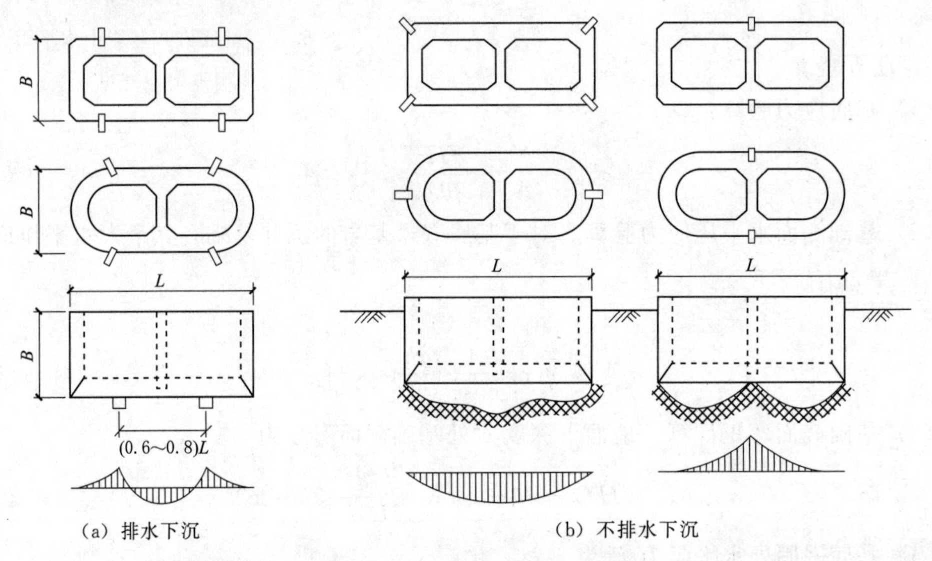

（a）排水下沉　　（b）不排水下沉

图 5.19　第一节（底节）沉井竖向挠曲验算支承点位置

（1）排水下沉。由于排水下沉挖土可人为控制，沉井最后支承点始终可控制在最有利位置上，同抽垫木时一样，支承点在长边 $0.7L$ 处。圆形沉井支承在互相垂直的 4 个支点上。

（2）不排水下沉。由于水下挖土无法控制，可按最不利情况确定支承点，即支承在短边角点处（产生最大正弯矩）；支承在长边中点处（产生最大负弯矩）［图 5.19（b）］。圆形沉井支承在直径上两个支点上，按圆环梁计算弯矩验算其抗裂性。

3. 井壁计算

（1）井壁竖向拉力验算。沉井下沉过程中，当刃脚下的土已挖空，而上层土摩阻力较大，可能将沉井箍住，此时沉井处于悬吊状态，这样在下部分沉井自重作用下井壁处于受拉状态，需要验算井壁的竖向拉力而配置竖向受拉钢筋，及沉井分节之间的锚固钢筋。

1）根据地质条件可明确判断软硬土层位置时（图 5.20）。此时，上层土较坚硬，摩阻力也大，沉井最大拉力 S_{max} 发生在硬土层与软土层的界面处，即

$$S_{max}=G'_{max}-T' \tag{5.35}$$

式中 G'_{max}——硬土与软土交界处以下部分沉井的最大重力；

T'——土层界面处以下井壁与土之间的摩阻力。

2）当沉井周围土质较均匀时。此时不能明确判断产生最大摩阻力土层位置，可近似假定井壁上的摩阻力沿井壁为倒三角分布，也就是说，按某深度累积总摩阻力等于该深度以下的三角形面积（即下面处 $\tau=\dfrac{2F}{h}$，F 为总摩阻力）（图 5.21）。

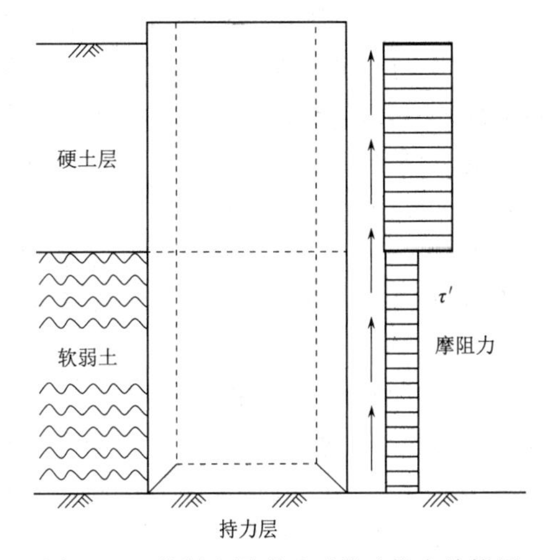

图 5.20 软硬土层明显时井壁拉力计算图

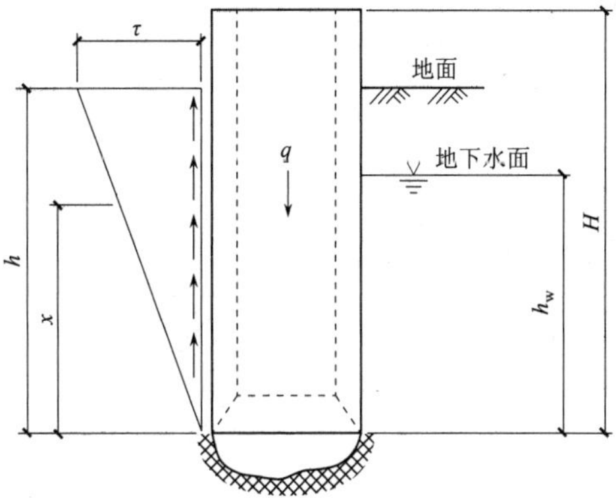

图 5.21 土质均匀情况下井壁拉力计算图

取单宽井壁计算，单宽井壁自重为 q，由井底算起 x 处截面拉力为

$$S_x=q\frac{x}{h}-\frac{1}{2}\tau_x x=q\frac{x}{h}-\frac{\tau x^2}{2h} \tag{5.36}$$

由于沉井呈悬吊状态，摩阻和大于沉井自重，即

$$\frac{1}{2}h\tau\geqslant q \tag{5.37}$$

将 $\tau=\dfrac{2q}{h}$ 代入式（5.36），得

$$S_x=\frac{qx}{h}-q\frac{x^2}{h^2} \tag{5.38}$$

求最大拉力，可令 $\dfrac{dS_x}{dx}=0$，得

$$\frac{dS_x}{dx}=\frac{q}{h}-\frac{2q}{h^2}x=0 \tag{5.39}$$

求得

$$x=\frac{1}{2}h \tag{5.40}$$

得

$$S_{\max}=\frac{q}{h}\frac{h}{2}-\frac{q}{h^2}\left(\frac{h}{2}\right)^2=\frac{q}{4} \tag{5.41}$$

根据计得的 $S_{\max}$ 就可以计算井壁是否需设竖向受拉钢筋。对不排水下沉，由于浮力作用使井壁受到的竖向拉力很小，可不进行此项验算。

沉井节与节接缝处拉力，要根据实际下沉情况计算。现一般计算，都是假定接缝处混凝土不承受拉力而由接缝处的钢筋承受，此时钢筋的抗拉安全系数可采用1.25，同时必须验算钢筋的锚固长度。

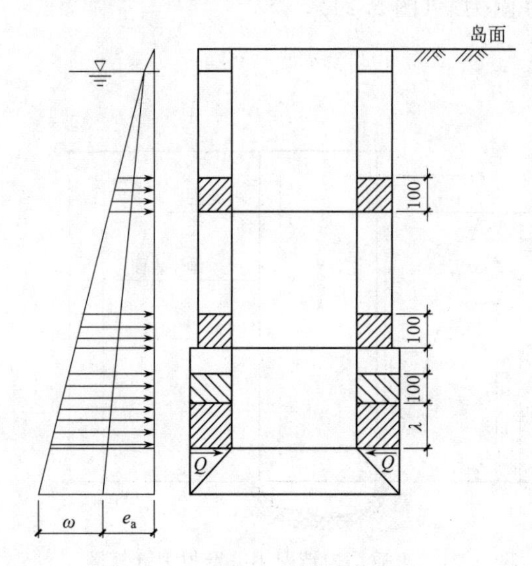

图5.22 井壁框架内力计算图

(2) 井壁水平内力计算。沉井在下沉过程中，井壁始终承受着水平方向的土压力和水压力作用，而且这种水平压力由上到下随深度增加。所以其计算的最不利下沉状况是：沉井已沉至设计标高，刃脚下土已挖空尚未封底时。计算图式与刃脚水平方向内力计算相同，也是按平面封闭框架计算，井壁上的土压力和水压力计算时，不考虑折减系数（图5.22）。

井壁水平受力计算，选取刃脚根部以上，高度取刃脚根部厚度 λ 的框架，它受有井壁外侧作用的最大土压力和水压力，同时在该框架的均布荷载中，还要考虑刃脚作为悬臂作用（向内挠曲），通过刃脚固端传来的水平剪力。

当分节浇筑且各节井壁厚度不同时，在各变断面处，取高1.0m的框架计算，控制该厚度井壁受力。

采用泥浆润滑套下沉的沉井，泥浆压力要大于土压力和水压力，所以井壁压力应按泥浆压力（即泥浆容重乘以泥浆高度）计算。采用空气幕下沉的沉井，井壁压力与普通沉井的计算相同。

4. 内隔墙的验算

主要验算底节沉井内隔墙。要根据内隔墙与井壁的相对刚度来确定内隔墙与井壁的连接。一般当 t_2 小于 t_1 很多，两者的抗弯刚度（$t_2^3/l_2:t_1^3/l_1$）相差很大时，可将隔墙视为两端铰支于井壁上的梁来计算。当两者抗弯刚度相差不大时，隔墙与井壁可视为固接梁来计算（图5.23）。

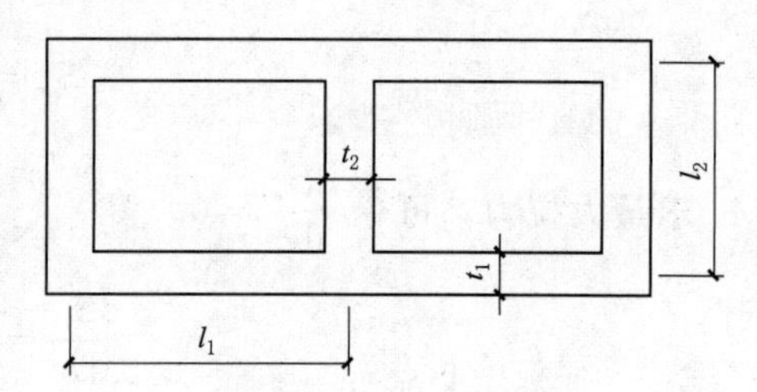

图5.23 隔墙计算图式

底节沉井隔墙最不利状态是隔墙下的土已挖空，其作用的荷载除底节隔墙自重外，尚应考虑灌注第二节沉井时内隔墙混凝土的重力作用。排水下沉的沉井一般隔墙挖有过人孔，减弱了隔墙截面抗弯能力，此时隔墙还可能受到由于刃脚悬臂作用（向外挠曲）而传来的附加弯矩，致使隔墙下缘产生很大的拉力而极易产生裂缝拉坏。我国一座桥梁沉井基础，就是由于隔墙设计没有考虑附加弯矩而造成隔墙开裂，使整个沉井裂成几块，造成重大施工事故。

5. 混凝土封底层及顶盖板的计算

（1）混凝土封底层验算。沉井封底混凝土在施工封底时，主要承受沉井自重作用产生的基底均布反力和向上的水压力（浮力），不排水施工，则可不考虑水压力；若使用阶段不用混凝土或圬工填塞井孔时，要考虑营运阶段基础承受的最大设计反力来验算封底层厚度，如有其他填塞物（如水、砂石等），可计入其对封底混凝土的压重作用。

封底混凝土的厚度，主要由板的中心弯矩控制。一般按支承于凹槽或隔墙底面刃脚斜面上的周边支承双向板计算，荷载按均布考虑。周边支承的双向板（矩形沉井）承受均布荷载最大弯矩计算，可参考表5.3。

表5.3　均布荷载作用下周边支承板计算系数

l_x/l_y	M_x	M_y	l_x/l_y	M_x	M_y
0.50	0.0965	0.0174	0.80	0.0561	0.0334
0.55	0.0892	0.0210	0.85	0.0506	0.0348
0.60	0.0820	0.0242	0.90	0.0456	0.0358
0.65	0.0750	0.0271	0.95	0.0410	0.0364
0.70	0.0683	0.0296	1.00	0.0368	0.0368
0.75	0.0620	0.0317			

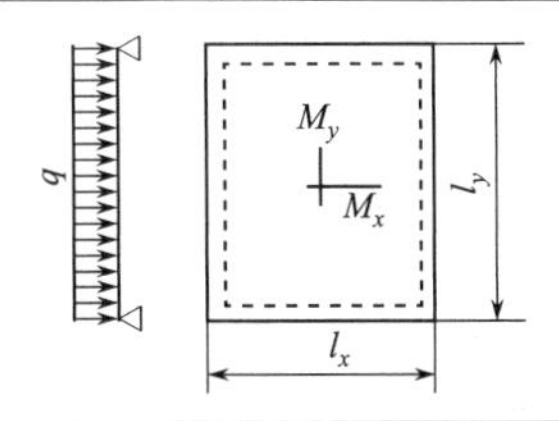

弯矩＝表中系数×ql^2

式中 l 取用 l_x 和 l_y 中之较小者

表中弯矩系数是按泊松比 $\mu=0$ 的一种实际上并不存在的假想材料计算而得。实际上混凝土和钢筋混凝土 $\mu=\frac{1}{6}$，其最后计算弯矩应按下式计算，即

$$M_x(\mu)=M_x+\mu M_y \tag{5.42}$$

$$M_y(\mu)=M_y+\mu M_x \tag{5.43}$$

周边支承的圆板在均布荷载作用下，板中心点弯矩为

$$M=\frac{qd^3}{16}(3+\mu) \tag{5.44}$$

式中　d ——圆板计算直径（取刃脚斜面一半计）。

除按上面板中心点弯矩确定板厚外，尚应考虑在井孔范围内封底混凝土沿刃脚斜面高度截面上的剪力验算（图5.24）。如不满足要求，应增加封底混凝土厚度以加大抗剪面积。

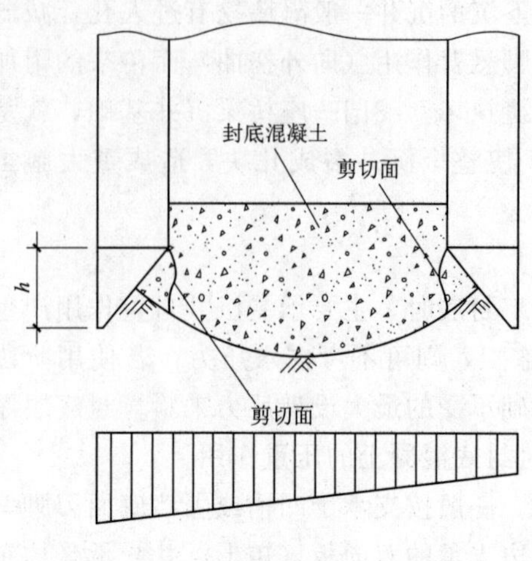

图 5.24 封底混凝土剪力验算图

(2) 沉井顶盖板计算。对于不是混凝土或圬工填实的沉井，要在井顶修筑钢筋混凝土顶盖板。顶盖板同封底混凝土一样，可看作支承在井壁和隔墙上的双向板或圆板计算。其计算可分下述两种情况：

1) 当墩身底面积有相当大的部分支承在井壁上时，顶盖板按只承受浇筑墩身混凝土的均布荷载来计算板的内力；同时，还应验算墩身承受全部最不利作用的作用下支承墩身的井壁和隔墙的抗压强度。

2) 当墩身底面全部位于井孔之内时，除按前面第一种情况的规定计算外，还应按最不利作用组合验算墩身边缘处的抗剪强度。

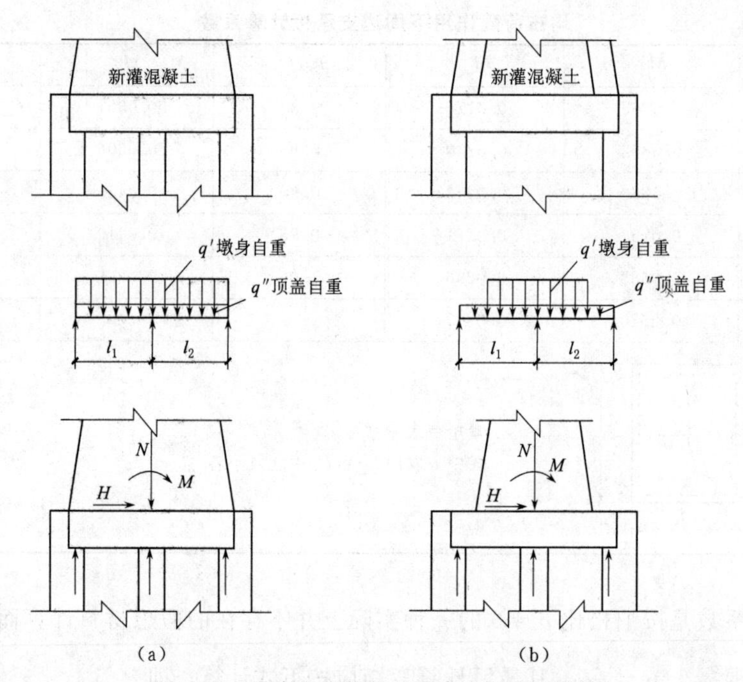

图 5.25 墩身底在位于井孔之内的盖板计算

5.3.4 浮运沉井浮运时的稳定性验算

薄壁浮运沉井作为一个浮体，其在浮运过程中的稳定性，是沉井安全施工的必要条件。

正浮状态就是要求浮体处于一个正常稳定的浮运状态，其表现在稳定方面的必要条件是

$$\rho - y > 0 \tag{5.45}$$

式中 ρ——浮运沉井处于正浮状态下的定倾半径，即定倾中心至浮心的距离；

y——沉井重心至浮心的高差，重心在浮心之上时为正，重心在浮心之下为负，浮心是浮运沉井吃水部分体积的重心。

当处于绝对的水平状态时，浮心位于沉井的对称轴上。但沉井浮运过程总是要产生倾斜的，此时浮心的位置就要发生变化，如图 5.26 所示。浮运沉井在倾斜且保证稳定状态下，沉井的对称轴也必然随之产生倾斜，浮心的垂直线和沉井的对称轴线的交点称为定倾中心，只有该点位于沉井重心之上时浮体才是处于稳定状态。浮心与定倾中心的连线为定倾半径。

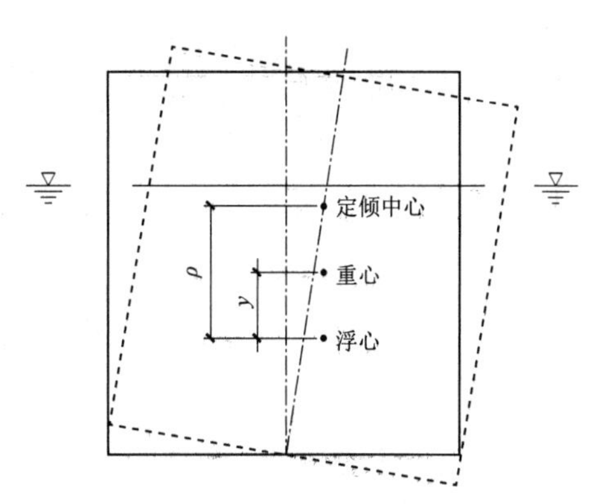

图 5.26 浮运沉井稳定计算图

1. y 的计算

以图 5.27 所示钢筋混凝土薄壁沉井为例，说明 y 的计算方法，以验算浮运沉井的稳定性。

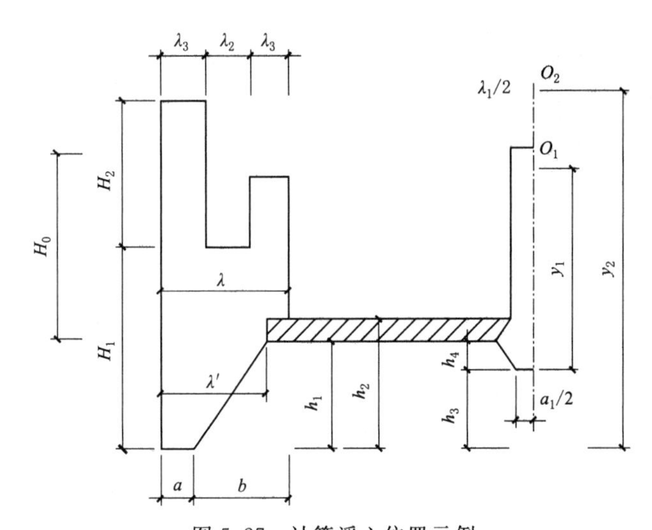

图 5.27 计算浮心位置示例

从底板算起的吃水深度为

$$H_0=\frac{V_0}{A_0} \tag{5.46}$$

其中

$$V_0=V-V_1-V_2$$

式中 V_0——沉井底板以上部分排水体积；

V——总排水体积（按沉井重量为排开水的重量计出）；

V_1——底板以下刃脚体积；

V_2——底板以下隔墙体积；

A_0——沉井吃水线截面面积，倾斜角度很小，不考虑其影响，直接用吃水线处沉水平截面面积。

以 y_1 来表示浮心位置距隔墙底的距离，则浮心位置距刃脚底为 h_3+y_1，应用各排水体积重心对刃脚底的体积矩（即各排水体积与体积重心至刃脚底距离的乘积）来求得浮心位置，有

$$h_3+y_1=\frac{M_1}{V} \tag{5.47}$$

M_0、M_1、M_2 分别为各排水体积 V_0、V_1、V_2 的体积矩，计算公式如下

$$M_0=V_0\left(h_1+\frac{H_0}{2}\right) \tag{5.48}$$

$$M_1=V_1\frac{h_1}{3}\frac{2\lambda'+a}{\lambda'+a} \tag{5.49}$$

$$M_2=V_2\left(\frac{h_4}{3}\frac{2\lambda_1+a_1}{\lambda_1+a_1}+h_3\right) \tag{5.50}$$

$$M_1=M_0+M_1+M_2 \tag{5.51}$$

式中 h_1——底板至刃脚踏面的距离；

h_3——隔墙底距刃脚踏面的距离；

h_4——底板下的隔墙高度；

λ'——底板下井壁的厚度；

λ_1——隔墙厚度；

a_1——隔墙底面宽度；

a——刃脚踏面的宽度。

重心的位置引用上面同样的方法求得。重心位置距刃脚踏面为 Y_2，则有

$$y_2=\frac{M_{\mathrm{II}}}{V} \tag{5.52}$$

式中 M_{II}——沉井各部分体积与其重心至刃脚踏面距离的乘积。最后计算得

$$y=y_2-(h_3+y_1) \tag{5.53}$$

2. ρ 的计算

定倾半径 ρ 为定倾中心到浮心的距离，可由下式计算

$$\rho=\frac{I}{V_0} \tag{5.54}$$

5.4 沉井基础算例

5.4.1 基本设计资料

某桥中墩沉井基础设计，地质资料、各种标高如图 5.28 所示。土的物理力学性质见表 5.4。

基础设计数据：上部结构重力与汽车荷载总竖向作用值 9080kN，弯矩 1740kN·m，水平力 120kN；墩身重力 3500kN，墩身尺寸 4.0m×7.30m。

表 5.4　　地 基 土 性 质

土的类型	γ/(kN/m³)	$\gamma_{浸}$/(kN/m³)	φ	$\varphi_{水下}$	m/(kN/m⁴)	备注
细砂	16.5	6.5			10000	疏松饱和
中砂	17.8	7.8	35°	25°	15000	中密饱和
砂砾	20.0	10.0	37°	27°	40000	密实饱和

5.4.2　沉井尺寸拟定

拟定用钢板桩围堰修筑人工砂岛，在岛上预制沉井不排水施工，砂岛用中砂填筑。

基础顶面标高取最低水位下 0.5m，即标高为 29.50m。

基础底面标高根据地质条件，持力层取砂砾层面以下 0.5m，标高 13.50m。

沉井高度 $H=29.5-13.5=16.00$(m)，入土深度 $h=24.50-13.50=11.00$ (m)。

沉井襟边取 0.5m，故沉井平面尺寸为 5.00m×8.30m。

沉井分三节接长，为减小摩阻力，逐节每边加宽 10cm，沉井底面尺寸为 5.20×8.50m，井壁、隔墙及刃脚等尺寸如图 5.29 所示。

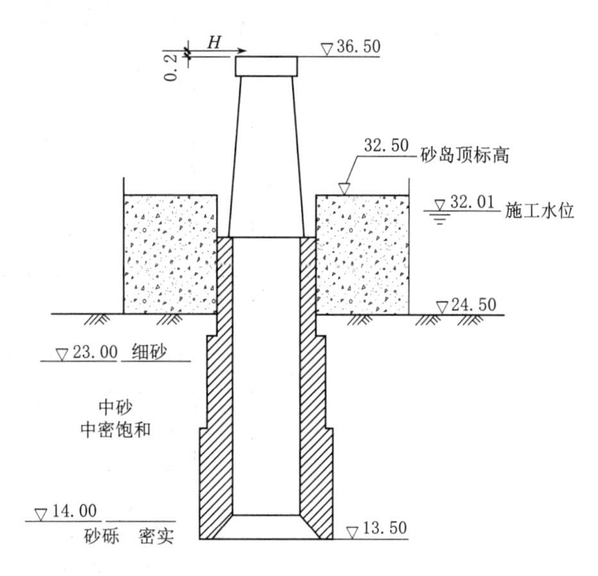

图 5.28　沉井竖向标高与地质资料

5.4.3　沉井作为整体刚性深基础的验算

沉井入土深度超过 5.0m，考虑土的水平抗力作用，按 $\alpha h \leqslant 2.5$ 的刚性深基础验算地基深度和稳定性。

水平力作用高度为

$$\lambda/m=\frac{\sum M}{H}=\frac{1740+120\times(36.70-13.50)}{120}=37.9$$

m 值计算：$h_m=h$，h_m 范围内有三层土，则

$$m=\frac{m_1 h_1^2+m_2(2h_1+h_2)h_2+m_3(2h_1+2h_2+h_3)h_3}{h_m^2}$$

$$=\frac{10000\times1.5^2+15000\times(2\times1.5+9)\times9+40000\times(2\times1.5+2\times9+0.5)}{11^2}$$

$$=17460$$

$$m_0=40000$$

$$\beta=\frac{m}{m_0}=\frac{17460}{40000}=0.436$$

$$W_0=\frac{bh^2}{6}=\frac{8.5\times5.2^2}{6}=38.3(\mathrm{m}^3)$$

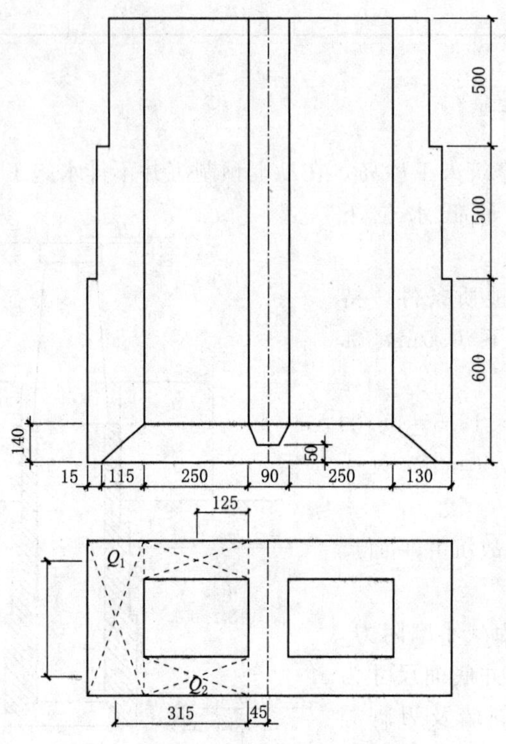

图5.29　沉井尺寸构造

计算宽度

$$A=\frac{\beta b_1h^3+18DW_0}{2\beta(3\lambda-h)}=\frac{0.436\times9.5\times11^3+18\times5.2\times38.3}{2\times0.436\times(3\times37.9-11)}=105$$

$$\omega=\frac{6H}{Amh}=\frac{6\times120}{105\times17460\times11}=35.7\times10^{-6}$$

$$z_0=\frac{\beta b_1h^2(4\lambda-h)+6DW_0}{2\beta b_1h(3\lambda-h)}$$

$$=\frac{0.436\times9.5\times11^2\times(4\times37.9-11)+6\times5.2\times38.3}{2\times0.436\times9.5\times11\times(3\times37.9-11)}=7.64(\mathrm{m})$$

局部冲刷线以下深度 z 处基础截面上的弯矩 M_z 和基础水平侧压应力 σ_{zx} 分别为

$$M_z=H(\lambda-h+z)-\frac{Hb_1z^3}{2hA}(2z_0-z)$$

$$\sigma_{zx}=\frac{6H}{Ah}z(z_0-z)$$

详细计算见表5.5。

表 5.5　　沉井作为刚性深基础计算表

弯矩							水平侧压力		
z/m	$\lambda-h+z$ /m	$H(\lambda-h+z)$ (1)	$2z_0-z$	$\frac{Hb_1z^3}{2hA}$ $=0.943z$	$\frac{Hb_1z^3}{2hA}$ $\times(2z_0-z)$ (2)	(1) − (2) /(kN·m)	$\frac{6H}{Ah}z$ (3)	z_0-z (4)	(3) × (4) /kN
0	26.9	3228	15.28	0	0	3228	0	7.64	0
1	27.9	3348	14.28	0.493	7.04	3340.96	0.623	6.64	4.13
2	28.9	3468	13.28	3.944	52.38	3415.62	1.246	5.64	7.02
3	29.9	3588	12.28	13.311	160.99	3427.01	1.869	4.64	8.60
4	30.9	3708	11.28	31.552	355.91	3352.09	2.492	3.64	9.06
5	31.9	3828	10.28	61.625	633.51	3194.49	3.115	2.64	8.22
6	32.9	3948	9.28	106.488	988.21	2959.79	3.738	1.64	6.12
7	33.9	4068	8.28	169.099	1400.14	2667.86	4.361	0.64	2.79
8	34.9	4188	7.28	252.416	1837.59	2350.41	4.984	−0.36	−1.79
9	35.9	4308	6.28	359.307	2257.01	2050.99	5.607	−1.36	−4.70
10	36.9	4428	5.28	493.000	2603.04	1824.96	6.230	−2.36	−14.70
11	37.9	4548	4.28	656.183	2808.46	1739.54	6.853	−3.36	−23.00

刚性桩要依据弯矩配筋，而对沉井可不算弯矩。

1. 水平压应力验算

验算 $h/3=4.0$m、$h=11.0$m 处

$$\sigma_{h/3}\leqslant\frac{4}{\cos\varphi}\left(\frac{\gamma}{3}h\tan\varphi+c\right)\eta_1\eta_2$$

式中　φ——土的内摩擦角，近似取 $\varphi_{水下}=25°$；

γ——透水性土，kN/m³，按 $\gamma_{浸}=\frac{6.5\times1.5+7.8\times2.5}{4}=7.3$kN/m³（计算 h 处时取 $\gamma_{浸}=7.8$kN/m³）计；

c——黏聚力，砂的黏聚力 $c=0$；

η_1——静定结构，$\eta_1=1.0$；

η_2——等跨中墩基础，恒载弯矩 $Mg=0$，$\eta_2=1$。

$$\frac{4}{\cos25°}\left(\frac{7.3}{3}\times11\tan2.5°\right)=55.10>\sigma_{h/3}=9.06$$

$\sigma_h\leqslant\frac{4}{\cos\varphi}(\gamma h\tan\varphi+c)\eta_1\eta_2=\frac{4}{\cos25°}(7.8\times11\times\tan25°)=176.60>\sigma_h=23.00$，满足要求。

2. 基础底面竖向压应力验算

沉井自重（包括贫混凝土填心，并扣除低水位浮力）$W=9600$kN；

作用基底 $\sum N=9800+3500+9600=22900$(kN)

沉井底面积 $A_0=8.5\times5.2=44.20(\mathrm{m}^2)$；

砂砾持力层允许承载力为

$$[\sigma]=[\sigma_0]+K_1\gamma_1(b-2)+K_2\gamma_2(h-3)$$

其中 $[\sigma_0]=400\mathrm{kN/m^2}$，$\gamma_1=10\mathrm{kN/m^3}$

$$\gamma_2=\frac{6.5\times1.5+7.8\times9+10\times0.5}{11}=7.72(\mathrm{kN/m^3})$$

$$b=5.2\mathrm{m},h=11\mathrm{m},K_1=3.0,K_2=5.0$$

$$[\sigma]=400+3.0\times10\times(5.2-2)+5.0\times7.72\times(11-3)=804.8(\mathrm{kN/m^2})$$

$$\sigma_{\min}^{\max}=\frac{\sum N}{A_0}\pm\frac{3dH}{A\beta}=\frac{22180}{44.20}\pm\frac{3\times5.2\times120}{105\times0.436}=502\pm41<[\sigma]$$

验算通过。

5.4.4 沉井施工过程各种验算

1. 沉井顺利下沉自重验算

井壁自重（不排水施工扣除浮力）$P=12000-4800=7200$（kN）；

井壁阻力（计入井顶围堰筑岛摩阻力）$T=2\times(8.5+5.2)\times16.0\times15=6576$（kN）$<P=7200\mathrm{kN}$，满足要求。

2. 第一节沉井验算

由于不排水施工，在下沉时可能发生的最不利情况为：

(1) 在长边中间搁住，危险断面为隔墙外边缘1—1处（图5.29）井壁在1—1断面处截面形心位置。

$$Y_{上}=\frac{1.3\times6.00\times3.00-1.15\times1.40\times1/2\times(4.60+2/3\times1.40)}{1.30\times6.00-1/2\times1.15\times1.40}=2.71(\mathrm{m})$$

$$Y_{下}=6.00-2.71=3.29(\mathrm{m})$$

惯性矩
$$I=\frac{1}{12}\times1.30\times6.00^3+1.30\times6.00\times(3.00-2.71)^2$$
$$-\frac{1}{36}\times1.15\times1.40^3-\frac{1}{2}\times1.15\times1.40\times\left(3.29-\frac{1.40}{3}\right)^2$$
$$=21.695(\mathrm{mm^4})$$

$$W=I/Y_{上}=\frac{21.695}{2.71}=8.006(\mathrm{mm^3})$$

计得 $Q_1=906\mathrm{kN}$；$Q_2=438\mathrm{kN}$，作用点距1—1面分别为3.15m与1.25m，效应分项系数取1.2得

$$M_d=1.2\times(906\times3.15+2\times438\times1.25)=5399.28(\mathrm{kN\cdot m})$$

依据以上计算结果进行验算，根据混凝土自身承载能力，确定是否配置第一节沉井上缘水平钢筋或仅从构造配筋（具体验算略）。

(2) 在短边四角搁住，危险断面仍为1—1，按简支梁计算弯矩。支反力（隔墙自重忽略）为

$$R=2Q_2+Q_1=2\times438+906=1728(\mathrm{kN})$$

$M_d = 1.2 \times (1782 \times 3.8 - 906 \times 3.15 - 2 \times 438 \times 1.25) = 3125.80(\text{kN} \cdot \text{m})$

依据以上结果验算，确定是否配置第一节沉井下缘水平钢筋或仅考虑构造钢筋。

3. 井壁计算

（1）井壁水平计算。井壁水平向计算最不利位置是沉井沉至设计标高，其平面为双孔对称矩形框架，验算位置为刃脚根部以上及各变断面处。

$$K = l_1/l_2 = \frac{3.9}{3.6} = 1.083$$

沉井四角弯矩

$$M_A = -\frac{2K^3 + 1}{12(2K + 1)} P l_2^2 = -\frac{2 \times 1.083^3 + 1}{12(2 \times 1.083 + 1)} P l_2^2 = -0.093 P l_2^2$$

内隔墙处井壁弯矩

$$M_D = -\frac{1 + 3K - K^3}{12(2K + 1)} P l_2^2 = -\frac{1 + 3 \times 1.083 - 1.083^3}{12 \times (2 \times 1.083 + 1)} P l_2^2 = -0.0784 P l_2^2$$

井壁长边中点弯矩

$$M_B = \frac{2K^3 + 3K^2 - 2}{24(1 + 2K)} P l_1^2 = \frac{2 \times 1.083^3 + 3 \times 1.083^2 - 2}{24 \times (1 + 2 \times 1.083)} P l_2^2 = 0.0533 P l_2^2$$

井壁短边轴向力

$$N_C = \frac{1}{2} P l_1 = 0.5 P l_1$$

井壁长边轴向力

$$N_B = P l_2 - \frac{1}{2} N_D = 0.515 P l_2$$

内隔墙轴向力

$$N_D = \frac{2 + 5K - K^3}{2(2K + 1)} P l_2 = \frac{2 + 5 \times 1.083 - 1.083^3}{2 \times (2 \times 1.083 + 1)} P l_2 = 0.97 P l_2$$

（2）井壁竖向计算。单宽井壁重 500kN，浮力 Q=200kN。

单宽井壁所受最大拉力

$$S_{\max} = \frac{G - Q}{4} = \frac{500 - 200}{4} = 75(\text{kN})$$

封底混凝土与顶盖板计算和配筋计算此处省略。

课　后　习　题

1. 什么是沉井？沉井的特点和适用条件是什么？
2. 沉井是如何分类的？
3. 沉井一般由哪几部分组成？各部分作用又是如何？
4. 沉井计算时主要应具备哪些资料？
5. 沉井的设计与计算的主要内容是什么？
6. 沉井基础根据其埋置深度不同有哪几种计算方法？各自的基本假定又是什么？

7. 封底混凝土厚度取决于什么因素？其厚度是如何计算的？
8. 什么叫下沉系数？如果计算值小于容许值，该如何处置？
9. 就地灌注式钢筋混凝土沉井施工顺序是什么？
10. 浮运沉井底节沉井下水常用的方法有哪几种？
11. 地基检验的时间、检验的内容是什么？
12. 浮运沉井常用的有哪几类？
13. 导致沉井倾斜的主要原因是什么？该用何方法纠偏？
14. 产生突沉的原因是什么？
15. 空气幕下沉沉井有哪些优点？

第 6 章 地基处理

6.1 概述

当地基的承载力不足、压缩性过大，或渗透性不能满足设计要求时，可以针对不同情况，对地基进行处理，以增强地基土的强度，提高地基的承载力和稳定性，减小地基变形，控制渗流量和防止渗透破坏，以满足桥梁安全和耐久使用的要求。

6.1.1 软弱土和软弱地基

需要进行处理的地基土一般属于软弱土，它主要包括淤泥和淤泥质土、松砂、冲填土、杂填土、泥炭土和其他高压缩性土。有时对于某些特殊土，如膨胀土、湿陷性黄土等也要根据其特点进行地基处理。

1. *淤泥和淤泥质土*

淤泥和淤泥质土指第四纪后期在静水或非常缓慢的流水环境中沉积，并经生物化学作用，天然含水量大于或等于液限，孔隙比大于或等于 1.0 的土。其中，当天然孔隙比 e 大于或等于 1.5 时，称为淤泥；孔隙比 e 为 1.0～1.5 时，称为淤泥质土。我国沿海在各河流的入海处三角洲，江河中下游和湖泊地区，都广泛分布着这类土。

淤泥和淤泥质土的特点是：

（1）压缩性高，平均压缩系数为 $3\times10^{-3}\sim5\times10^{-4}\text{kPa}^{-1}$。

（2）抗剪强度低，其不排水强度为 10～20kPa，标准贯入击数小于 5，地基承载力小于 100kPa。

（3）渗透性小，渗透系数一般为 $1\times10^{-8}\sim1\times10^{-10}$。

（4）具有显著的触变性和流变性。

2. *松砂*

松砂指相对密度小于或等于 1/3，或标准贯入击数小于或等于 10 的砂，通常其孔隙比 e 在 0.7～0.8 以上（因组成不同而异）。饱和状态的松砂在三轴不排水试验中，偏差应力（$\sigma_1-\sigma_3$）、孔隙水压力 u 和轴向应变 ε_1 的关系如图 6.1 所示。其特点是当 ε_1 不大时，（$\sigma_1-\sigma_3$）$-\varepsilon_1$ 曲线即出现峰值，以后曲线呈快速应变软化，强度随轴向应变的发展急剧降低，孔隙水压力 u 则随轴向应变 ε_1 的增加而持续发展。当 ε_1 很大时，残留强度 S_u 很小，孔隙水压力接近于围压，处于这一状态的饱和松砂，在很小的剪应力作用下即可处于流滑状态，出现流砂现象；此外，饱和松砂受振动很容易发生液化。

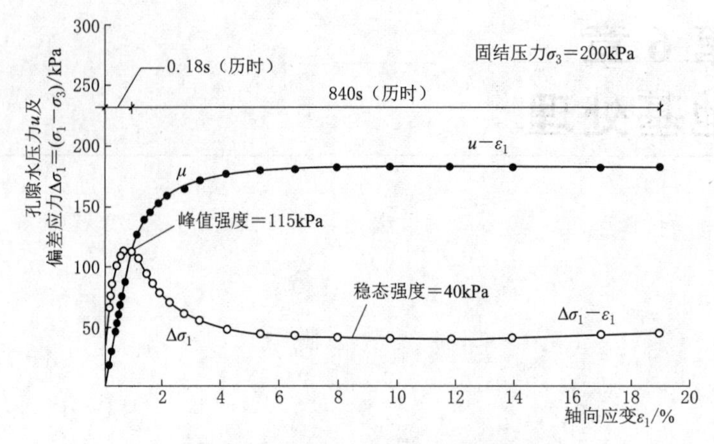

图6.1　饱和松砂的不排水剪切特性

3. 冲填土

冲填土指在治理和疏通江河时，用挖泥船或泥浆泵把江河和港口底部的泥砂用水力冲填法堆积所形成的沉积土，也称吹填土。冲填土的成分比较复杂，多数属于黏性土、粉土或粉砂。这种土的含水量高，常大于液限，其中黏粒含量较多的冲填土，排水固结很慢，多属于压缩性高、强度低的欠固结土，其力学性质比同类天然土差。

4. 杂填土

杂填土指人工活动所形成的未经压密的堆积物，包含工业废料、建筑垃圾和生活垃圾等。杂填土的成分复杂，分布无规律，性质随堆填的期龄而变化，一般认为，堆填期龄在5年以上，性质才逐渐趋于稳定。此外，杂填土常含有腐殖质和水化物，特别是以生活垃圾为主的杂填土，腐殖质含量更高。随着有机质的腐化，地基的沉降量要加大且不均匀，因而同场地的不同位置，其承载力和压缩性往往会有较大的差异。

5. 泥炭土

土中有机质含量$W_u<5\%$，称为无机土；$5\%\leqslant W_u\leqslant 10\%$，称为有机土；$10\%<W_u\leqslant 60\%$，称为泥炭质土；$W_u>60\%$，称为泥炭土。泥炭质土和泥炭土通常形成于低洼的沼泽和灌木林带，常处于饱和状态，含水量可高达百分之几百，密度很低，天然重度一般小于10～12kN/m^3，是一种压缩性很大的土。由于植物的含量和分解程度不一样，这类土的性质很不均匀，容易导致桥梁产生较严重的不均匀变形。另外，随着有机质的降解，变形往往要延续相当长的时间。由于这些原因，这类土的承载力很低，属于性质最差的土类，一般不宜作为桥梁的地基。

由上述这几类土所构成或占主要组成的地基，称为软弱地基。是否需要进行地基处理，不仅与地基的软弱程度有关，还与桥梁的结构形式及重要性有关。如果桥梁对地基的稳定和变形的要求很高，即便地基土的性质不是很软弱，可能也要求对地基进行处理。相反，如果桥梁对地基的要求不高，即便地基比较软弱，也可能不必进行地基处理。所以地基处理是一个需要综合考虑土质和桥梁本身的综合问题。

除上述软弱土外，另一类也经常要处理的土是渗透系数很大、粒径级配不连续（曲率系数$C_c<1$及$C_c>3$）、组成很不均匀（不均匀系数$C_c>10$）的粗粒土，当其作为水工桥梁地基时，往往渗流量过大，且易发生渗透破坏。

6.1.2 地基处理的目的和要求

1. 地基处理的目的

地基处理的目的是对地基内一定范围的软弱土采取某种改善措施，以达到如下效果：

（1）提高土的抗剪强度，提高地基承载力，增加地基的稳定性。

（2）减小土的压缩性，减少地基变形。

（3）改善土的渗透性，减少渗流量，防止地基渗透破坏。

（4）改善土的动力特性，减轻振动反应，防止土体液化。

2. 地基处理的要求

经过处理后的地基必须满足地基承载力、变形和稳定性的要求；并依据桥梁地基基础设计等级的不同类别进行必要的验算。

（1）在承载力验算中，由于地基处理都属于局部处理，与天然沉积的土层在承载力的宽度和深度修正上应有所不同；但目前尚没有足够的资料，以提供合理的修正方法，所以《公路桥涵地基及基础设计规范》（JTG 3363—2019）在确定软土地基承载力基本容许值$[f_{a0}]$、经排水固结法处理的软土地基、经复核地基方法处理的软土地基时，其承载力宽度修正系数取为零，深度修正系数取为1.0。另外，《建筑地基处理技术规范》（JGJ 79—2022）规定：除大面积压实填土外，所有经过局部处理的地基，其承载力宽度修正系数取为零，深度修正系数取为1.0。此外，当受力层范围内存在软弱下卧层时，还应进行软弱下卧层的地基承载力验算。

（2）对于需要进行变形验算的桥梁，应进行变形验算。

（3）对于承受较大水平荷载或位于斜坡上的桥梁则应进行地基稳定验算。稳定验算一般可采用圆弧滑动法，但稳定安全系数要求提高到不小于1.3。

（4）对于有防渗要求的桥梁和构筑物，例如水工桥梁和基坑工程等，应按相关规范进行渗流验算和渗透变形验算，以确保渗流安全。

（5）处于地震区的地基，也应做相应处理。

6.1.3 地基处理的设计程序

对软弱地基上的工程，首先要进行初步研究，判断是否需要进行地基处理。判断的依据：一是地基条件；二是桥梁的性质和要求。前者包括地形、地貌、地质成因、地基土层分布、软弱土层的厚度和范围、持力层的深度、地下水位及补给情况、地基土的物理力学性质等。后者包括桥梁的等级、平面和立面布置、结构类型和刚度、基础类型和埋置深度、对地基稳定性和沉降的要求以及邻近桥梁的情况等。当经研究认为需要进行地基处理时，可按图6.2所示流程进行工作。

首先，根据桥梁对地基的各种要求和勘察结果所提供的地基资料，初步确定需要进行处理的地层范围及地基处理的要求。然后，根据天然地层条件和地基处理的范围和要求，分析各类地基处理方法的原理和适用性，参考过去的工程经验以及当地机械设备和材料的技术供应条件，进行各种处理方案的可行性研究，在此基础上，提出几种可能的地基处理方案，然后对提出的处理方案进行技术、经济、进度等方面的比较。在这一过程中还应考虑环境的要求，经过仔细论证后，提出1种或2～3种拟采用的方案。

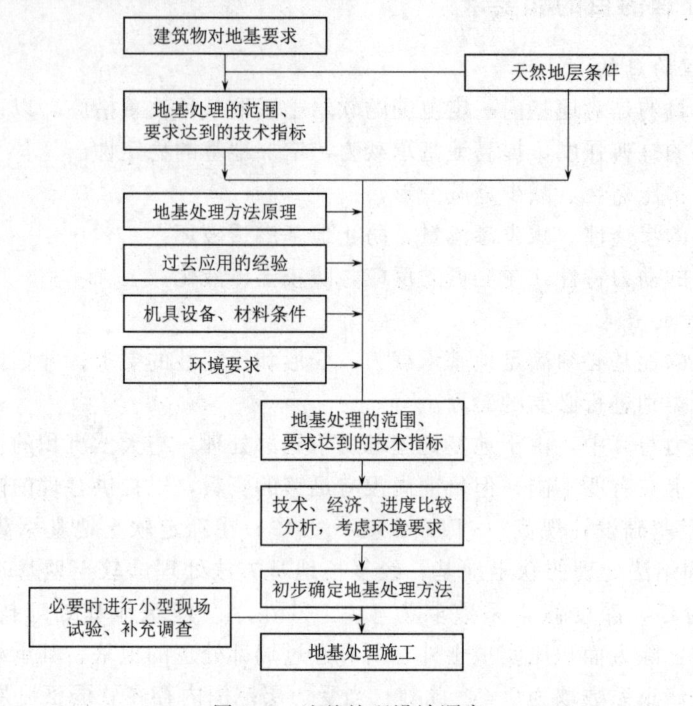

图6.2　地基处理设计顺序

即使是组成和物理状态相同或相似，地基土也常具有自身的特殊性，所以，对于要进行大规模地基处理的工程，常需要在现场进行小型地基处理试验，进一步论证处理方法的实际效果，或者进行一些必要的补充调查，以完善处理方案和肯定选用方案的实际可行性，最后进行施工设计。

在比较的过程中，常常难以得出理想的处理方法，这时，需要将几种处理方法进行有利的组合，或者稍微修改桥梁的条件，甚至需要另辟蹊径。一般而言，完美无缺的方案是很难求得的，只能选用利多弊少的方案。

此外需要注意的是，地基处理工作大多是地下隐蔽工程，加固效果很难在施工过程中直接检验，因此一定要做好施工中和施工后的监测工作，及时发现问题，验证效果。

6.1.4　地基处理的一般方法

为了使地基加固的效果更好、更经济，数十年来，国内外在地基处理技术方面发展十分迅速，老方法不断改进，新方法不断涌现。目前，对各种不良地基，经过处理后，一般均能满足道路和桥梁对地基的要求，至今，比较成熟的方法很多，难以一一列举。就加固方法的实质而言，大体上可以分成置换法、加密法、胶结法和加筋法四类。因选用的加固材料和施工技术不同，四类地基处理方法又可分成很多具体的方法，归类如下：

1. 置换法

置换法就是将地基内局部软土挖除或挤出，换填以好土，可以分成水平的层式置换和竖直的柱式置换。其主要具体方法有：

（1）垫层置换法——土（砂土、素土、灰土等）垫层，加筋土垫层。

（2）土质桩置换法（复合地基）：

1）散体材料桩（柔性桩）——砂石桩（多种成桩方法），石灰桩。

2）胶结掺和料桩（半刚性桩）——水泥粉煤灰碎石桩（CFG 桩）、夯实水泥土桩、搅拌桩、高压喷射注浆桩、石灰桩。

（3）强夯置换法。

2. 加密法

加密法就是用各种压、振、挤的方法提高地基土的密度。其主要具体方法有：

（1）浅层压（振）密法——机械压（振）密，重锤夯实。

（2）深层压（挤、振）密法——强夯法，土（砂土、素土、灰土）桩法，预压固结法（堆载预压法、真空预压法、联合预压法、降水预压法、电渗排水法），爆破压密法，高压灌浆压密法。

3. 胶结法

胶结法就是在软弱的地基土中灌入或掺入某些胶结材料，将碎散的土颗粒变成有一定黏结强度的颗粒集合体；还可用冰冻和烧结的方法使土变成坚硬的块体。其主要具体方法有：

（1）灌浆法——水泥黏土灌浆，化学灌浆。

（2）冷热处理法——冻结法，烧结法。

4. 加筋法

加筋法就是在土中排放一定数量的土工合成材料甚至钢材，其作用类似于钢筋加于混凝土中，形成新的、强度高得多的材料——钢筋混凝土；有时也可以在土中掺以纤维丝，以改善土的性能。其主要具体方法有：

（1）土工合成材料加筋。

（2）土钉加筋。

在以上的分类中，实际上，有的方法所起的加固作用是单一的，例如预压固结法就只起加密土的作用；有的方法则同时有多个作用，例如用砂石桩加固松软地基，在其施工过程中，桩周土体受到振密或挤密，起加密地基土的作用，同时，桩身用砂、石料替换原位土，又有置换作用。再如在胶结掺料桩中，桩内土体受水泥或石灰的胶结作用，而桩在地基中又起置换作用，这样的例子还很多，给严格的分类造成困难。对这类情况，本章按其所用的分析计算方法归类，因为分析计算方法应该能反映加固方法的主要作用。

分类的目的在于便利读者掌握内容，提高学习效率。学习本章时，应注重各类方法的加固原理和设计方法，而不必拘泥于分类本身。

以下介绍每大类中最为常用的几种地基处理方法。

6.2 置换法

置换法就是把基础底面下某一范围内的软弱地基土挖除或挤出，代之以质量好的土，经压密后直接作为桥梁的持力层，或者与原来软弱的地基土组成复合地基以支承桥梁。按施工方法不同，工作机理不一样，置换法分成两大类。

6.2.1　换土垫层法

6.2.1.1　垫层的作用和垫层料的要求

换土垫层法就是将基础下面某一范围内的软弱地基土挖除，然后回填以质量好的土料，分层压密，作为桥梁的持力层，如图 6.3 所示。

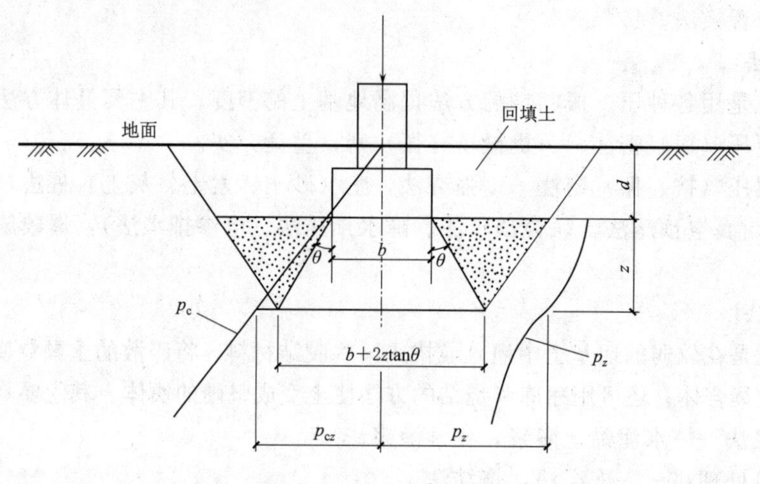

图 6.3　换土垫层示意

垫层法不但常用于桥梁工程的地基处理中，在工业与民用建筑、港工、水工建筑中也有不少应用，图 6.4（a）所示为某水闸地基采用黏性土垫层的实例，图 6.4（b）所示为港口码头采用抛石挤淤形成垫层的实例。

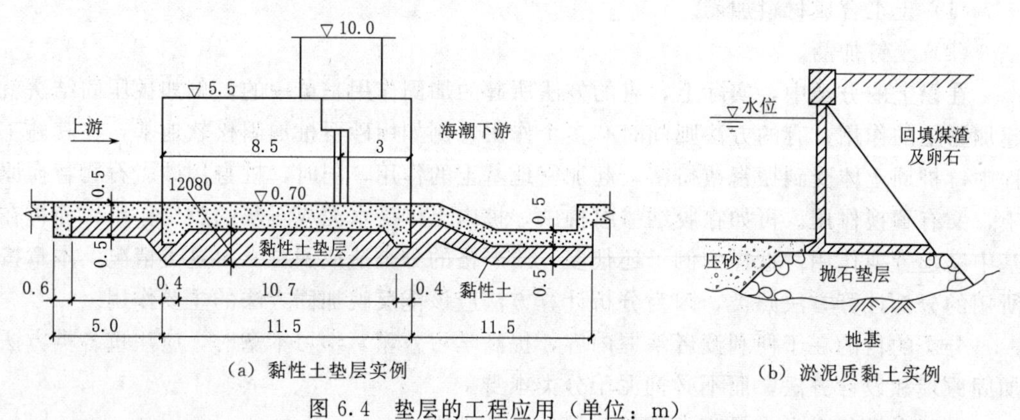

（a）黏性土垫层实例　　（b）淤泥质黏土实例

图 6.4　垫层的工程应用（单位：m）

1. 垫层的主要作用

（1）提高持力层的承载能力，减小基础尺寸，同时将桥梁基底压力扩散到地基中，使垫层下软弱地基土上的应力减少到许可承载力的范围内。

（2）置换基础下软弱的高压缩性土，减少地基的变形量。通常基础下浅层地基土的变形量在总变形量中所占的比例很大，以均匀地基上的条形基础为例，在 1 倍基础宽度的深度内，地基的变形量可占地基总变形量的50%。

(3) 对于用砂石等透水料填筑的垫层，有加速土层排水固结的作用。

为了起到上述的作用，填筑的垫层料要求抗剪强度高，压缩性小；在地震区则要求抗震稳定性好；而作为水工桥梁地基时，还有相应的防渗要求，为满足这些要求，一是要选择质量好的垫层料；二是填筑时要充分压实。

2. 垫层选用材料

垫层料可根据工程要求及供料条件选用下列材料：

(1) 砂石要求级配良好，不含植物残体和垃圾等杂质，其中粒径小于2mm部分的含量不宜超过总量的45%。

(2) 粉质黏土有机质含量不超过5%。

(3) 灰土。灰土是我国传统的建筑用料，用灰土作为垫层在我国已有千余年的历史，例如北京城墙和苏州古塔的地基很多都使用灰土垫层，现今挖出的灰土仍然质地坚硬，具有很高的强度。灰土中的土料适宜用粉质黏土，石灰则应用颗粒不大于5mm的新鲜消石灰，灰土的强度与石灰的用量有关，用于垫层一般以灰与土体积比2∶8或3∶7为最佳含灰率。

灰土中石灰的加固作用主要来源于离子交换效应和凝硬效应，前者指石灰的钙离子Ca^{2+}被吸附在黏土颗粒表面，使颗粒表面的带电状态发生变化，凝聚作用使颗粒团粒化而改善土的性质；后者指石灰与土中黏土矿物的二氧化硅和氧化铝等胶体产生化学反应生成硅酸石灰水化物（$CaO-SiO_2-H_2O$系化合物）及铝酸石灰水化物（$CaO-Al_2O_3-H_2O$系化合物）。这些水化物具有结合力，可将土颗粒胶结，硬化后获得比素土高得多的强度。

(4) 三合土。用石灰、砂和碎石骨料按体积比1∶2∶4或1∶3∶6混合，虚铺220mm厚，夯实成150mm为一层。

(5) 粉煤灰。常用于道路、堆场和小桥的垫层。使用时要注意符合有关放射性安全标准的要求，其上宜铺以0.3～0.5m的覆盖土，以防止干灰飞扬，污染环境。

(6) 矿渣。主要用于堆场、道路和地坪，也可用于小桥的地基垫层，填料中，有机质及含泥总量不超过5%。疏松状态下的重度不应小于$11kN/m^3$。

(7) 工业废渣。在有可靠试验结果或成功工程经验时，质地坚硬、性能稳定、无污染无腐蚀性和放射性危害的工业废渣也可以作为垫层填料。

(8) 土工合成材料。由分层铺设的土工合成材料与地基土组成加筋垫层。土工合成材料应采用抗拉强度较高，受力时伸长率不大于4%～5%、耐久性好、抗腐蚀的土工格栅或土工织物，垫层填料宜用砂土、碎石土或粉质黏土。

垫层铺填时一定要注意压密，以保证垫层的质量。对于砂石和土垫层要求压实系数λ_c（填土的干密度ρ_d与这种土的最大干密度ρ_{dmax}之比）应不小于0.97。对于灰土和粉煤灰垫层要求压实系数不小于0.95。一般工程的最大干密度可由击实试验确定，对于大规模的填土，则应在施工现场进行碾压试验确定。

6.2.1.2 垫层尺寸确定

基础的底面尺寸取决于垫层的承载力，垫层的承载力最好是通过现场载荷试验确定，对于一般工程没有条件取得这类资料时，可参考表6.1确定。

表 6.1　　　　　　各种垫层承载力特征值 $[f_{cu}]$

施工方法	垫层材料	压实系数 λ_c	承载力特征值 f_{ak}/kPa
碾压、振密或夯实	碎石、卵石	0.94～0.97	200～300
	砂夹石（其中碎石、卵石占总质量的30%～50%）		200～250
	土夹石（其中碎石、卵石占总质量的30%～50%）		150～200
	中砂、粗砂、砂砾		150～200

表6.1中，当采用轻型击实试验时，压实系数 λ_c 宜取高值；当采用重型击实试验时，压实系数 λ_c 宜取低值。

垫层厚度 z 应根据垫层底部软弱土层的承载力来确定，使作用在垫层底面处的自重压力与附加压力之和小于软弱土层的承载力。按图6.3有

$$p_{0k}+p_{gk}\leqslant\gamma_R[f_a] \tag{6.1}$$

式中　p_{0k}——垫层底面处土的附加应力，kPa；

p_{gk}——垫层底面处土的自重压力，kPa；

$[f_a]$——垫层底面处软弱土的承载力特征值。

把原来软弱土层部分换成垫层以后，垫层土的压缩性比原来软土小得多，形成局部刚度差别较大的非均匀地基。这种情况下，理论上下卧层顶面的附加压力 p_{0k} 值应根据非均匀地基理论进行计算。但因这类计算十分复杂，工程上仍然按均匀地基计算，用图6.3所示的应力扩散角的简易办法处理。

对条形基础，有

$$p_{0k}=\frac{b(p'_{0k}-p'_{gk})}{b+2z\tan\theta} \tag{6.2}$$

对矩形基础，有

$$p_{0k}=\frac{bl(p'_{0k}-p'_{gk})}{(b+2z\tan\theta)(l+2z\tan\theta)} \tag{6.3}$$

式中　l、b——基础的长度和宽度，m；

z——垫层的厚度，m；

p'_{0k}——基础底面压应力，kPa；

p'_{gk}——基础底面处的自重压应力，kPa；

θ——垫层料的压力扩散角，可根据垫层料的种类和垫层厚度由表6.2查用。

表 6.2　　压力扩散角 θ

z/b	换填材料：中砂，粗砂、砾砂、圆砾、角砾、石屑、卵石、碎石、矿渣
≤0.25	20°
≥0.50	30°

注　当 $0.25<z/b<0.5$ 时，θ 值可内插求得。

正好满足式（6.1）的 z 值，就是要求的垫层厚度。增加垫层的厚度会增加基坑开挖和回填的工程量；同时对于地下水位较高的场地，还会增加施工的难度，因此，垫层太厚往往不经济。一般情况下垫层的厚度不宜小于0.5m，也不宜大于3m。

基底压力在垫层中不仅引起竖向附加应

力，也引起侧向应力，侧向应力使垫层有侧向挤出的趋势，如果垫层的宽度不足，四周土质又比较软弱，垫层料就有可能被挤入四周软土中使基础突然沉陷，但目前尚缺少可靠的理论方法进行验算。按应力扩散角的概念，为满足应力扩散的要求，垫层底面宽度应满足

$$B = b + 2z\tan\theta \tag{6.4}$$

式中 b——基础宽度，m；

B——垫层底面宽度，m；

z——垫层厚度，m。

整片垫层的底面宽度，还可以根据施工的要求，在式（6.4）的基础上适当加宽。

垫层底面宽度确定以后，再根据开挖基坑所要求的坡角延伸至地面以确定垫层顶面的宽度。同时还要满足垫层的顶宽应较基础宽度每边至少放出 300mm 的要求。

垫层地基也应进行变形验算。这种情况下，地基的变形应包括垫层的变形和下卧土层的变形。垫层的压缩模量应根据试验或当地经验确定，在无试验资料或经验时，砂砾垫层的压缩模量 E_{cu} 可取 12～24MPa。实际上当用料和压实标准均满足上述要求时，垫层本身的变形量很小，往往可以不计。变形计算方法与一般分层地基相同。

【例 6.1】 按作用标准组合某正方形扩大基础上的竖向荷载 $F_k=190\text{kN/m}$，基础布置和地基土层断面如图 6.5 所示。考虑基础下用厚 1.5m 砂砾垫层处理。试设计砂砾垫层（基础及其上填土的平均重度 γ_1 取 19.6kN/m³）。

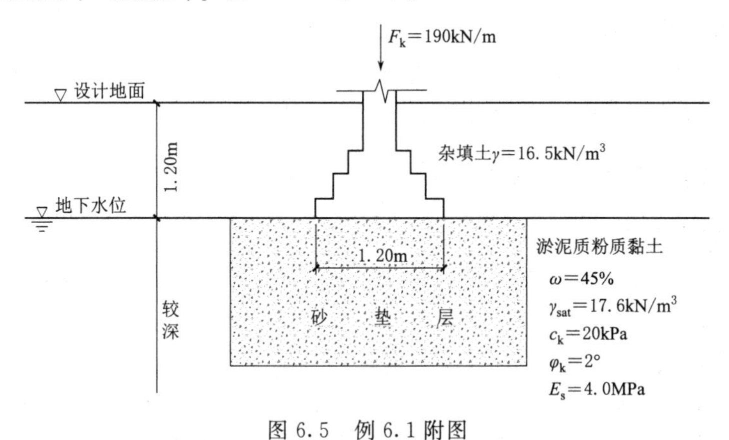

图 6.5 例 6.1 附图

解：（1）验算砂垫层承载力。

基底压力

$$p'_{0k}=\frac{F_k+G_k}{b}=\frac{190+19.6\times1.2\times1.2}{1.2}=181.9(\text{kN/m}^2)$$

查表得砂、砾料垫层承载力特征值 $[f_{a0}]=150\sim200\text{kPa}$，取 $[f_{a0}]=175\text{kPa}$。复合地基承载力容许值

$$[f_a]=[f_{a0}]+\gamma_2 h=175+16.5\times1.2=194.8(\text{kPa})>181.9\text{kPa}$$

故垫层顶面承载力满足要求。

（2）验算砂垫层底面淤泥质粉质黏土承载力，按式（6.1）要求 $p_{0k}+p_{gk}\leqslant\gamma_R[f_a]$。

自重应力 p_{gk}：换砂垫层后，取垫层料的有效重度为 10kN/m³。

$$p_{gk}=16.5\times1.20+10\times1.50=34.8(\mathrm{kN/m^2})$$

垫层底面处土的附加应力 p_{0k}：

基底自重应力 $p'_{gk}=1.2\times16.5=19.8(\mathrm{kN/m^2})$

由表得：$\dfrac{z}{b}=\dfrac{1.5}{1.2}=1.25>0.5$，砂垫层应力扩散角 $\theta=30°$。

代入上式，对矩形基础得

$$p_{0k}=\frac{bl(p'_{0k}-p'_{gk})}{(b+2z\tan\theta)(l+2z\tan\theta)}$$

$$=\frac{1.2\times1.2\times(181.9-19.8)}{(1.2+2\times1.5\times\tan30°)\times(1.2+2\times1.5\times\tan30°)}$$

$$=27.2(\mathrm{kPa})$$

（3）垫层底面淤泥质土的承载力。淤泥质粉质黏土的 $\omega=45\%$，查表得 $[f_{a0}]=$ 80kPa；基底以上有土层 2 层，其加权平均重度 $\gamma_2=(16.5+17.6)/2=17.05(\mathrm{kN/m^3})$；基底埋置深度为 2.7m，小于 3m，按 $h=3$m 计，得

$$[f_a]=[f_{a0}]+\gamma_2 h=80+17.05\times3=131.2(\mathrm{kPa})$$

$$p_{0k}+p_{gk}=27.2+34.8=62.0(\mathrm{kN/m^3})<[f_a]$$

故垫层底淤泥质土满足承载力要求。

本例题不进行地基变形验算。

（4）垫层尺寸确定。根据应力扩散范围 $b+2z\tan\theta=2.93(\mathrm{m})$，垫层底面宽采用 3m，其顶面尺寸可根据基坑开挖放坡要求确定，也不应小于 3m。

6.2.2　土质桩置换法——复合地基

6.2.2.1　复合地基的概念

如前所述，换土垫层的厚度不宜太大，因此对于软弱土层较厚且基础宽度较大，应力影响较深时就不适用。另一种换填法就是仿照桩基础的布置方式，采用成孔工艺，在软土层内打孔，然后回填以适当的土石料或掺和料，形成一刚度比四周软土大的土质桩。土质桩的刚度没有混凝土桩和钢筋混凝土桩那样大，不能完全承担路基或桥梁的全部荷载，而是与四周土一起共同承受桥梁的荷载，这种地基称为复合地基。

土质桩的种类很多，成孔后用砂土、黏性土、灰土、碎石等散粒材料充填密实而成的土质桩，称为散体材料桩。如前所述，部分散体材料桩的作用主要在于挤密桩间土，在地基计算中把桩中土与原来地基土视为一体，在分类上归属于加密法。若刚度明显大于周围土的散体材料桩，如砂石桩等，则视为与桩间土组成复合地基。若散体材料桩的纵向刚度很小，依靠桩周土的侧面压力保持桩的形状，属于柔性桩。这类桩的工作特点是不依靠侧壁传递摩擦力，也不依靠桩端传递荷载，设计中视为与四周土体一起作为桥梁地基共同扩散基础传来的荷载。成孔后，若用加胶结材料（水泥或石灰）的掺和土料充填密实而成的桩，称为胶结掺料桩。这类桩的刚度，视掺料中胶结材料的性质、掺量以及成桩条件而异，但都远大于周围土体，属半刚性桩。胶结掺料桩单桩的工作性状类似于混凝土刚性

桩，即依靠侧壁阻力和桩端阻力传递荷载。但就整体而言，由于基础底面与桩头之间设置砂石垫层，基础荷载经垫层分配给桩和桩间土，而不像一般桩基础，直接由承台将荷载传给桩。桩受载而下沉，再将部分荷载传给桩间土，所以这类半刚性桩在分类上归属于地基处理的复合地基。

土质桩的制作方法一般包括两个主要的工序，即造孔和填料成桩。完成这两道工序的成桩方法则是多种多样。简单的情况，例如桩径在 400mm 以内，桩长不超过 10m，且地下水位较深时，可以用洛阳铲或螺旋钻等钻具造孔，然后直接向孔内分层填料捣实而成桩。桩径较粗、桩长较大、工程具有相当规模时，则常采用振动沉管式成桩机或锤击式沉管成桩机制作土桩。这类机械都包括沉管、装料、挤密等装置，能依次将桩管下沉到预定的高程，然后逐级提升桩管并向管内灌入填料及压密填料，最后将桩管拔出地面制成土桩。另一类方法则是采用振冲法造孔成桩。当需要加固地基的土质很软，地下水位浅而且要求加固的桩径与深度比较大，用上述的造孔成桩方法都有困难时，就得采用专用的机具，将造孔和成桩两道工序结合一起完成土桩的制作。

在沉管成桩的过程中，如果采用封闭的管端（加管靴），沉管时桩位处的地基土向四周挤压，四周土体受挤密，土质显著改善。如果采用开敞的管端，则沉管时，原位土基本上都挤入管内，再用取土器清除，对四周土体的加密作用不大。设计中，若以挤密地基土为目的，土桩只作为地基土的一部分，不承担更大的荷载，这种情况归类为加密法。若经置换后，桩体的刚度明显大于土体的刚度，能承担更大的荷载，就归类于复合地基。

6.2.2.2 散体材料桩复合地基设计

在散体材料桩中最常用的是砂石桩。砂石桩常用以处理松散砂土、素填土和杂填土地基。对饱和黏土地基，如不宜沉降控制，也可采用砂桩处理。砂桩内填料宜采用砂砾、粗砂、中砂、圆砾、角砾、卵石、碎石等，填料中含泥量不应大于 5%，并不宜含有粒径大于 50mm 的粒料。

砂桩直径可采用 0.3～0.8m，需根据地基土质和成桩设备确定，对饱和黏土地基宜选用较大直径。

砂桩挤密地基宽度应超出基础宽度，每边放宽宜为 1～3 排。砂桩用于防止砂层液化时，每边放宽不宜小于处理深度的 1/2，并不应小于 5m；当可液化层上覆盖有厚度大于 3m 的非液化层时，每边放宽不宜小于液化层厚度的 1/2，并不应小于 3m。

桩距一般为 1.5～2.5m。施工时在桩位处将大口径的开口钢管（直径 300～800mm）打入至设计深度，然后用取土器取出管内软土，再用级配良好的砂石，分层回填压密而成砂石桩。桩顶一般铺设 300～500mm 厚的砂石垫层，整体布置如图 6.6 所示。

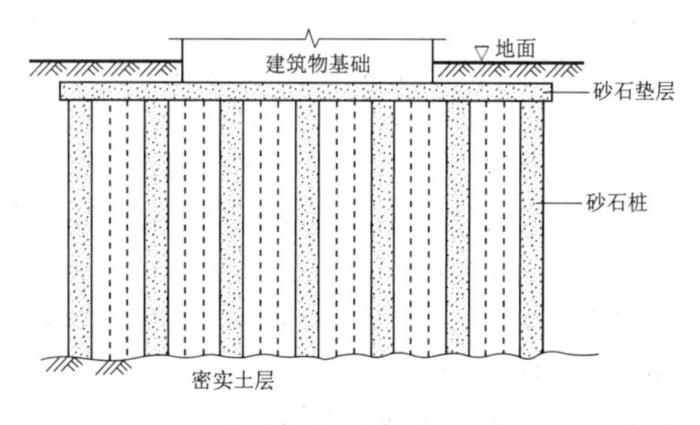

图 6.6 砂石桩复合地基

1. 处理范围及平面布置

处理深度一般要穿过松软土层到达相对密实的良好土层上。当松软土层的厚度过大而不能或不必达到良好土层时，则要求处理后地基的变形量不超过桥梁地基变形的允许值，同时满足下卧层承载力的要求。另外，对于必须验算地基稳定性的工程，如承受较大水平荷载的闸坝或挡土结构，砂石桩的处理深度不应小于最危险滑动面以下2m的深度。

散体材料桩复合地基中应力的传播，可以认为与一般地基土类似，都是通过颗粒的接触点向下、向四周扩散，因此地基的处理宽度应比基础的宽度大，一般宜自基础外缘扩伸1～3排桩的距离，以利于应力的逐渐扩散。

通常在加固面积内，砂石桩按等边六边形或正方形布置，如图6.7所示，图中，l_s为砂石桩的中心距，砂石桩的中心距应通过现场试验确定，但不宜大于砂桩直径的4倍。具体计算可参见《公路桥涵地基及基础设计规范》(JTG 3363—2019) 第4.5.7条。

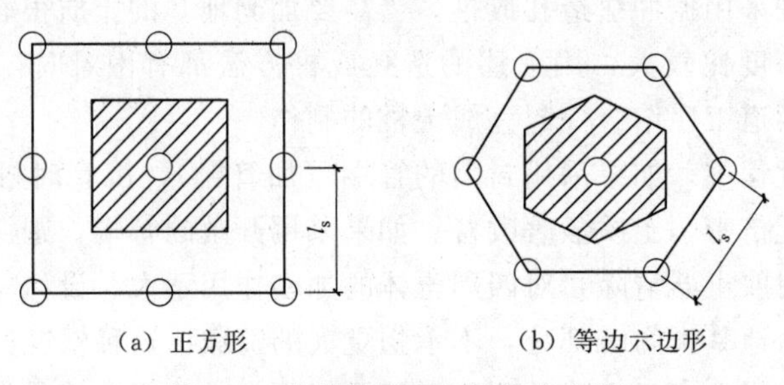

图6.7　砂桩的平面布置及中心距

2. 复合地基的承载力

复合地基的承载力，最好通过做复合地基的现场载荷试验直接测定。这种试验荷载板的面积要包括砂石桩和每根砂石桩所控制范围的全部面积，甚至多根桩所控制的面积，试验工作的规模大、费用高。为减少现场载荷试验的工作量，也可以用单桩和桩间土的现场载荷试验，分别测定桩和原位土的承载力，然后由下式求复合地基的承载力特征值

$$[f_a]=[f_{a0}]+\gamma_2 h \tag{6.5}$$

式中　$[f_a]$——复合地基承载力特征值，kPa；

$[f_{a0}]$——处理后桩间土地基承载力基本容许值，kPa。

复合地基的承载力确定以后，就可以根据桥梁的荷载，计算基础尺寸，进而做地基变形验算。

复合地基变形计算与一般多层地基相同，复合土层的分层与天然地基相同。

砂石桩除了提高地基承载力，减少变形外，还在地基中形成十分通畅的排水通道，对加快地基的固结起重要作用。值得注意的是，在这种方法中，由于桩体受力远比桩间土大，桩体要发生侧面挤压变形，特别是桩头附近部位，侧向约束压力较小，难以限制侧面挤压变形。因此如果桩间土的强度很低，例如不排水强度小于20kPa的软土，桩头容易产生过大的鼓胀，从而导致桩顶突陷。遇到这种情况，如果没有有效的工程措施，一般不宜采用砂石桩置换法。

6.2.2.3　胶结掺料桩复合地基设计

工程上常用的胶结掺料桩包括用常规方法施工的水泥粉煤灰碎石桩(CFG桩)、夯实

水泥土桩、用专门机具施工的深层搅拌桩和高压喷射注浆桩等。

1. CFG 桩和夯实水泥土桩复合地基

CFG 桩适用于处理黏性土、粉土、砂土和已经自重固结的人工填土地基，对于淤泥质土则应按地区经验或者通过现场试验判定是否适用。由于水泥的加固作用，这种桩的材料强度较高，桩的刚度较大，具有刚性桩的传力特点，即基础传来的荷载主要通过桩传给桩端地基土，因此要选择承载力较大的土层作为桩端的持力层。桩的布置范围可以限定于基础的范围内。桩径常用 300～800mm，桩距为 3～5 倍桩径。桩顶和基础之间应设置 0.4～0.6 倍桩径厚度的砂石垫层。砂石垫层是胶结掺料桩复合地基的重要组成部分，起调整、分配基底荷载的作用。在一般桩基中，承台直接支撑在桩上，荷载直接由桩传递，桩基受力下沉，通过桩侧摩擦和承台下土的抗力，部分荷载转由桩间土承担，形成桩土共同作用。在复合地基中，基底荷载直接作用在砂石垫层上，受力后桩头刺入垫层中，桩的上部产生负摩擦作用，其结果使基底荷载在桩与桩间土中重新分布，形成桩土共同作用。

CFG 桩复合地基的承载力应通过复合地基现场载荷试验确定。

单桩竖向承载力特征值 R_a 应用现场单桩试验求测的极限承载力除以安全系数 2。

此外，还要满足桩身材料的强度要求，具体是桩身立方体试块的 28 天抗压强度平均值 f_{cu} 应满足

$$f_{cu} \geqslant \frac{R_a}{\eta A_p} \tag{6.6}$$

式中　A_p——桩的截面面积；

η——系数，可取为 1/3。

经过 CFG 桩处理后的复合地基还应按上述复合地基变形计算方法进行变形验算。

与 CFG 桩复合地基很相似的还有夯实水泥土桩地基。不同的是成孔后，填以适当配比的水泥土。通常应根据现场地基土的性质，选择水泥品种，并通过配比试验，确定水泥土的配比。

2. 水泥土搅拌桩复合地基

水泥土搅拌桩的施工工艺分为浆液搅拌法（简称湿法）和粉体喷搅法（简称干法）两类。湿法是在强制搅拌时喷射水泥浆与土混合成桩。该法最早在美国研制成功，称为 mixed - in - placepile，意即现场拌合桩，简称 MIP 法。我国于 1978 年研制第一台湿法的施工机具，即图 6.8 所示的 SJB - 1 型深层搅拌机。干法是在强制搅拌时，喷射水泥粉与土混合成桩。瑞典人 Kjeld Paus 最早于 1967 年提出用石灰搅拌桩加固软基的设想，并于 1971 年研制出世界上第一台粉喷搅拌机。这种方法称为 dry jet mixing method，简称 DJM 法。我国于 1983 年由铁道部门研制出第一台粉体喷射搅拌机。

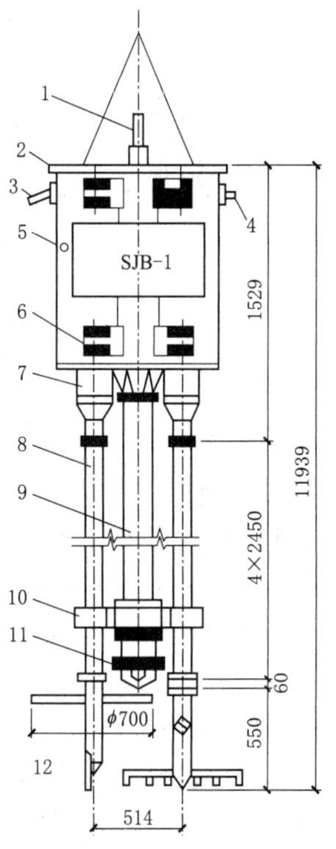

图 6.8　SJB - 1 型深层搅拌机

1—输浆管；2—外壳；3—出水口；4—进水口；5—电动机；6—导向滑块；7—减速器；8—搅拌轴；9—中心管；10—横向系板；11—球形阀；12—搅拌头

水泥土搅拌法适用于处理正常固结的淤泥和淤泥质土、粉土、黄土、素填土、黏性土以及无流动地下水的饱和松散砂土地基。其中当地基土的天然含水量小于30%（黄土含水量小于25%）时不宜采用干法。另外，对于泥炭土、有机质土、pH值小于4的酸性土、塑性指数 I_p 大于25的黏土，以及无工程经验的地区都需要通过现场试验以确定地基土是否适于用水泥土搅拌法处理。

深层搅拌法施工工艺流程如图6.9所示。将深层搅拌机安放在设计的孔位上，先对地基土一边切碎搅拌，一边下沉，达到要求的深度。然后在提升搅拌机时，边搅拌边喷射水泥浆，直至将搅拌机提升到地面。再次让搅拌机搅拌下沉，又再次搅拌提升。在重复搅拌升降中使浆液与四周土均匀掺和，形成水泥土。水泥土较原位软弱土体的力学特性有显著的改善，强度有大幅度的提高。

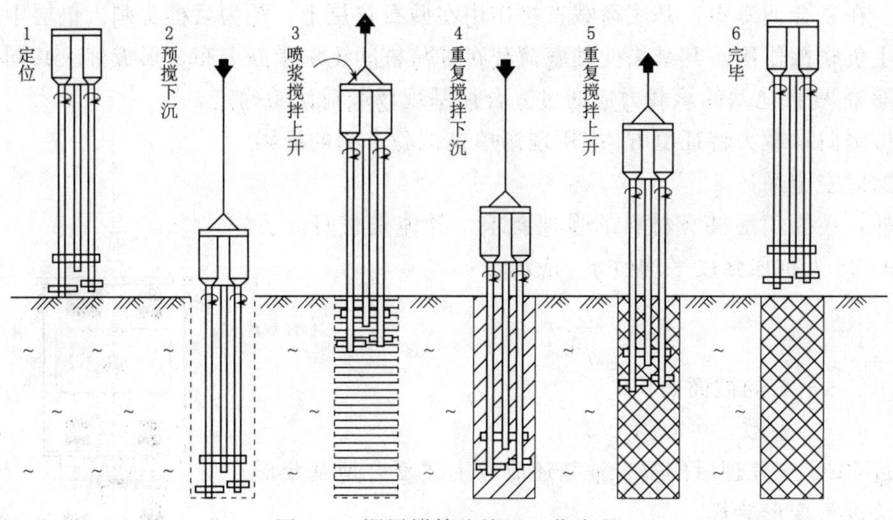

图6.9 深层搅拌法施工工艺流程

水泥可用普通硅酸盐水泥，掺量为加固湿土质量的12%～20%。湿法时水泥浆的水灰比可选用0.5～0.6。也可以用石灰代替水泥作为固化材料，用同样方法搅拌成石灰土桩。初步研究表明，当石灰掺量在10%～12%以内时，石灰土的强度随石灰含量的增加而提高。对于不排水强度为10～15kPa的软黏土，石灰土的强度可达到原土的10～15倍。当石灰的含量超过12%以后，强度不再明显增长。

水泥土搅拌法加固体的形状可以根据上部结构的特点和对地基承载力、变形以及防渗等各方面的要求，做成圆柱形、壁板形、格栅形或块状体。用于道路、桥梁地基时，通常采用圆柱形。水泥土搅拌桩的布置原则与CFG桩相同，复合地基的设计方法也相似。

与刚性桩相似，水泥土搅拌桩承重后，相对于四周土要发生位移，相对位移量包括桩身变形量和桩头及桩尖的刺入量。相对位移量越大，通过侧壁摩擦作用传给桩周土的应力也越大，桩周土越能发挥承载力作用。搅拌桩本身的刚度较大，变形量很小，但若桩尖下是软弱土，桩尖的下沉量大也能提高桩间土的承载作用。

3. 高压喷射注浆法复合地基

高压喷射注浆法复合地基也是采用就地搅拌成桩的方法形成的，但采用的施工机具和施工工艺与深层搅拌法不同。它是用相当高的压力，将压缩空气、水和水泥浆液，经沉入土层中的特制喷射管送到旋喷头，并从旋喷头侧面的喷嘴以很高的速度喷射出来，喷出的浆液形成一股能量高度集中的液流，直接冲击破坏土体，使土颗粒在冲击力、离心力和重力的共同作用下与浆液搅拌混合，经过一定时间，便凝固成强度很高、渗透性较低的加固土体。加固土体的形状因射浆方式不同而异，可以是柱状的旋喷桩，也可以是块状或板状的旋喷墙。

从喷嘴中喷出的浆液虽具有巨大的能量，但在土体和水中喷射时，喷射流的压力衰减很快，因此破坏土的射程较短，即形成旋喷桩的直径较小。而当液流在空气中喷射时，因阻力较小，达到的有效射程就很大。图 6.10 所示为不同介质中喷嘴直径为 2mm、出口压力为 20MPa 的喷流轴上的动水压力和距离的关系。

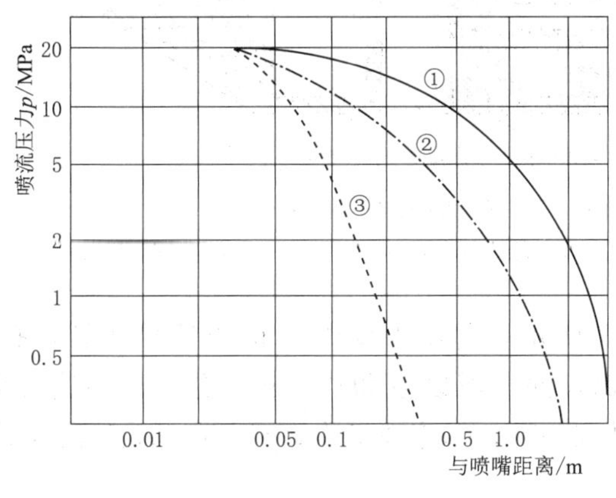

图 6.10 喷射轴上压力和距离关系

显然，同样的出口压力下，在空气中的喷射距离要比在水中的长得多。根据这一原理，旋喷法从单管法发展为二管法（或二重管法）和三管法（或三重管法），如图 6.11 所示。

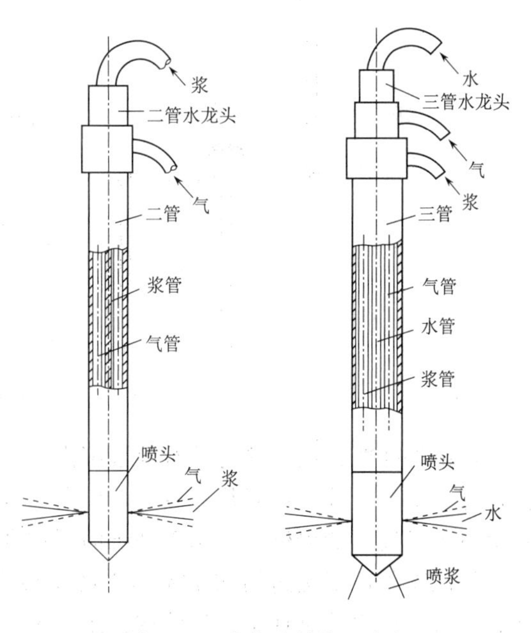

图 6.11 多管喷射装置示意

单管法是浆液从单根管侧面的管嘴喷出，冲击破坏土体，同时借助喷嘴的旋转和提升运动，使浆液与从土体上崩落下来的土块搅拌混合。由于浆液直接在土和水中喷射，所以形成旋喷桩的直径较小，一般为 0.5～0.8m。

二管法是在喷射管内装有两根小管分别输浆和输气（二重管则是输浆管和输气管同圆心套叠）。管底有一双重喷嘴，内喷嘴喷射出高压浆液，外喷嘴则喷射压缩空气，因此在高压液流外围绕着一圈气流。

在其共同作用下，破坏土体的能量显著增加，形成旋喷桩的直径也明显增加，为 1～2m。

三管法是在喷射管内装有三根小管，分别输送水、气和浆液（三重管法是以三根互不相通的钢管，按直径大小在同一轴线上同心套叠在一起）。输水管水流压力约 20MPa，输气管压力为 0.7MPa，输浆管压力为 2.0～3.0MPa。喷射管的下端有图 6.12 所示的喷头，经喷头，高压水和气从横向的管口喷出，浆液则从喷头的下端喷出。施工中边喷射，边旋转，边提升。被高压水和压缩空气所切削的地基土与水泥浆相混合，形成水泥、土和水的混合体，凝固成旋喷桩，直径可大于二重管法所形成的旋喷桩。

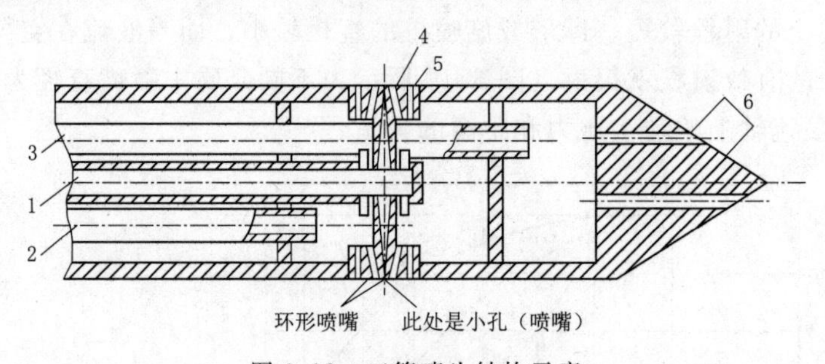

图 6.12 三管喷头结构示意

1—输水管；2—输气水管；3—输浆管；4—喷水管；5—喷气口；6—喷浆口

旋喷桩的施工顺序如图 6.13 所示。①用振动打桩机或钻机成孔，孔径为 150～200mm；②插入旋喷管；③开动高压泵、泥浆泵和空压机，分别向旋喷管输送高压水、水泥浆和压缩空气，同时开始旋转和提升；④连续工作直至预定的旋喷高度后停止；⑤拔出旋喷管和套管，形成旋喷桩。

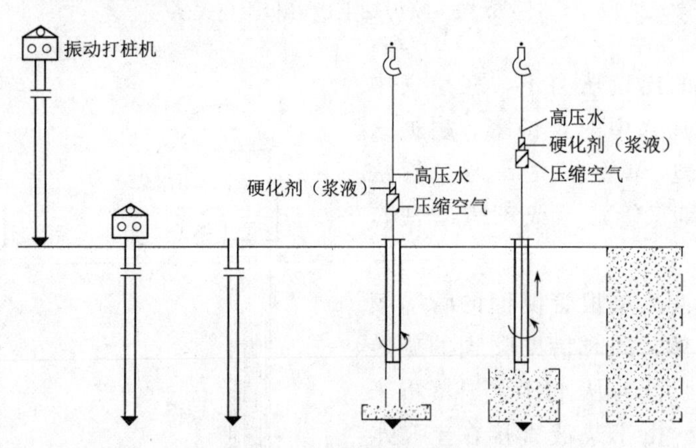

图 6.13 旋喷桩的施工顺序

如果将孔距控制在喷射的有效范围内，喷射时，旋喷管只提升不旋转，即固定喷射方向，称为定喷注浆。或者是虽旋转，但角度较小，称为摆喷注浆。定喷注浆或摆喷注浆能在地下形成连续的墙体，可用于基坑的围护和地下防渗阻水。

高压喷射注浆法适用的土层与水泥土搅拌法相似，常用于处理淤泥、淤泥质土，流塑、软塑和可塑的黏性土，松软的粉土、黄土以及松散的砂土和碎石土。对于土层中含有大直径的块石，大量植物根茎或较高有机质含量以及地下水流速太大的工况，则应进行现场试验以确定其适用性。

6.3 加密法

6.3.1 机械压密法

利用一定的机具在土体中产生瞬时重复荷载，以克服颗粒间的阻力，使颗粒间相互移动、孔隙体积减小，密度增加，称为机械压密法。这种方法常用于大面积填土的压实和杂填土、黄土等地基的处理中。

机械压密的方法主要有三大类：①碾子静重压密，采用平碾、羊脚碾和气胎碾等机具压密；②冲击荷重压密，采用夯板、偏心碾和动力夯等机具压密；③振动压密，采用振动碾、振动板等机具压密。三类机械压密的方法示意如图 6.14 所示。

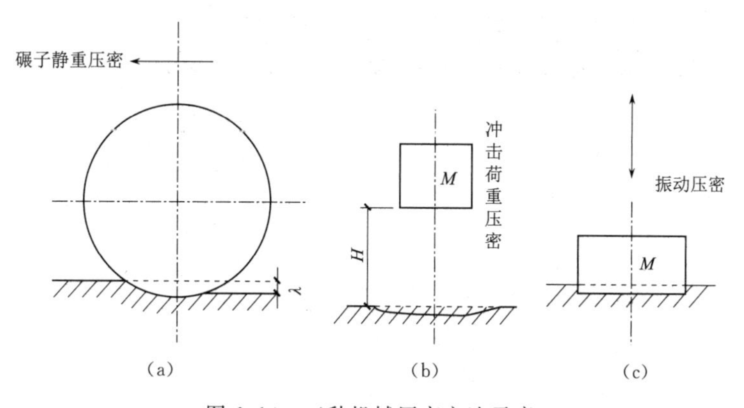

图 6.14　三种机械压密方法示意

机械压密的效果取决于土的性质和机械的荷重参数。土是否容易压密与土的种类关系很大。对黏性土而言，重要影响因素是土的含水量。含水量较低的土，因为大量空气的存在，孔隙水都成毛细水，弯液面曲率大，毛细力也大，因而土粒间存在可观的摩擦阻力，阻碍颗粒的移动，所以土不容易压密。而当含水量很大时，气体处于封闭状态，在短暂荷载作用下，水不容易排出，土也就不容易被压密。对于砂土，由于很容易排水，所以水的存在，可以减小粒间摩擦而不会影响颗粒间的相互挤密，所以压密砂土时要充分洒水。

三类压密机械的荷重参数变化范围见表 6.3。

表 6.3　　碾压工具的荷重参数

压密机械	最大应力/MPa	应力状态的变化速率/(MPa/s)	应力持续时间/s
平碾	0.7～1.2	2.8～30.0	0.01～0.25
夯板	0.8～1.5	45.0～200.0	0.008～0.011
振动板	0.03～0.09	1.0～9.0	0.01～0.03

黏性土的压实，要求有较大的静压力，而对于无黏性土，振动荷载将会产生更大的压密效果。

应该指出，机械压密方法，除夯板（也称重锤）夯实外，有效的压密厚度都比较小，在地基处理中一般只用以作为地基表层处理，对于提高地基的承载力作用不大。

夯板压密法如图 6.15 所示，锤的质量为 1～2t，落距为 3.5～4.0m，用 3t 起重机作为提升机械。夯板压密法有效加固深度达 1.5～2.5m，可用于加固稍湿的高压缩性土，如填土松砂、湿陷性黄土等，效果很好。我国西北城市常用该法加固黄土地基，消除其湿陷性。经夯实后，地基的容许承载力可以达 150kPa。

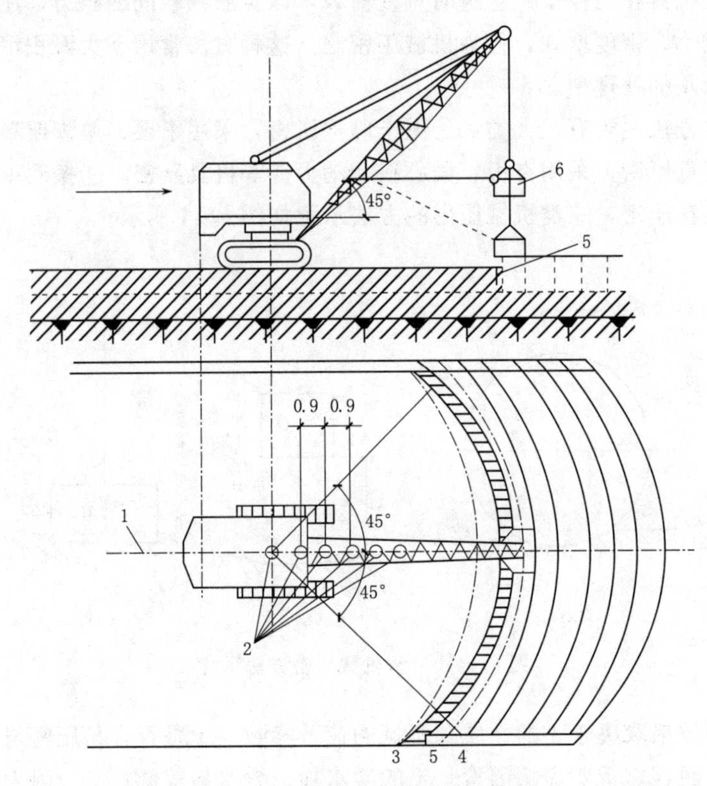

图 6.15　夯板压密法

1—起重机步进轴线；2—起重机位置；3—已加密带；4—正在压密带；5—搭接带；6—重锤

6.3.2　深层挤密法

1. 砂桩、土桩和灰土桩

图 6.16 所示是一台打砂桩用的设备。施工时，借助振动器把套管沉入要加固的土层中直至设计的深度。套管的一端有可以自动打开的活瓣式管嘴。打入时管嘴闭合，管外周围土体受到强烈的挤压而变密。成孔后在管中灌入砂料，同时射水使砂尽可能饱和。当管子装满砂后，一边拔管，一边振动，这时管嘴的活瓣张开，砂灌入孔内。当套管完全拔出后，就在体中形成一根砂桩。有时还可以在已形成的砂柱中，再次打入套管，进行第二次作业，以扩大桩径。

用类似的方法成孔，若孔中填以素土，分层击实，则成土桩，填以灰土，则为灰土桩。这类方法与上节中的砂石桩置换法十分相似，一般都包含有挤密和置换两种作用，不过侧重点有所不同。砂石桩置换法以置换为主，经置换后，桩体的刚度高于四周土的刚度，故按复合地基设计。砂桩挤密法则以沉管挤密改善土性为主，桩体的刚度与挤密后土体的刚度差别不是很大，处理后可按均匀土层设计。

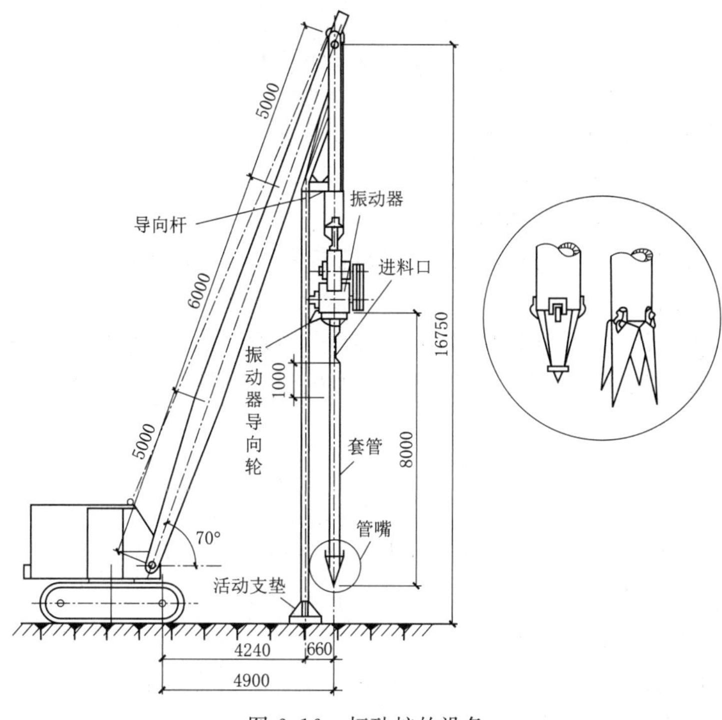

图 6.16　打砂桩的设备

砂桩和土桩一般用于加固松散砂土，地下水位以上的湿陷性黄土、素填土和杂填土地基。含水量较大，饱和度高于 0.65 的黏性土，不容易在沉管过程中完成固结压密，挤密的效果差，不宜采用此法。

砂桩在平面上按等边三角形排列，如图 6.17 所示。

为了使基础底面压力能较好地在地基内扩散，加固的范围应大于基础的面积。土桩用于非自重湿陷性黄土、素填土和杂填土等地基时，每边伸出基础外缘不应小于基底宽度的 0.25 倍，且不应小于 0.5m；用于自重湿陷性地基，每边伸出基础外缘不应小于基底宽度的 0.75 倍，且不应小于 1.0m。砂桩用于处理非液化地基时，每边应伸出基础外缘 1～3 排桩，处理液化地基时，则伸出宽度不应小于可液化土层厚度的 1/2，且不应小于 5m。

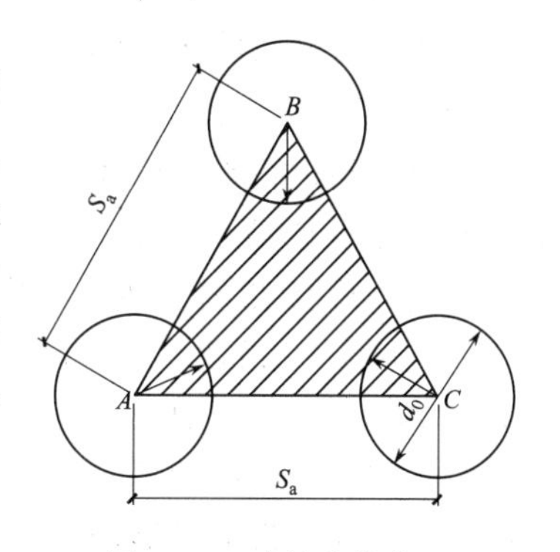

图 6.17　砂桩孔位布置

如果加固的是砂土地基，则桩的间距、直径和加固前后孔隙比的关系，可以按式（6.7）确定。该式推导的依据是图 6.17 中，三角形 ABC 内，土的起始孔隙比为 e_1，打入套管后，圆孔内扇形面积的土体被挤出孔外，三角形面积不变而孔隙比减少为 e_2，于是得

$$\frac{\frac{\sqrt{3}}{4}S_a^{\ 2}}{1+e_1}=\frac{\frac{\sqrt{3}}{4}S_a^{\ 2}-\frac{\pi d_0^{\ 2}}{8}}{1+e_2}$$

简化后得

$$S_a=0.952d_0\sqrt{\frac{1+e_1}{e_1-e_2}} \tag{6.7}$$

式中　S_a——砂桩的中心距离，m；

d_0——砂桩的直径，m；

e_1——加固前地基土的孔隙比；

e_2——加固后地基土的孔隙比，一般可取为相对密度 $D_r=0.70\sim0.85$ 时相应的孔隙比。

式（6.7）由于没有考虑到打桩时地面上抬和侧面膨胀的影响，因此计算的 e_2 值偏小，即密度偏高，应根据经验作适当修正。若加固的是黏性土地基，桩的间距和直径可按下式计算

$$S_a=0.952d_0\sqrt{\frac{\lambda_c\rho_{dmax}}{\lambda_c\rho_{dmax}-\rho_d}} \tag{6.8}$$

式中　λ_c——经土桩挤密后，桩间土的平均压实系数，不宜小于0.93；

ρ_{dmax}——桩间土的最大干密度，g/cm^3，由试验确定；

ρ_d——加固前桩间土的干密度，g/cm^3。

对孔内填料的密度要求，当用砂料时，应不低于加固后地基砂层的相对密度；当用素土时，其平均压实系数 λ_c 应不小于0.97；当用灰土时，石灰与土的体积比宜为2∶8或3∶7，平均压实系数 λ_c 也不应小于0.97。

经过挤密加固后，地基承载力特征值可按现场载荷试验确定。工程实践经验表明，对黏性土地基，用土桩加密后，承载力不应高于加固前的1.4倍，且不宜大于180kPa。当用灰土桩加密时，承载力不应高于加固前的2.0倍，且不宜大于250kPa。在地基变形验算中，加固后土层的压缩模量可采用现场载荷试验或参考地区经验确定。

2. 振冲法

众所周知，在砂土中注水振动容易使砂土压密，利用这一原理发展起来的加固深层土层的方法称为振动水冲法，简称振冲法。振冲法是德国斯图门（S. Steuerman）在1936年提出，1937年德国凯勒（Keller）公司研制成功第一个振冲器。振冲器像一个插入混凝土振器，圆筒直径通常为274～450mm，长1.6～3.0m，自重8～20kN，功率为13～75kw，筒内主要由一组偏心块、电动机和通水管三部分组成。工作时，潜水电机带动偏心块作高速旋转使振冲器产生高频振动。振冲器上下端设有喷水口，用于下沉和提升振冲器时不断射水。常见的振冲器构造如图6.18所示。

振冲法施工程序如图6.19所示。振冲器由吊车就位后，先打开喷水口，启动振冲器，从下喷水口喷水，并在振动力作用下，将振冲器沉至需要加固的深度，然后关闭下喷水口，打开上喷水口，一边向孔中填砂石，一边喷水振动，并上提振冲器，如是操作直至形成振冲桩。孔内的填料越密实，则振冲时所耗的能量越大，所以通过观察电流的变化就可

以判断加固的质量。

早期，振冲法多用于振密松散的砂层和砂坡。砂土在振冲器不断射水和振动作用下，水液化，丧失强度，振冲器很容易靠自重不断沉入土中。在这一过程中，加固范围内的砂土自身在振密，悬浮着的砂粒被挤入孔壁，同时饱和了的土中产生孔隙水压力引起渗流固结，整个加固过程是挤密、液化和渗流固结三种作用的综合结果，形成加固后的密实排列结构。

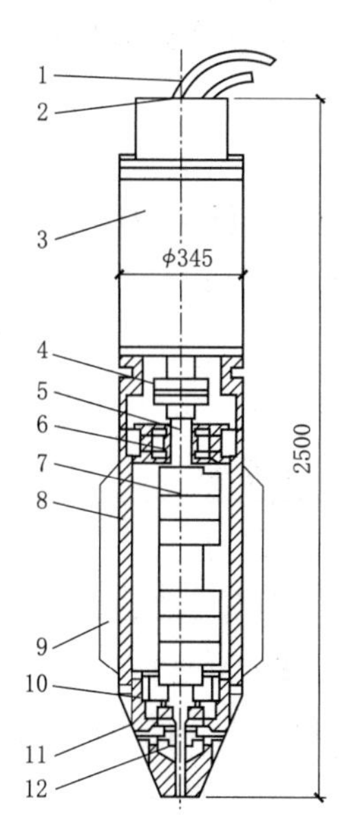

图 6.18 振冲器构造

1—水管；2—水缆；3—电机；4—连轴器；5—轴；6—轴承；7—偏心块；8—壳体；9—叶片；10—轴承；11—头部；12—水管

由于设备简单、工效高，振冲法被进一步推广用于加固粉土、粉质黏土和人工填土，这时振冲法更多是以冲振置换，即用振冲法造孔，并在孔内投料，振动压密成桩，构成复合地基。所以在工程上，振冲法若以挤密原位土、提高地基承载力、减少沉降为目的时，可以按上述砂桩挤密法进行设计；若以置换为主，在地基中形成增强体以提高地基承载力，减少沉降时，则应按砂石桩复合地基设计。

选择合适的填料是振冲法设计的重要内容。回填料的作用：一是把振冲器的振动作用传给地基；二是填充振冲器提升后所形成的孔洞。实践证明，填料的级配、回填速度，以及向上的水流速度等对加密效果及施工速度都有重要影响。

细砂、粗砂、圆砾、碎石和炉渣都可以作为回填材料。炉渣的特点是比较便宜，但沉淀速度不如砂石材料快。理论上讲，填料粒径越大，挤密效果越好。但颗粒太粗，容易在孔内形成拱架，阻碍填料下沉到底，故最大粒径宜控制在 50mm 以内。

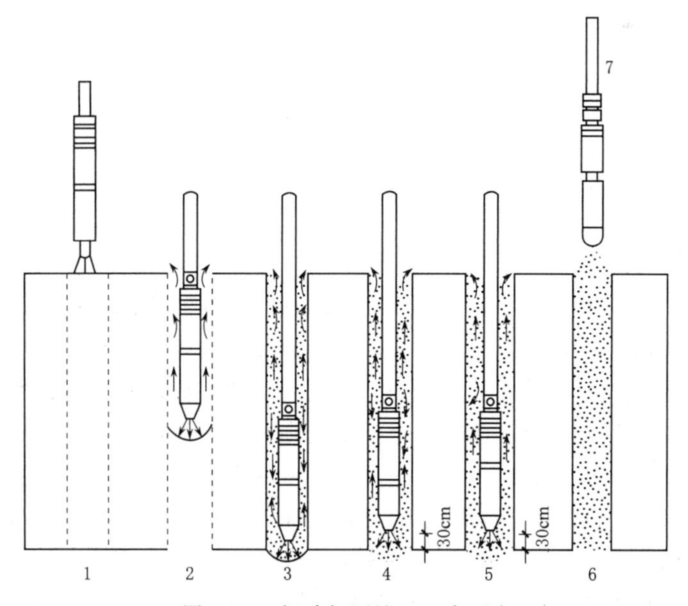

图 6.19 振冲加固施工工序示意

1—就位；2—造孔；3—造孔完毕；4—上提 30cm；5—填料振冲；6—逐层加固完毕；7—振冲器提出孔口

根据实践经验建立式（6.9）和表6.4可用来评价填料的适宜程度。

$$S=1.7\times\sqrt{\frac{3}{D_{50}{}^{2}}+\frac{1}{D_{20}{}^{2}}+\frac{1}{D_{10}{}^{2}}} \tag{6.9}$$

式中　D_{50}、D_{20}、D_{10}——颗粒大小分析曲线上对应于50%、20%、10%的颗粒直径，mm；

S——评价填料适宜性的指标，S值越低，填料在孔中的下沉速度越快，振冲器提升的速率也越快，能获得较好的压密效果。

表6.4　　填料适宜性评价

S值	0～10	10～20	20～30	30～50	>50
填料适宜性评价	最好	好	良	差	不适宜

【例6.2】 某场地为细砂地基，天然孔隙比$e_1=0.95$，$e_{max}=1.12$，$e_{min}=0.60$。基础埋深1.0m，有效覆盖压力为18kPa。使用砂桩加密地基，砂桩长8.0m，直径$d_0=$500mm，间距$S_a=1.5$m，正三角形排列，试计算加密后的相对密度。

解：（1）求加密后的孔隙比e_2。按式（6.7）有

$$S_a=0.952d_0\sqrt{\frac{1+e_1}{e_1-e_2}}$$

$$e_2=e_1-\frac{0.906d_0{}^{2}}{S_a{}^{2}}(1+e_1)$$

$$=0.95-\frac{0.906\times0.5^2}{1.5^2}\times(1+0.95)=0.754$$

（2）求地基承载力。加密后地基细砂的相对密度为

$$Dr=\frac{e_{max}-e_2}{e_{max}-e_{min}}$$

$$=\frac{1.12-0.754}{1.12-0.60}=0.704>0.67$$

即经砂桩加密后，细砂已达到密实状态。

6.3.3　强夯法

强夯法是将几十千牛至几百千牛，亦即几吨到几十吨的重锤，从几米至几十米的高度自由下落，利用落体的巨大能量对地基土冲击而起加固作用，是有效的深层加固方法。

强夯法虽然是在过去重锤夯实的基础上发展起来的一种地基处理技术，但其加固原理要比一般重锤夯实复杂。它利用重锤下落产生的强大夯击能量，在土中形成冲击波和很大应力，其结果除了使土粒挤密外，还可在高含水量的土体中产生较大的孔隙水压力，甚至可导致土体暂时液化。同时，巨大能量的冲击，使夯点周围产生裂缝，形成良好的排水通道加快孔隙水压力消散，从而使土进一步加密。

强夯法适用于处理碎石土、砂土、低饱和度的粉土和黏性土、湿陷性黄土、素填土和杂填土等地基。对高饱和度的软黏土，加固的效果差，应在现场试验的基础上考虑应用与否。

强夯法的有效加固深度从最初起夯面算起，并应根据现场试验或当地的经验确定，缺乏试验资料和经验时，也可按下式估算

$$H=k\sqrt{\frac{Gh}{10}} \tag{6.10}$$

式中 H——有效加固深度，m，H 值也可用表 6.5 的资料预估；

G——锤重，kN；

h——落距，m；

k——与土的性质和夯击方法有关的系数，一般变化范围为 0.4～0.8，夯击能量大，取低值。

表 6.5　　强夯法的有效加固深度

单击夯击能/(kN·m)	有效加固深度/m		单击夯击能/(kN·m)	有效加固深度/m	
	碎石土、砂土等	粉土、黏性土、湿陷性黄土等		碎石土、砂土等	粉土、黏性土、湿陷性黄土等
1000	4.0～5.0	3.0～4.0	6000	8.5～9.0	7.5～8.0
2000	5.0～6.0	4.0～5.0	8000	9.0～9.5	8.0～8.5
3000	6.0～7.0	5.0～6.0	10000	9.5～10.0	8.5～9.0
4000	7.0～8.0	6.0～7.0	12000	10.0～11.0	9.0～10.0
5000	8.0～8.5	7.0～7.5			

同时，单击夯击能大于 12000kN·m 时，有效加固深度应通过试验确定。

强夯中，每次夯击能量应根据地基土的类别、结构物的类型、荷载大小和要求处理的深度等因素综合考虑，并通过现场夯击试验确定。一般情况下，对于粗颗粒土，可取 1000～3000kN·m/m^2；细颗粒土可取 1500～4000kN·m/m^2。

夯击应分遍进行，遍数应根据地基土的性质确定，一般情况下，可采用 2～4 遍，最后再以低能量满夯一遍。对于渗透性弱的细颗粒土，必要时遍数可以适当增加。

第一遍夯点的间距可取夯锤直径的 2.5～3.5 倍，夯点的布置可以根据桥梁的结构类型，分别采用正方形、等边三角形或等腰三角形排列。第二遍夯点和第三遍夯点的间距可与第一遍夯点相同，也可适当缩小。夯点的位置插于第一遍夯点之间，尽量使处理范围内夯点分布均匀，以求取得最好的加固效果，如图 6.20 所示。

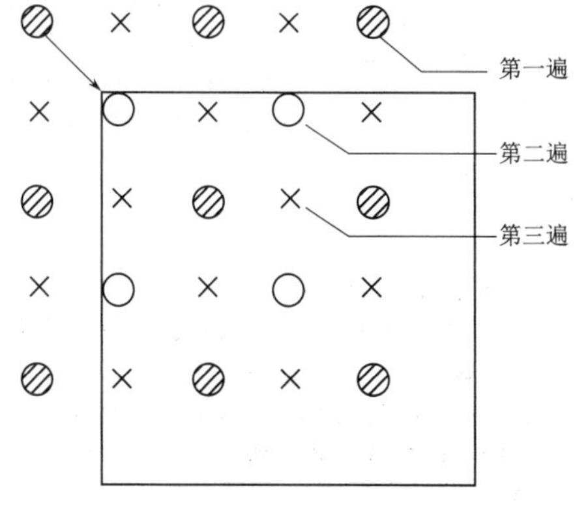

图 6.20　夯点的布置

每遍每一夯点的夯击数应由现场试夯试验的结果来确定。确定时，应同时满足下列条件：

(1) 一般最后两击的平均夯沉量不宜大于如下数值：单击夯击能小于 4000kN·m 时为 50mm；单击夯击能为 4000～6000kN·m 时为 100mm；单击夯击能大于 6000kN·m 时为 200mm。

(2) 夯坑周围地面不要发生过大的隆起。

(3) 不因为夯坑过深而发生起锤的困难。

强夯处理的范围应大于桥梁基础的范围，每边超出基础外缘的宽度可取为处理深度的1/2～2/3，而且不宜小于3m。对可液化地基，基础外缘以外的处理宽度不应小于5m。强夯加固地基工程举例见表6.6。

表6.6　强夯加固地基工程举例

序号	工程名称	地层土质	加固目的	施工情况	加固效果
1	新建厂址	地表下深约12m内为Q_4，Q_3新黄土，都具有湿陷性。地下水在17～20m	提高地基承载力，消除湿陷性	1500kN履带起重机，锤重250kN，落距25m	地基承载力提高0.5～2倍，压缩模量提高1～3倍，深度在14m范围内消除湿陷性
2	小麦储仓	地表下深约30m厚，$f_{ak}=80$kPa。以下有3.5m厚Q_3，Ⅰ级非自重湿陷，$f_{ak}=160$kPa，下卧粉质黏土厚4.5m，呈软塑至流塑状态，$f_{ak}=110$kPa	提高地基承载力，消除湿陷性	150kN履带起重机，锤重115kN，落距14m	地基承载力提高1倍以上
3	住宅楼	地面以下7m范围为湿陷性粉土和粉质黏土，下卧风化页岩，上铺黏性土夹强风化凝灰岩填土，分层碾压，厚约2.8m	提高地基承载力，消除湿陷性，解决不均匀沉降	300kN履带起重机，锤重120kN，落距17m，夯击2遍	地基承载力提高到450kPa以上，消除了湿陷性
4	乙烯工程	第一层粉质黏土，层厚1.6～2.7m，呈软塑状；第二层粉土，层厚2.5m，呈流塑状态；第三层泥质粉质黏土夹薄层粉砂，层厚12m，呈流塑状态	提高地基承载力，消除液化	500kN履带起重机，锤重150kN，落距16m，夯击4遍	地基承载力达180～200kPa，加固深度10m，影响深度15m，可消除7度地震液化
5	惠州华德石化原油库回填地基	场地由低山和山前冲积平原组成，爆破挖填，最大填地厚度11～14m，需处理最大厚度达17m，填土中夹大块石	提高地基承载力，减少不均匀沉降	采用3000～10000kN·m单点夯击能，夯击2遍，满夯采用1000kN·m夯击能量	3000kN·m和6000kN·m能级处理的地基承载力特征值为240kPa，8000kN·m能级处理的地基承载力大于300kPa
6	北京乙烯工程设备生产区	场地属海河流域北运河水系一级冲积阶地，主要由可液化的粉土和砂土组成，厚度约8m，地下水埋深约4.5m	提高地基承载力，消除液化	采用单点夯击能为2750～3000kN·m，第一、二遍点夯，每点夯击8击，第三遍采用1000kN·m能级一击满夯	强夯地基承载力特征值可取为220kPa，基本消除砂土液化，加固深度为9～10m

续表

序号	工程名称	地层土质	加固目的	施工情况	加固效果
7	深圳市布吉镇半岛花园住宅小区	场地内为厚度不均匀的松填饱和粉质黏土，最大厚度为10m，局部有大块石。填土结构松散，承载力为60kPa，部分填土下有鱼塘和有机粉土下卧层	提高地基承载力，减少地基沉降	通过强夯置换形成块石墩复合地基。采用单点夯击能为3000kN·m，块石墩直径约2m，深度4.5m	通过墩的侧向挤密作用，墩的排水作用加固高含水量填土，处理后复合地基承载力达到180kPa
8	重庆市南岸区山区填土地基	山区填土地基，填土层厚度不均匀，填土中夹砂质泥岩、砂岩碎块石，渗透性好，承载力特征值70～100kPa	提高地基承载力，减少地基沉降	采用3000kN·m单击夯击能夯击2遍，再采用低夯击能满夯2遍	处理后的地基承载力特征值达220kPa，地基变形模量大于15MPa，强夯加固深度已达6m以上
9	太原某水厂车间湿陷性黄土地基	湿陷性黄土厚度大于10m，承载力特征值135～145kPa，地下水埋藏深	消除地基湿陷变形	主夯级能6000～8000kN·m，间距6m	有效加固深度12.5m，7.5m以上加固效果好，承载力特征值350kPa，压缩模量大于21MPa
10	西安咸阳国际机场二期扩建工程	场地属于低级黄土塬，主要为湿陷性黄土层，厚度达20m。要求地基处理深度为4m	消除地基湿陷性、降低压缩性、提高承载力	采用2000～4000kN·m单点夯击能进行点夯，满夯采用1000kN·m夯击能	采用1500kN·m、2000kN·m、3000kN·m强夯区域的复合地基承载力特征值均不小于200kPa，加固效果受土层含水率影响

施工时，在平整场地、标出夯点位置后，即按设计规定的夯击次数和控制标准，按次序逐点进行夯击。每遍夯完后用推土机将夯坑填平，并测量场地高程。经过一定时间间隔后再进行下一遍的夯击。间隔时间取决于夯击在土中产生的超静孔隙水压力的消散速度。当缺少实测资料时，可根据地基土的渗透性确定。对于渗透性差的黏性土地基间隔时间应不少于3～4周，对于渗透性好的砂土地基，则可连续夯击。在完成全部夯击遍数后，应再以低能量夯点相搭接全面积满夯，以便将表层松土夯实。

经强夯加固后，地基承载力有大幅度提高，一般应通过现场试验或邻近工程经验确定，初步设计时也可以根据夯实后的测试资料和土工试验指标确定。

近年来在高饱和度的粉土和软塑至流塑的黏性土中，采用在夯坑内回填块石、碎石或其他粗粒材料，通过夯击将填料挤入土中，不断填料、不断夯击，直至夯点处形成一个墩体，称为强夯置换法。强夯置换法墩的计算直径取夯锤直径的1.1～1.2倍。墩的间距，当满堂布置时，可取夯锤直径的2～3倍，对独立基础或条形基础可取夯锤直径的1.5～2.0倍，一般要求墩底穿透软弱土层，墩高不小于软土层的厚度。这种情况应按散体材料桩复合地基进行设计。

强夯法是一种施工速度快、效果好、价格较为低廉的软弱地基加固方法。但要注意由于每次夯击的能量很大，除发生噪声、污染环境外，振动对邻近桥梁可能产生有害的影响。现场观测表明，单击能小于2000kN·m时，离夯击中心超过15m的桥梁，一般不会受到危害，对于距夯击中心小于15m的桥梁则应作具体分析。例如，对于振动敏感的桥梁应适当加大安全距离或采用隔振等工程措施。某工程在离桥梁7.5m处挖深1.5m、宽1.0m的隔振沟，测得沟内外的加速度由54mm/s^{2}小到19.1mm/s^2，振的效果甚为明显。另外，在施工前要注意查明场地范围内的地下构筑物和地下管线的位置和标高等，并采取必要的措施，以免因强夯施工而造成损失。

6.3.4　预压加固法

6.3.4.1　预压加固法的工程应用

预压加固法就是在拟造桥梁的地基上，预先施加荷载（一般为堆石、堆土、真空等），使地基产生相应的压缩固结，然后将这些荷载卸除再进行桥梁的施工，由于地基的沉降大部分在修筑桥梁前堆载压的过程中已完成，所以桥梁的实际沉降量大大减小。同时期上层已被压密，强度提高，因而增加了地基的承载能力。

我国劳动人民很早就采用将原有堤坝挖除，再在坝基上建造水闸，以防止建闸后地基产生过大的沉降，这实际上就是横压加固原理的运用。近年来在软弱地基上建造大型的储油罐时，常在油罐建好后，先按一定的速度充水预压，等沉降稳定后，再将油罐与四周管路接，投入正常运用，这也是预压固结法的一种最为经济的加载方式。

有时可以在要进行预压加固的地基中打点，并进行抽水，使地下水位下降，用提高土层的有效自重应力的方法对地基土进行压密，这种方法称为降水预压法；也可以在桥梁场地上铺设一层透水的砂或砾石，并在其上覆盖一层不透气的材料，如橡胶布、塑料布、黏土膏或沥青膏等，然后用真空泵抽气，使透水材料中保持650mm汞柱以上的真空度，即利用大气对地基中软弱土层进行预压，这种方法称为真空预压法。也可采用真空和堆载联合预压以控制地基变形，预压固结法可用以大范围深层加固淤泥、淤泥质上、冲填土等饱和的软弱黏性土层，对于这类土层，用其他各种加固方法往往难以取得良好的效果，而且很不经济。

6.3.4.2　堆载预压法

堆载预压法通常要求堆载的强度达到基础底面的设计压力，加载后的固结度达到90%以上，对于沉降有严格要求的桥梁，可以提高预压荷载，例如达到设计荷载的1.2～1.5倍，并控制在预定的时间内受压土层各点的竖向有效预压压力等于或大于桥梁荷载在相应点所引起的附加压力，因此预压需要有足够的时间。此外，为保证加载过程中软弱土层不会发生强度破坏，导致地基失稳，应控制加载速率，不能过快。换言之，确定堆载的历时和加载的速率是堆载预压法的关键所在。

1. 预压历时和加速排水方法

从固结理论可知，饱和土层在均布荷载作用下，达到某一固结度所需的时间，主要取决于土的透性、压缩性以及边界排水条件。

【例6.3】　在黏土层（不透水层）上有厚度为10m的饱和高压缩性土层，土的特性指标如图6.21所示，如果采用堆载预压法进行地基加固，试估计固结度达到94%需要的时间。

解：(1) 求竖向固结系数。

$$c_v = \frac{k(1+e_0)}{\alpha\gamma_w} = 2.04\times10^{-6}(m^2/s)$$

（2）求固结度为94%时的时间因数 T_v。

由 $$U \approx 1-\frac{8}{\pi^2}\left(e^{-\frac{\pi^2}{4}T_v}+e^{-9\frac{\pi^2}{4}T_v}\right)$$

求得相应于 U=0.94 时 T_v=1.0。

（3）求固结度达94%所需的时间。由公式 $T_v=\frac{c_v t}{h^2}$，得

$$t=\frac{T_v h^2}{c_v}=\frac{1\times10^2}{2.04\times10^{-6}}=4.9\times10^7(s)\approx567(d)$$

本例计算中假设堆载是一次加载，实际上堆载要持续一段时间，故真实的固结时间还要更长，通过这一例说明，对于透水性差的深厚塑性软土层，如果不采取有效的加速持水措施，预压固结要达到预期的效果往往需要很长时间，这在工程上是难以接受的。

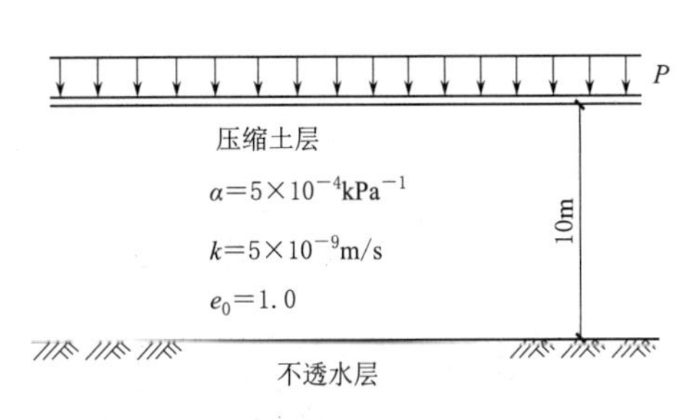

图 6.21 【例 6.3】附图

为了加速土层的固结，常用的办法就是在要进行预压的土层中设置竖向排水体，常用的是打砂井，井的间距远小于加固土层的厚度，有效缩短渗流途径，加快土层固结速度，称为砂井预压固结法，砂井预压法的布置一般如图 6.22 所示。砂井常按正三角形网格排列[图 6.22（b）]或正方形网格排列［图 6.22（c）]。每眼砂井实际的控制面积分别为正六边形或正方形。可以将正六边形或正方形的面积等价成直径为 d_e 的圆柱体［图 6.22（d）]。每眼砂井的渗流条件完全一样：圆心是排水砂井的中心，顶面是排水砂垫层，底面是不透水层。圆柱体内渗流的方向，平面上径向渗向砂井，立面上竖向渗向砂垫层。各个圆柱体之间没有水的交流，因此圆柱表面可以当成不透水面。这样，整个地基的渗流固结问题就可以简化成一根根圆柱体的渗流固结问题。

2. 排水系统的布置

在堆载预压法中，建立一个有效的排水系统是缩短工期、提高固结程度的重要措施。用预压法处理地基，地表必须铺设厚度不小于 500mm 的排水砂垫层。垫层砂料宜用中、粗砂，黏粒含量应小于3%。竖向排水体可用砂井或塑料排水带。砂井分普通砂井和袋装砂井两种。普通砂井指直接在现场成孔灌砂而成的砂井，直径一般为 300～500mm。袋装砂井则是预先将砂灌入直径为 70～100mm 的细长砂袋中。施工时，先在地基中按设计位置沉入直径稍大于砂袋直径的钢管，然后将砂袋放入孔内至少高出孔口 400mm，以便与砂垫层连接，再拔出钢管就形成袋装砂井。

塑料排水带是一种不受腐蚀、不膨胀、耐酸、耐碱、具有良好透水性的高分子材料做成的透水带，典型断面如图 6.23 所示。其当量换算直径 $d_p=\alpha\frac{2(b+h)}{\pi}$，其中 b 为排水板的宽度，h 为排水板的厚度，α 为换算系数，无试验资料时，可取 $\alpha=0.75\sim1.0$。

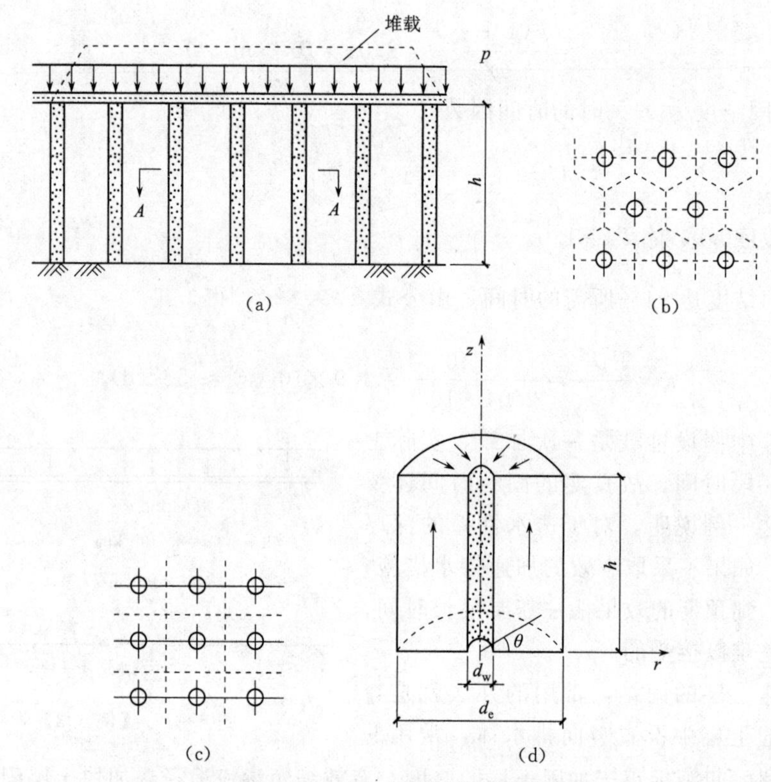

图 6.22　砂井预压固结法布置

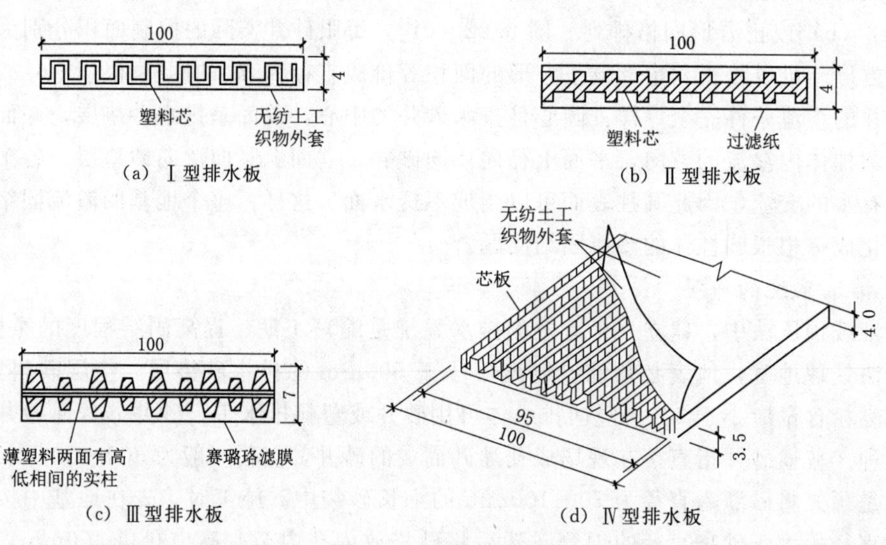

图 6.23　塑料排水带

使用时，用特制插板机按设计位置插入要预压处理的土层中，就能起砂井的功用。

砂井或排水带的平面布置可采用等边三角形或正方形排列。若井间的距离为 S_a，则一眼砂井所控制的排水圆柱体的直径 d_e：等边三角形布置时，$d_e=1.05s_a$；正方形布置时，$d_e=1.13s_a$。这样才能认为整个排水固结面积基本上为砂井的工作范围所覆盖（局部有搭接)。

砂井的间距 S_a 可按地基土的固结特性和预定时间内所要求达到的固结度来确定。对渗透系数小而要求固结度高的土层要采用较小的井距。对于普通砂井，井径比 n 可取为 6～8，袋装砂井或塑料排水板的 n 值可取为 15～22。

砂井的填料要满足两个要求：一是有足够的透水性；二是渗流时不会让细粒料带入填料的孔隙中，导致砂井淤堵。一般采用黏粒含量小于 3%的中、粗砂，有时也可用合格的矿渣材料。

6.3.4.3 真空预压法

1952 年瑞典皇家地质学院杰尔曼（W. Kjellman）发表《利用大气压力加固黏土》一文，报道了其于 20 世纪 40 年代末所做的 5 组现场真空预压试验的结果，并对真空预压法首先提出理论解释。1957 年美国费城国际机场跑道扩建工程，采用真空预压与深井降水结合加固获得成功。但是这种方法仍然很少在实际工程中应用。到 20 世纪 70 年代，一方面由于堆载的工程量很大，另一方面也由于真空预压的密封材料实现了成批生产，使这一方法得到了较大的发展。1982 年，日本在大阪南港采用真空井点降低水位的方法加固大面积吹填土，最大管内真空度达到 630mm 汞柱高度，取得了很好的效果。我国在 20 世纪 50 年代就研究过这种方法，但是由于工艺问题未解决，真空度达不到要求，未能在工程上应用。近年来，对这种方法从理论到实践都进行了较多的工作，取得了成功的经验，并已用于天津新港等多处地基加固工程中。

真空预压法就是将不透气的薄膜铺设在准备加固的地基表面的砂垫层上，借助真空泵和埋设在垫层内的管道将垫层内和砂井中的空气抽出，形成真空腔，促使垫层下待加固的软土排水压密，其布置如图 6.24 所示。

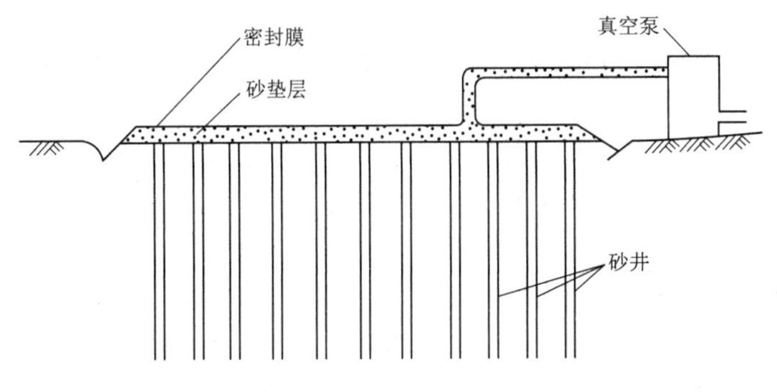

图 6.24 真空预压法

在铺设密封膜前，大气压力 p_a 作用于土内孔隙水上，但没有压差，孔隙水不渗流，土体也未压密。铺膜后，地基土与大气隔开，当膜下空气被抽出，砂垫层和砂井内的气压降低至 p_v，出现压差 $\Delta p(\Delta p = p_a - p_v)$，使砂井周围土中水向砂井渗流并经砂垫层排出。在渗流的过程中，地基土内孔隙水的压力也逐渐降至 p_v，这时渗流就停止了。大气压力 p_a 不变，亦即地基内的总应力不变，根据有效应力原理，孔隙流体压力的减小等于骨架压力的增加，显然渗流的过程就是压差 Δp 从孔隙水转移到土骨架的过程，也就是地基土压密的过程。于是可见，真空预压的压力，就是压差 Δp，也称真空度。工程上要求真空度应稳定地保持在650mmHg。这样看来，真空预压法与堆载预压法有很大的不同，堆载预压法是在要加固的地基表面堆填荷载，使地基内土的总应力增加，剪应力也随着增加，导致堆载下面的土体向外挤出。如果加载的速率没有控制好，就会出现前面所述的地基土发生剪切破坏的现象。真空预压法因为地面没有增加荷载，地基土中的总应力不变，剪应力没有增加，土体没有向外挤出的趋势，因而不会发生地基剪切破坏。所以真空预压法可以不必控制加载速率，可以在短期内一次提高真空度，达到要求的数值，缩短预压时间。

根据国内的实践经验，真空预压法具有设备简单、施工方便、工期较短、对环境污染少的优点。在条件合适的场地，该方法与常规堆载法相比，加固每平方米软土造价、加固时间和能源消耗均节约1/3左右。但是由于真空度的限制，该法还不适用于荷载较大的场地。为了进一步提高真空预压的加固效果和地基承载力，目前还可以用真空预压联合碎石桩、真空预压法联合堆载等方法加固地基。

6.4 胶结法

胶结法是通过向土中注入固化材料，或通过冰冻或焙烧使土颗粒牢固黏结在一起，从而提高土的强度，减少土的压缩性，可分为灌浆法、冷热处理法等，其中最常用的是灌浆法。

6.4.1 灌浆法

灌浆法是将某些固化材料，如水泥、石灰或其他化学材料灌入基础下一定范围内的地基岩土中，以填塞岩土中的裂缝和孔隙，防止地基渗漏，提高岩土整体性、强度和刚度的一种方法。在闸、坝、堤等挡水桥梁中，常用灌浆法构筑地基防渗帷幕，是水工桥梁的主要地基处理措施。图6.25所示是我国某土坝地基防渗处理的示意。

通过灌浆孔用压力将浆液灌注入岩体的裂隙或土的孔隙中。浆液置换孔隙中的气体和孔隙水，凝固后将破碎岩体或碎散土颗粒黏结在一起，从而使岩土的渗透性大为减小，整体性、强度和刚性明显提高。按灌浆材料分，有如下几类方法。

6.4.1.1 水泥灌浆和黏土水泥灌浆

将水泥浆或黏土水泥浆灌入岩基以堵塞裂隙，或灌入砂砾石地基覆盖层，充填孔隙，是水工桥梁常用的地基处理方法，其作用是形成防渗帷幕，增加裂隙岩体的整体性。采用这种粒状材料的浆液，应特别注意可灌性问题。原则上只要灌浆材料的颗料尺寸 d 小于被灌土的有效孔隙或裂隙的尺寸 D_p，即净空比 R（$R=D_p/d$）大于1，浆液就是可灌的。

但是在灌浆过程中，尤其当浆液浓度较大时，材料往往以两粒或多粒的形式同时进入孔隙或裂隙，从而堵塞渗浆的通道。因此，仅仅满足 $R>1$ 的条件还不够，还要考虑群粒堵塞作用带来的附加影响。

此外，多数地基都不是均质体，都含有大小不同的孔隙，灌浆材料的颗粒尺寸也很不均匀，因而怎样选用 D_p 和 d 值就成为颇为复杂的问题。如果 D_p 采用被灌土的最小孔隙，d 采用灌浆材料的最大颗粒，理论上就能把所有的孔隙封闭，但这样做就要求灌浆材料的

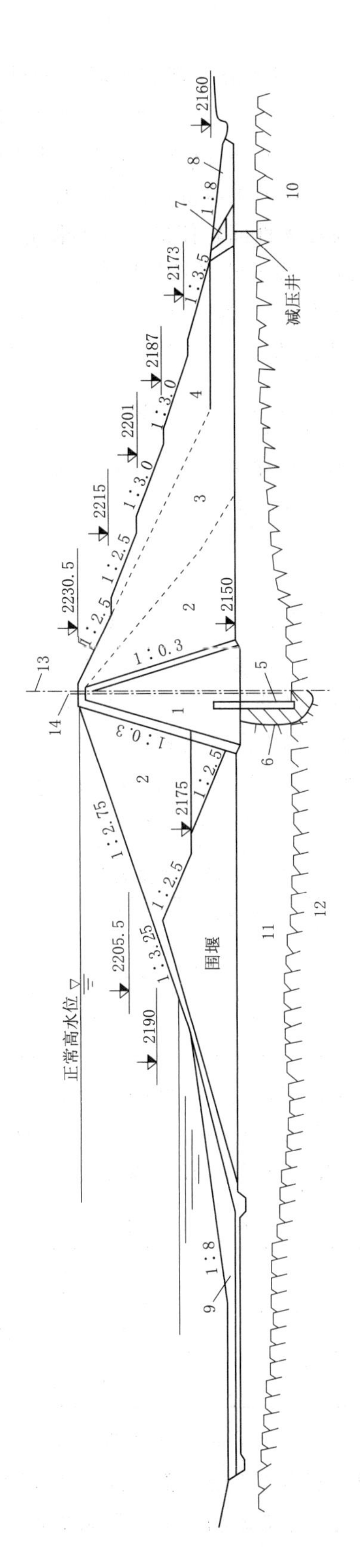

图 6.25 某心墙坝坝基防渗处理

1—黏土心墙；2—坡积料；3—冲击料；4—石渣料；5—混凝土防渗墙；6—冲击层灌浆帷幕；7—滤水坝趾；8—下游盖重；9—上游盖重；10—减压井；11—河床冲击层；12—二叠玄武岩；13—坝轴线；14—心墙轴线

分散性很高，即颗粒很细，技术上和经济上都有困难。相反，若选用 D_p 偏大和 d 值偏小，则可能使很多孔隙不能受浆，使灌浆效果很低，甚至无效。

因此在设计灌浆材料时，除应满足 R 值的要求外，还要根据具体的地层情况确定一个合理的灌浆标准。目前的技术条件还很难准确地测定砂砾石土的天然孔隙尺寸。因此必须在已往实践经验的基础上，对可灌性问题作如下三个假定。

(1) 当净空比 $R \geqslant 2 \sim 3$ 时，可以防止群粒的堵塞。

(2) 砂砾土的有效孔隙尺寸 D_p 与土颗粒直径 D 的关系可表示为：$D_p = De_e$，其中，e_e 为有效孔隙比。试验证明，砂砾的 e_e 值多在 0.195～0.215 之间变化，若取 $e_e = 0.2$，$R = 2 \sim 3$，则 $\dfrac{D_p}{d} = \dfrac{e_e D}{d} = 2 \sim 3$，即 $\dfrac{D}{d} = 10 \sim 15$。

(3) 不均匀土以 D_{15} 代表 D，灌浆材料以 d_{85} 代表 d，于是可得

$$N = \frac{D_{15}}{d_{85}} \geqslant 10 \sim 15 \tag{6.11}$$

式中　N——可灌比值；

D_{15}——砂砾料中小于此直径含量为15%的颗粒尺寸；

d_{85}——灌浆材料中小于此直径含量为85%的颗粒尺寸。

式 (6.11) 是评价砂砾料可灌性的简化公式，在国内外广泛使用。公式的基本概念是只要 N 值大于10～15，就将有85%的灌浆材料充填大部分砂砾石孔隙。实践证明，只要灌浆材料满足式 (6.11) 的要求，一般经灌浆后，砂砾的渗透系数会降低至 $10^{-6} \sim 10^{-7}$ m/s，表6.7为三个工程的灌浆结果，可供参考。

表6.7　三个工程的灌浆效果

工程代号	被灌土的 D_{15}/mm	灌浆材料的 d_{85}/mm	N	灌浆后的渗透系数/(m/s)
A	1.0	0.03	33	3×10^{-7}
B	0.9	0.06	15	1×10^{-6}
C	1.0	0.08	12.5	3×10^{-6}

为了满足可灌性的要求，灌浆材料应要求有高的分散度。国内外常用的水泥颗粒组成大体见表6.8。其最大颗粒尺寸变化在60～100μm之间，这种颗粒难以灌入渗透系数低于 5×10^{-4} m/s 的砂土或裂隙宽度小于200μm的裂隙。

表6.8　水泥的颗粒尺寸

水泥标号	各级颗粒尺寸（mm）的含量/%					
	0～0.01	0.01～0.02	0.02～0.04	0.04～0.06	0.06～0.10	0.10～0.20
52.5	33	23	22	12	7	3
32.5～42.5	29	18	20	16	14	3

黏土是一种高分散性的材料，许多工地附近都能找到符合灌浆要求的黏土。分析表明水泥和黏土粗粒部分的含量相差不多，而细粒部分黏土含量更高，表6.9是根据六个工程中所用的黏土所统计得到的材料。这就说明，在水泥浆中加入黏土以后并不致使浆液的可

灌性变差。

表 6.9　　水泥和黏土颗粒尺寸比较

材料名称	各级颗粒尺寸（mm）的含量/%		
	<0.04	<0.02	<0.01
水泥	72.5	52.5	31.0
黏土	76.3	67.5	55.0

除了可灌性以外，还要求浆液应有好的流动性，在灌浆压力的作用下能够扩散较远，且压力损失较小。此外，浆液不应很快沉淀析水，以免堵塞管路和造成灌浆孔附近土中的孔隙早被堵塞的现象。

浆液在土的孔隙中随时间逐渐凝结、硬化。水泥浆的初凝时间一般为 2～4h，黏土水泥浆要慢一些，以后水化的过程很缓慢。水泥结石强度的增长可延续数十年。

总而言之，由于水泥颗粒和黏土颗粒都有一定的尺度，只能用于粗砂以上的地基的防渗处理。对于这类地基，变形和强度一般问题较小。如前所述软弱土层通常都属于细粒土，不能用这种灌浆方法进行加固。

6.4.1.2　化学材料灌浆

好的灌浆材料应该有好的可灌性，可以控制浆液的凝固时间，凝固后强度高，不受水的浸蚀或溶解，耐久性好。随着近代化学工业的发展，已经研制出各种各样的性能良好的化学灌浆材料，化学灌浆材料可分成几大类：聚氨酯类、丙烯酰胺类、环氧树脂类、甲基烯酸酯类、木质素类、硅酸盐类和氢氧化钠类等。丙烯酰胺类材料虽然可灌性好、灌浆过程能够精确控制，但由于会对空气和地下水造成污染，所以在日本和美国已先后被禁止使用。

1. 聚氨酯

聚氨酯是采用多异氰酸酯和聚醚树脂等作为主要原材料，再掺入各种外加剂配制而成的。浆液灌入地层后遇水即反应生成聚氨酯泡沫体，可起加固地基和防渗堵漏作用。

聚氨酯材料又分成水溶性与非水溶性两类。水溶性聚氨酯能与水以各种比例混溶，并与水反应成含水凝胶体。非水溶性聚氨酯可以在工厂先把主剂合成聚氨酯的低聚物（预聚体），使用时，再和外加剂按需要配成浆液，预聚体已在我国天津、常州、上海等地厂家成批生产。

2. 硅酸盐

硅酸盐类灌浆也称水玻璃灌浆，或称硅化法，开始使用于 1887 年，是一种古老的化学灌浆。它具有价格较低、渗入性较好和无毒性等优点，国内外至今仍广泛应用于大坝、隧道、矿井等建筑工程中。

硅酸盐灌浆材料是以硅酸钠（即水玻璃）为主剂，加入胶凝剂以形成凝胶。常用的胶凝剂为氯化钙、乙二醛等，其反应方程式为

$$Na_2O\cdot nSiO_2+CaCl_2+mH_2O\longrightarrow nSiO_2+(m-1)H_2O+Ca(OH)_2+2NaCl$$

$$Na_2O\cdot nSiO_2+2\begin{matrix}CHO\\ /\\ CHO\end{matrix}+H_2O\longrightarrow 2\begin{matrix}CH_2OH\\ /\\ COONa\end{matrix}+nSiO_2$$

胶凝剂的品种很多，有些反应的速度很快，例如氯化钙。灌浆时主剂和胶凝剂必须分别灌注，所以称为双液法。另外一些胶凝剂，如盐酸等，与主剂的反应速度较缓慢，故能预先混合后再一次灌入，称为单液法。

单液法凝胶强度不如双液法，但因为黏度增长慢，所以扩散半径大。

3. 氢氧化钠

应用氢氧化钠溶液（简称碱液）加固湿陷性黄土是我国于20世纪60年代试验成功的地基加固方法。它具有设备简单、施工操作容易，且造价较硅化法低廉的优点。

当氢氧化钠溶液进入黄土后，逐步在土粒外壳形成硅酸盐及铝酸盐胶膜，其反应方程式为

$$2NaOH + nSiO_2 = NaO \cdot nSiO_2 + H_2O$$

$$2NaOH + mAl_iO_3 = Na_2O \cdot mAl_iO_3 + H_2O$$

$$2NaOH + nSiO_2 = NaO \cdot nSiO_2 + H_2O$$

$$2NaOH + mAl_iO_3 = Na_2O \cdot mAl_iO_3 + H_2O$$

若土料表面有充分的钙离子时，上述胶结物即变成高强度难溶解的钙-碱硅络合物，使土粒相互牢固黏结在一起，土体因而得到加固。

若土中钙镁离子含量较少时，可采用双液法，即在灌完氢氧化钠溶液后，再灌入氯化钙溶液，增加钙离子以形成加固土所需要的氢氧化钙和水硬性的胶结物。试验表明，碱液加固后，土体的湿陷性可基本消除，压缩性显著降低，水稳性大大提高。

6.4.1.3　劈裂灌浆

渗透灌浆依赖于土的渗透性，靠压力将浆液压入土的孔隙中。对于渗透系数较小的黏性土或渗透系数很小的软黏土，浆液无法在较短的时间内灌入土孔隙中，渗透灌浆就无法应用。为消除这类土中隐藏的裂隙和孔洞，常采用劈裂灌浆。劈裂灌浆就是以合适的压力向钻孔内泵送浆液，要求泵送的压力足以克服土层的初始应力（通常为自重应力）和土的抗拉强度，土体就被劈裂。劈裂缝一般与小主应力方向垂直，即为竖直向的裂缝。它很容易与土体内的隐蔽裂隙和孔洞贯通，于是浆液即经过裂缝将隐蔽的裂隙和孔洞填充，从而起加固土体的作用。

劈裂灌浆是处理堤坝内隐患的一种重要手段。沿江河、湖泊的黏性土堤，施工时可能因局部漏压而在堤内存在松软土体或孔洞，或因不均匀沉降而产生内部裂缝，这些隐蔽的内部损伤可能形成隐患。在找不到确切裂隙位置的情况下，采用劈裂灌浆是一种行之有效的加固方法。

国内劈裂灌浆还成功应用于堤坝下细砂层透水地基的防渗加固中。这时，灌浆时间宜选择在上游无水或较低水位时期。浆液不宜用纯黏土浆，可以根据防渗的要求，选用不同配比的黏土水泥浆或其他自凝灰浆。

6.4.1.4　压密灌浆

与上述几种灌浆的作用不同，压密灌浆是通过钻孔在地基土中灌入很浓的浆液。稠浆不能渗入土的孔隙，因而在出浆段处将四周土挤密而形成浆泡，如图6.26所示。浆泡的形状一般为圆柱形。当浆泡的直径较小时，灌浆压力基本上是沿钻孔的径向，即水平方向发展，使周围的土体受挤压。实践证明，离浆泡界面0.3～2.0m范围内，土体能得到明

显的压密。随着浆泡继续向外扩张，形状可能变成球形，这时会产生较大的上抬力，能使地面抬动。若能合理使用灌浆压力以形成适当的上抬力，可使下沉的桥梁浆泡回升到要求的位置。

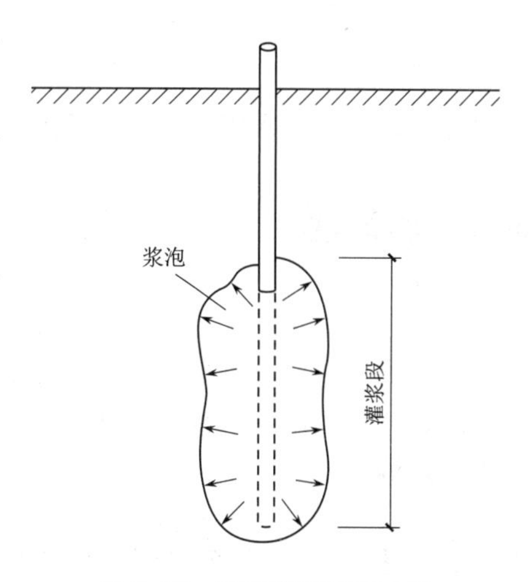

图 6.26 压密灌浆原理示意

压密灌浆适用于加固软弱的黏性土，如淤泥、淤泥质土等。但对于渗透系数小、排水不畅的条件，可能在被加固的软土中引起较高的孔隙水压力，这种情况下，为防止土体破坏，必须用很低的注浆速率和凝固速率。

6.4.2 冷热处理法

冷热处理法包括冻结法和烧结法。

冻结法是通过人工冷却，使一定范围内的地基土温度降低到孔隙水的冰点以下，形成冻土。冻土中所含水分大部分成冰，矿物颗粒牢固被冰所胶结，所以质地坚硬，强度很高，压缩性和透水性都很小。此法可用于饱和砂土和黏性土地层中，作为临时性工程措施，如深基坑的防渗或围护结构。

烧结法是在软弱的黏性土地基中钻孔，通以温度达 600～700℃的高温燃烧气体以焙烧孔壁土体。经焙烧后，土中水分丧失，土颗粒牢固黏结，土的强度大为提高，压缩性显著减小，可用于处理低含水量的黄土和黄土类土。

【例 6.4】 某砂砾地基料物的颗料分析曲线如图 6.27 中曲线 a，水泥的颗粒分析曲线如图 6.27 中曲线 b，试判断地基对水泥浆的可灌性。

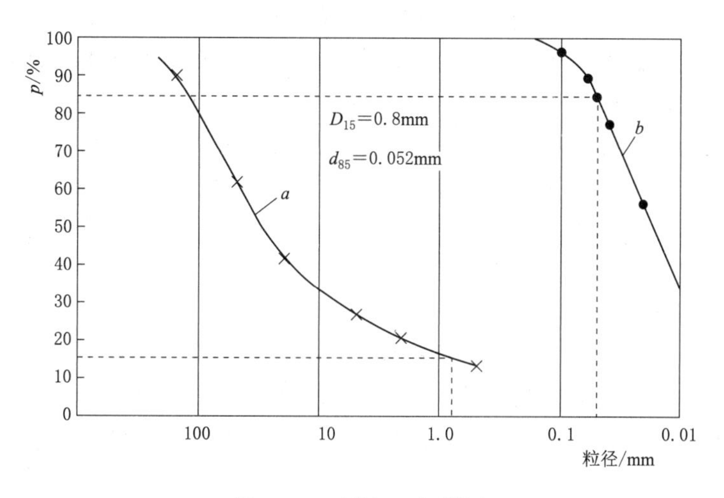

图 6.27 【例 6.4】附图

解： 查图 6.27 中曲线 a，得被灌材料 $D_{15}=0.8\text{mm}$。查图 6.27 中曲线 b，得灌浆材料 $d_{85}=0.052\text{mm}$。

由式（6.11）得

$$N=\frac{D_{15}}{d_{85}}=\frac{0.8}{0.052}=15.4>15$$

故这种砂砾材料对水泥浆属可灌土料。

6.5　加筋法

常用的加筋法有土工合成材料加筋法、土钉加固法。土钉加固法是深基坑开挖中坑壁支护的重要方法，可参见相关支挡结构资料。土工合成材料是岩土工程中广泛应用的一种新材料，其作用不限于加筋，本节除着重讲述其加筋作用外，还对其他方面的岩土工程应用作简略的介绍。

6.5.1　土工合成材料的种类和应用

土工合成材料是指岩土工程中应用的合成材料产品，它是以人工合成的聚合物（如塑料、化纤、合成橡胶等）为原料，制成各种产品，置于土体的内部、表面或各层土之间，发挥加强或保护土体的作用。土工合成材料的出现和广泛应用是20世纪下半叶以来岩土工程实践中取得的最重要的成果之一。

合成材料出现在市场上已有七十余年的历史，而几乎在同时它们就被用于土木工程中。约在20世纪30年代末，聚氯乙烯薄膜首先被用于游泳池的防渗。1953年，美国垦务局在渠道上首先应用聚乙烯薄膜防渗，以后又广泛应用到水闸、土石坝的防渗中。1958年，美国佛罗里达州利用聚氯乙烯织物作为海岸块石护坡的垫层，27年后检查发现其仍处于良好状态。1959年，日本也在海岸护坡的修复中使用维纶织物代替传统的柴排。1967年英国耐特龙（Netlon）公司生产出合成纤维网。1979年，默瑟（F. S. Mercer）博士发明了土工格栅，并由耐特龙公司生产出产品。随后各种新型的土工合成材料产品层出不穷，应用范围也逐渐拓宽。在我国，20世纪70年代末到80年代初，铁道部门开始研究并在现场试验，用土工合成材料治理基床的翻浆冒泥。80年代初，水利和港口部门开始用土工织物作为反滤、防冲及排水材料。近年来，土工合成材料在国内外应用发展很快，已广泛应用于土木、水利、公路、港口、铁路、市政等领域，特别是在环境工程中成为不可缺少的材料。

1. 土工合成材料的种类

目前，土工合成材料种类繁多，日新月异，大体上可以分为如下几类。

(1) 土工膜。土工膜按其使用的原料可分为沥青和聚合物两大类，按其产品可分为单一膜和复合膜，后者是土工膜用织物加筋做成。土工膜的透水性极小，可广泛地用作防渗材料。

(2) 土工织物。土工织物可分为无纺和有纺两种。它们是将加工成长丝、短纤维、纱或条带的聚合物再制成平面结构的织物，一般用于排水、反滤、加筋和土体隔离。

(3) 土工格栅。土工格栅有两大类：一类是拉伸格栅，或称为塑料土工格栅，是将聚合物的片材经冲孔后，再单向或双向拉伸而成；另一类是编织格栅，它是采用聚酯纤维在编织机上制成的；另外，玻璃纤维格栅也是一种编织格栅。土工格栅主要用于土体的加筋，不同的土工格栅如图 6.28 所示。

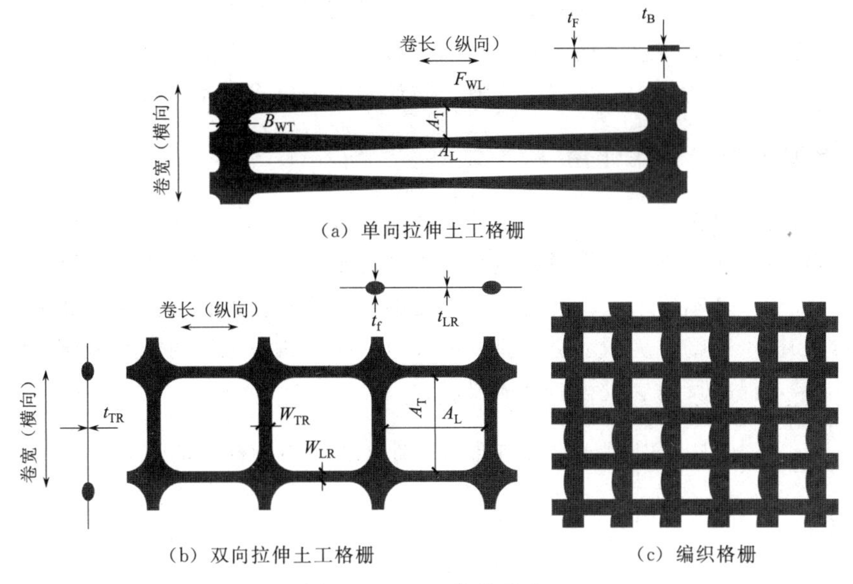

图 6.28 土工格栅示意

(4) 土工复合材料。人们发现几种不同土工合成材料的组合可达到更理想的效果，这就出现了各种土工复合材料，如单层膜加土工织物形成复合土工膜；土工织物加塑料瓦楞状板形成的塑料排水带；土工织物加土工格栅组成用于黏性土中的加筋材料等，并且不同的组合还在不断地形成新的产品。

(5) 其他土工合成材料。针对不同的条件和用途，新型的、特殊的土工合成材料产品不断涌现，如土工格室、土工泡沫塑料、土工织物膨胀土垫、土工模袋、土工网垫、土工条带、土工纤维等。

2. 土工合成材料的应用

土工合成材料在岩土工程中的应用，主要发挥如下几种功能和作用。

(1) 排水作用。一些土工合成材料在土中可形成排水通道，将土中水汇集起来，在水位差作用下将土中水排出。在上述的预压固结处理饱和软黏土中所用的塑料排水板即为一例。

(2) 滤层作用。土中水可通畅地通过土工织物，而织物的纤维又能阻止土颗粒通过，防止土因细颗粒过量流失而发生渗透破坏。

(3) 隔离作用。有些土工合成材料可以将不同粒径的土料或材料隔开，也可将它们与地基或桥梁隔开，防止土料的混杂和流失。

(4) 加筋作用。在土体产生拉应变的方向布置土工织物，当它们伸长时，可通过与土体间的摩擦力向土提供约束压力，从而提高了土的模量和抗剪强度，减少土体变形，增强了土体的稳定性。

(5) 防渗作用。用几乎不透水的土工膜可达到理想的防渗效果，可用于渠、池、库和土石坝、闸和地基的防渗。近年来也广泛应用于垃圾填埋场，防止渗滤液对地下水的污染。

（6）防护作用。土工织物的防护作用常常是以上几种功能发挥的综合效果，如隔离和覆盖有毒有害的物质，防止水面蒸发、路面开裂、土体的冻害、水土流失、防护土坡避免冲蚀等。在以上各种功能中，排水、反滤、防渗和加筋是最基本和最重要的。

6.5.2　土工织物的反滤作用

反滤层的作用是保护某一特定部位的土在渗流过程中不会发生过量的颗粒流失，例如在颗粒粗细悬殊的两种土的交界面处或水流溢出的土表面处常要设置反滤层，反滤层用料需要满足如下三个基本要求：①料物本身有足够的渗流稳定性；②能阻止被保护土的颗粒过量流失：③排水通畅。美国水道试验站和其他一些机构根据其对粒状材料反滤层进行系统试验的结果，提出反滤层设计的具体要求为：

（1）$\frac{D_{60}}{D_{10}} \leqslant 8 \sim 10$，以保证滤层内部构成骨架的颗粒不被水流带动。

（2）$\frac{D_{15}}{d_{85}} \leqslant 4 \sim 5$，以保证被保护土的细颗粒不会大量流入反滤层内。

（3）$\frac{D_{15}}{d_{15}} \geqslant 4 \sim 5$，以保证滤层有足够的透水性。

由于被保护土的级配连续性差异很大，所以还要求 $\frac{D_{15}}{d_{15}} < 20$，且 $\frac{D_{50}}{d_{50}} < 25$。以上式中，$D$ 代表保护土（反滤层）的颗粒直径（mm）；d 代表被保护土的颗粒直径（mm）。下角标 15、50、85 表示小于某粒径的颗粒质量占全部土质量的百分数。

为了满足这些要求，粒状材料反滤层通常得由粒径、级配不同的 2～3 层粗砂、砾石组成。由于层数多、层厚小，施工要求高，往往造价高昂。如果能用一层土工织物代替，则施工简单，造价也低。

用土工织物做滤层是将符合要求的土工织物放置在可能发生渗透破坏的两层土之间。土工织物对于无黏性土的过滤作用机理如图 6.29 所示。在渗流的初期，紧靠织物处的被保护土内的部分细颗粒向滤层移动，有少量细颗粒可通过滤层流失。细颗粒流失的过程向被保护土的内部发展，从而在离织物一定距离的范围内形成天然的反滤结构，与织物一起发挥反滤的作用。

与粒状材料的反滤层相似，土工织物用于作为反滤层时也应满足保土性和透水性，同时还应保证不被淤堵。因此它的孔径和渗透系数应满足一定的条件。

（1）保土性。防止被保护土过量的流失而发生渗透破坏，其条件满足

$$O_{95} \leqslant n d_{85} \tag{6.12}$$

式中　O_{95}——土工织物的等效孔径，指织物中小于该孔径的孔眼占 95%，mm；

d_{85}——被保护土的特征粒径，mm；

n——与被保护土的种类、级配，织物的品种和状态有关的经验系数，一般为 1～2。

（2）透水性。对于土工织物的透水性有如下要求

$$k_g \leqslant mk_s \tag{6.13}$$

式中 k_g、k_s——土工织物、被保护土的渗透系数；

m——与被保护土种类、渗流流态、水力梯度及工程性质有关的经验系数，按工程经验确定，不宜小于10。

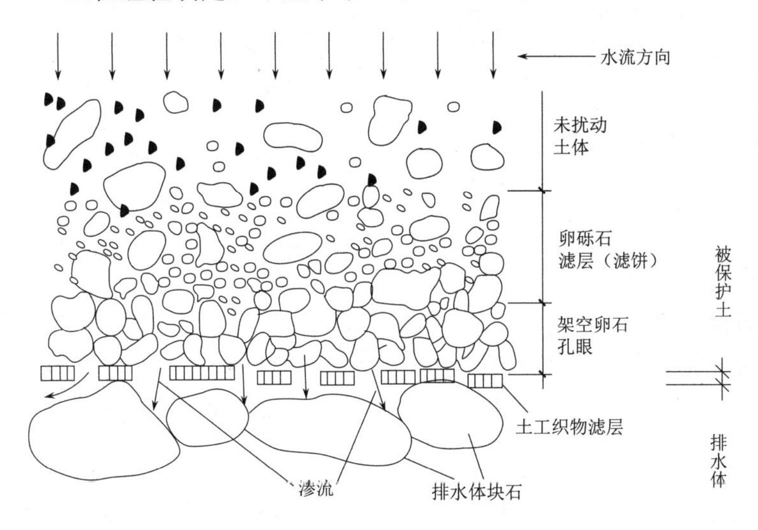

图 6.29 土工织物反滤示意

(3) 防堵性。防止织物孔眼不致被细土粒淤堵而失效。一般情况下应满足

$$O_{95} \leqslant 3d_{15} \tag{6.14}$$

对于被保护土易发生管涌，具有分散性，水力梯度高，流态复杂，一旦发生淤堵修理费用大的情况，应进行淤堵试验。

6.5.3 土工合成材料的加筋作用

筋材提高土的抗剪强度的机理可由图 6.30 来说明，图 6.30 (a) 表示未加筋的素土在围压等于 σ_3 情况下的三轴试验中试样破坏的情况。在竖向应力 σ_1 作用下，竖向变形为 Δv，侧向伸长为 Δh。试样的应力状态如图 6.30 (c) 中的莫尔圆 A 所示，它与素土的强度包线相切。如果在试样中沿水平方向加筋，在试样破坏时侧面发生同样的变形，如图 6.30 (b) 所示。如果筋材也发生了同样的伸长 Δh，则它们将通过与周围土的摩擦作用而向土体施加一个附加的约束应力 $\Delta\sigma_3$。这时，作用在加筋土试样中的土体实际上的围压为 $\sigma_3+\Delta\sigma_3$，破坏时的应力状态如图 6.30 (c) 中的莫尔圆 C 所表示。应力圆 C 与素土强度包线相切，竖向应力增加到 σ_{1r}。对于加筋土试样，受到的试验围压为 σ_3，竖向应力为 σ_{1r}，表示为图 6.30 (c) 中的莫尔圆 B。由于一般认为加筋后土的内摩擦角 φ 是不变的，所以黏聚力增加了 Δc。从图 6.30 (c) 可以推导出

$$\Delta c = \frac{\Delta\sigma_3}{2}\tan\left(45^\circ + \frac{\varphi}{2}\right) \tag{6.15}$$

目前用土工合成材料作为土的加筋材料有多种形式，但主要为以下三种情况：①加筋挡土墙；②加筋土坡；③软弱地基加筋。

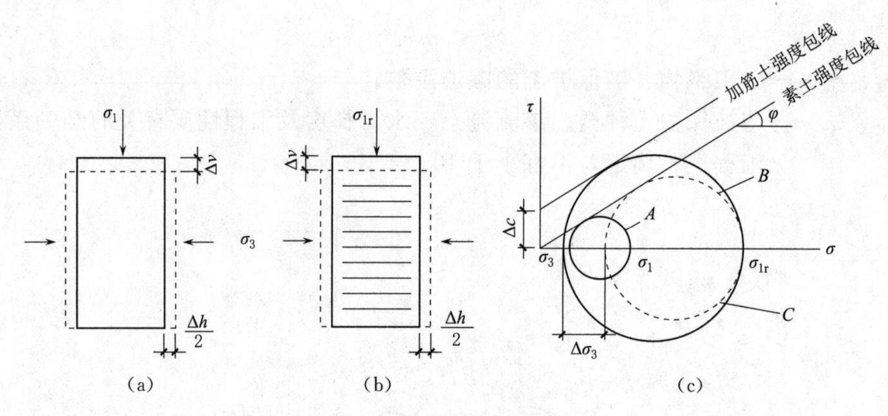

图 6.30　加筋机理简图

6.5.3.1　加筋挡土墙

图 6.31 表示的是土工合成材料加筋的挡土墙，筋材常用土工格栅和土工织物。对于土工合成材料加筋的计算问题，工程上常用的方法仍然是极限平衡理论。

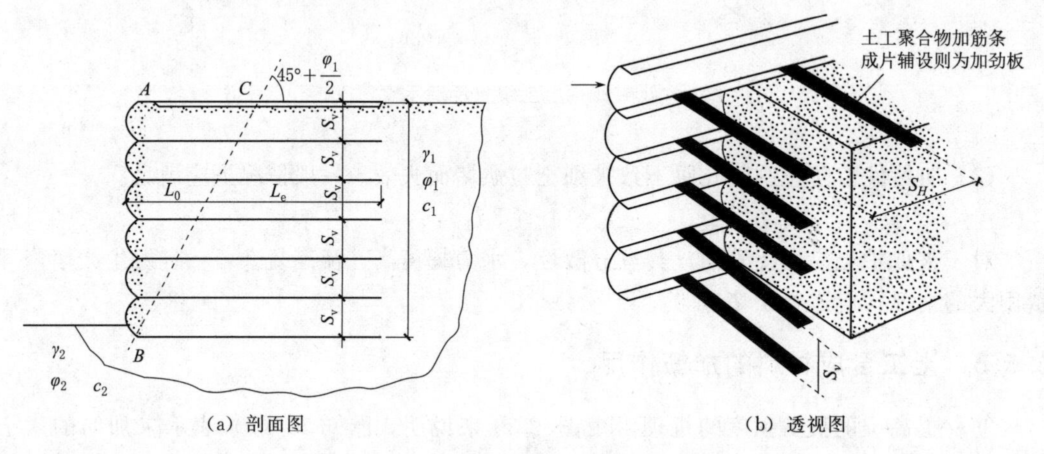

图 6.31　土工合成材料加筋挡土墙

加筋挡土墙的验算包括墙体的外部稳定性验算和筋材的内部稳定性验算。外部稳定性验算采用重力式挡墙的稳定验算方法验算墙体的抗水平滑动、抗深层滑动稳定性和地基承载力，亦即将加筋体当成是一个整体的重力式挡土墙，墙背土压力按朗肯土压力理论确定。

筋材的内部稳定性验算包括筋材强度验算和抗拔稳定性验算。

1. 筋材强度验算

对每层筋材都应进行验算。在柔性片状筋材情况下，单位宽度筋材承受的水平拉力 T_i 按下式计算

$$T_i = K_a p_{ci} s_{vi} \tag{6.16}$$

式中　p_{ci}——第 i 层筋材所受的土的垂直有效自重压力；

s_{vi}——筋材的垂直，m；

K_a——主动压力系数。

每层水平拉力应满足

$$\frac{T_a}{T_i} \geqslant 1.0 \tag{6.17}$$

式中 T_a——筋材单位宽度的允许拉力，它一般为筋材单位宽度的极限拉力除以蠕变、破损等折减系数后确定，kN/m。

2. 筋材抗拔稳定性验算

筋材在一定上覆压力下单位宽度的抗拔力按下式计算

$$T_{pi} = 2p_{ci}L_{ei}f \tag{6.18}$$

式中 p_{ci}——第 i 层筋材上的垂直有效自重压力；

f——筋、土之间的摩擦系数；

L_{ei}——第 i 层筋材有效长度，按破裂面以外筋材长度确定（图 6.32）。

抗拉拔稳定性要满足

$$\frac{T_{pi}}{T_i} \geqslant 1.3 \tag{6.19}$$

第 i 层筋材的总长度应按下式计算

$$L_i = L_{0i} + L_{ei} + L_{wi} \tag{6.20}$$

式中 L_{0i}——第 i 层筋材滑动面以内长度；

L_{wi}——第 i 层筋材端部包裹或筋材与墙面连接所需要的长度。

6.5.3.2 加筋土坡

加筋土坡是沿高度按一定垂直间距，在水平方向铺设筋材。设计计算方法一般仍按极限平衡分析的圆弧条分法，如图 6.33 所示。

$$F_s = \frac{\sum_{i=1}^{n}(w_i\cos\theta_i\tan\varphi_i + c_i l_i) + \sum_{j=1}^{m} T_{aj}\cos\alpha_j}{\sum_{i=1}^{n}(w_i\sin\theta_i)} \tag{6.21}$$

式中 α_j——第 j 层筋材与圆弧交点处切线方向夹角；

T_{aj}——第 j 层筋材的允许抗拉强度；

F_s——设计要求的安全系数。

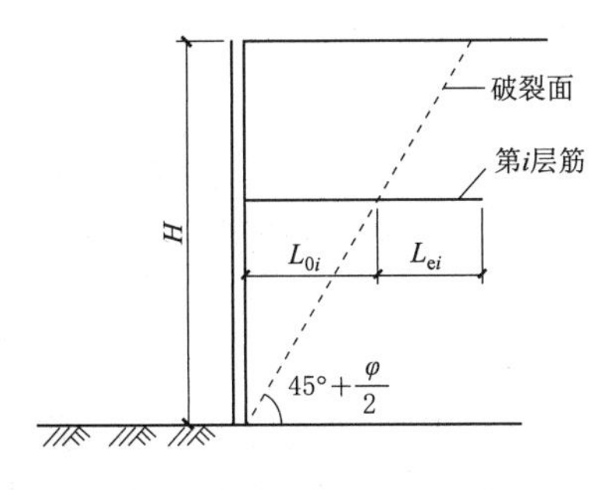

图 6.32 筋材锚固长度

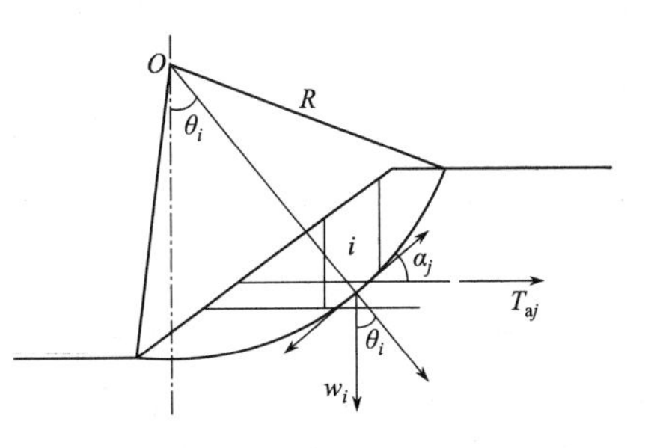

图 6.33 加筋土堤的滑弧计算

当在软弱地基上筑堤时，常常在地基表面铺设土工合成材料加筋以增强整体抗滑稳定性，如图6.34所示。其稳定分析一般仍采用圆弧法，计算方式仍采用图6.34，计算的筋材拉力还要按式（6.21）进行抗拉拔稳定验算。

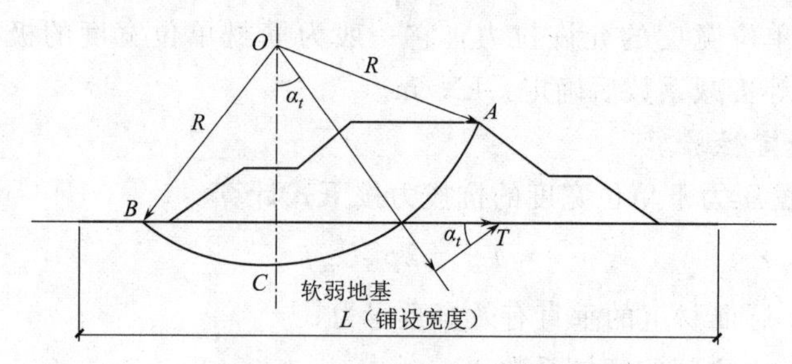

图6.34　地基稳定分析简图

用圆弧法计算，当采用1～2层加筋时，提高的安全系数很少。但模型试验及工程应用表明，其加筋效果要比计算结果大得多。这说明还有一些有利因素没有考虑。

6.5.4　土工聚合物在应用中的几个问题

1. 老化问题

土工聚合物的老化问题是指受环境的影响，强度随时间日益衰减的过程。老化主要是受日光中的紫外线辐射影响，使聚合物发生分解作用。老化的速度与辐射强度、温度、湿度、聚合物种类、颜色、外加材料、聚合物的结构形式以及桥梁所处的其他环境密切相关。

各种化纤暴露在阳光之下，由于紫外线的照射而发生老化。以丙纶和锦纶老化速度最快，维纶和氯纶次之，腈纶和涤纶最慢，白色和浅色的化纤老化快，深色和黑色的老化慢；表面积大老化快，表面积小老化慢，网型、格栅型等表面积更小，所以抗老化能力更强。美国北卡罗来纳州白色丙纶轻型无纺织物（重150g/m^2）暴露在室外8星期，抗拉强度损失50％以上，不到半年全部强度损失殆尽。

土工聚合物在有覆盖或埋在土中的情况下老化的速度要慢得多。1958年在美国佛罗里达州海岸护坡上所用的聚氯乙烯织物，27年以后取样检查，性能仍良好。法国1970年修建的Valcros土坝中所用的涤纶针刺无纺织物在有覆盖情况下，6年后取样检查，断裂强度减少8％以下，峰值强度再减少20％以下。在法国，20世纪70年代初期修建的一些工程上使用的土工织物，经12年后取样检查，绝大部分减少不到30％。根据汉诺威大学的试验，在有保护情况下，经过15年，涤纶强度减少不到5％，丙纶不到10％，而且老化速度随时间有明显的减慢趋势。

在土工聚合物中，掺入一定重量的炭黑和各种抗老化剂，可以起到阻止聚合物分解和吸收辐射性紫外线的作用，这些年来利用一系列的抗老化措施来增强聚合物的稳定性，已经取得很好的成果。

综合上述合成材料的老化特点，需要注意以下几点：

(1) 对于永久性的桥梁，任何土工聚合物都不宜长期暴露在阳光之下，施工期间应尽量缩短暴露时间。如果受条件限制暴露时间较长时，则应选用抗老化能力较强的黑色或深色的加有抗老化剂的土工聚合物或选用土工网或土工格栅。

(2) 单纯作为滤层的土工织物，一般只在运输及施工过程中需要一定的强度。工程完成以后，土工织物所受的荷载较小，强度虽有一定的降低，但不影响滤层的功用，选用一般的有纺织物和无纺织物，基本上能够满足要求。

(3) 作为加筋的土工聚合物对强度的要求较高，最好选用粗纤维有纺织物、带状织物和土工格栅等合成材料，它们不但具有较高的抗老化能力，而且具有较高的变形模量。

2. 土工合成材料的蠕变

土工合成材料的另一个力学特性是其很强的蠕变性。其中丙纶材料的蠕变值最大，涤纶材料蠕变值最小。由于蠕变性，筋材在荷载不变、拉力一定的情况下，变形会不断发展，在拉力远低于极限拉力时发生断裂。或者在变形不变情况下，筋材的拉力发生应力松弛，使荷载转移，最后导致结构破坏。一般认为蠕变强度为断裂强度的1/3左右。

3. 土与土工合成材料的摩擦力

土与土工织物间的黏聚力很小，常常可以忽略不计，但土与土工格栅间的咬合力较大。土与土工合成材料间的摩擦角与土的颗粒大小、形状、密实程度以及土工合成材料的种类、孔径和厚度等因素有关。

根据国内外试验成果，对于细粒土如砂质粉土、细砂（其颗粒粒径小于织物孔径），以及松的中等颗粒土，它们与土工织物间的摩擦角接近于土的内摩擦角；对于粗粒土及密实的中细的粒土，它们与织物间的内摩擦角略小于土的内摩擦角。

4. 土工织物的渗透性

一般用下列两种方式表示土工织物的渗透性：

(1) 用达西定律中的渗透系数 k 表示织物的渗透性。这种方法有两个缺点：一是水流经土工织物时有时呈紊流状态，不符合达西定律；二是织物一般很薄，而水头一般比织物的厚度大很多倍，厚度量测上的少许误差就会导致水力坡降很大的差异，因此求出的 k 值不准确。

(2) 用透水率表示土工织物的渗透性。透水率就是单位水头、单位时间、流经单位面积的水量，测试时一般用100mm水头，故单位为 $L/(m^2 \cdot s \cdot 100mm)$。这种表示方法优点较多，例如测试方法简单可靠，不同织物容易比较，不受层流和紊流等流态的影响等。唯一的缺点是不能与土料的渗透系数进行比较。

课后习题

1. 什么是软弱地基？
2. 哪些土类属于软弱土？
3. 如何从图6.1所示的饱和松砂不排水剪切试验曲线中解释流砂现象？
4. 地基处理要达到哪些目的？
5. 地基处理分成哪几大类？其加固土的机理何在？
6. 换土垫层主要有哪些功用？
7. 对垫层材料主要有哪些要求？哪些土料（或掺料）适用于作为垫层材料？
8. 垫层的主要尺寸（宽度和厚度）如何确定？

9. 什么是压力扩散角θ？为什么θ值与垫层z/b的比有关？

10. 什么是复合地基？它与复合桩基有什么主要的区别？

11. 复合地基分成哪几类？设计上最主要的特点是什么？

12. 散体材料桩复合地基的承载力如何计算？说明承载力计算式的物理概念。

13. 什么是面积置换率m和桩土应力比n？

14. 试说明石灰桩加固地基的机理，它适用于加固哪些土类？

15. 什么是CFG桩？用它加固地基时，地基的承载力该如何计算？

16. 如何确定CFG桩的单桩承载力？

17. 在复合地基的桩顶与基础之间总设置有砂垫层，说明该垫层的主要作用。

18. 水泥土搅拌桩可分成几类？如何成桩？

19. 高压喷射注浆法按成桩设备分成几类？为什么双管法（或双重管法）比单管作出直径较大的桩？

20. 水泥土搅拌法和高压喷射注浆法的主要特点是什么？适用于什么土类？

21. 为什么压实黏性土要控制适当的含水量而压实砂土则要充分洒水？

22. 深层挤密法中的土桩与置换法中复合地基的土石桩功能上的主要差异是什么？

23. 振冲法是常用的一种地基加固方法，试说明其加固地基的机理。

24. 在振冲法中选择填料很重要，应该如何选择填料和评价填料的适宜性？

25. 如何确定经过砂桩加固后地基的承载能力？

26. 什么是强夯法？说明强夯法加固地基的机理。

27. 如何确定强夯法的有效加固深度？

28. 为什么强夯法施工中每遍夯之间要有一定的间歇时间？间歇时间的长短该如确定？

29. 预压加固法分成哪几类？简要说明每类方法的加固原理。

30. 堆载预压法是最常用的预压法，如何确定堆载的强度和预压的时间？

31. 砂井预压法的原理是什么？如何计算预压的固结度？

32. 为什么堆载预压固结法要严格控制加载的速率？定性说明加载速率的控制原理。

33. 试说明真空预压法的基本原理，为什么用这种方法可以不必控制加载速率？

34. 灌浆法是水工建筑物地基加固的主要方法，灌浆法分成哪几类？各应用于什么情况。

35. 何为浆液的可灌性？用什么指标来衡量？

36. 常用的化学灌浆有哪些种类？主要的优缺点是什么？

37. 何为劈裂灌浆？适用于什么条件？

38. 何谓压密灌浆？适用于什么情况？

39. 土工合成材料是20世纪下半叶以来岩土工程最重要的发展成果之一，常用的有哪些土工合成材料？各用于什么情况？

40. 一般反滤层设计需要哪些要求？如何利用土工织物来满足这些要求？

41. 如何利用土工筋材提高土的抗剪强度？试说明其原理。

42. 土工织物的渗透性如何表示？表示方法有何优缺点？

第7章
特殊性土地基

7.1 概述

我国地域辽阔，地势西高东低，地貌变化万千；我国气候特征属东亚季风气候，各地降雨量极不均匀；我国江河众多，水系发达，湖泊星罗棋布。

我国自然环境的多样性必然影响成土环境的多变性。在广大的土地上分布着多种多样具有特殊性质的土类。土的成因与自然环境是密切相关的。成土环境主要包括以下几方面：

（1）岩性——是指成土母岩的性质。例如石灰岩、砂岩、火山喷出物的凝灰岩等，在这些母岩上发育的土的性质不一样。

（2）气候环境——包括气温、降水、湿度、冰冻等因素。气候条件影响母岩的物理风化和化学风化的程度。

（3）地形地貌环境——山区或平原，高山或深谷等都会影响土的发育变化。

（4）搬运和沉积环境——搬运主要指重力、水流、冰川和风四种形式。岩石风化物经搬运后在干旱环境还是在湿润环境下成土或是在酸性环境还是碱性环境等情况，对土的性质有重要的影响。除上述四种大环境外，小环境，如局部微气候、微地形等对土的形成也具有重要作用。而且各种环境也不是孤立的，而是相互关联、相互影响的。

成土环境的不同，会造成具有不同特性的土。根据成土环境，这些特殊性土的分布都具有区域性的特点，因此，也称为区域性土或环境土。我国自然环境变化大，世界上几种主要的特殊性土类都有分布。其中最主要的有软土、黄土、红土、膨胀土、盐渍土、冻土等六大类。它们的分布及成土环境见表7.1。

表7.1　　我国主要特殊性土类

编号	土类名称	主要分布区域	自然环境与成土环境	主要工程特性
1	软土	东南沿海，如天津、连云港、上海、宁波、温州、福州等，此外内陆湖泊地区也有局部分布	滨海、三角洲沉积，湖泊沉积，地下水位高，由水流搬运沉积而成	强度低，压缩性高，渗透性小
2	黄土	西北内陆地区，如青海、甘肃、宁夏、陕西、山西、河南等	干旱半干旱气候环境，降雨量少蒸发量大，年降雨量小于500mm。由风搬运沉积而成	湿陷性

续表

编号	土类名称	主要分布区域	自然环境与成土环境	主要工程特性
3	红土	云南、四川、贵州、广西、鄂西、湘西等	碳酸盐岩系北纬33°以南，温暖湿润气候，残坡积为主	不均匀性，结构性裂隙发育
4	膨胀土	云南、贵州、广西、四川、安徽、河南等	温暖湿润，雨量充沛，年降雨量700～1700mm，具备良好化学风化条件	膨胀和收缩特性
5	盐渍土	新疆、青海、甘肃、宁夏、内蒙古等内陆地区，此外尚有滨海部分地区	荒漠半荒漠地区，年降雨量小于100mm、蒸发量高达3000mm以上的内陆地区，沿海受海水浸渍或海退影响	盐胀性，溶陷性和腐蚀性
6	冻土	青藏高原和大小兴安岭，东西部一些高山顶部	高纬度寒冷地区	冻胀性，融陷性

土类的分布及其工程特性与成土环境非常密切，各有各的特性。这六类土中除软土外都是非饱和土。自从20世纪20年代太沙基提出固结理论及有效应力原理直至今天，土力学的研究基本上是针对二相的饱和土进行的。所以严格来说，这种三相复合介质，由于相的增加导致其物理性态、有效应力原理、渗透性、应力应变关系、变形与固结、抗剪强度、孔隙压力以及其他有关方面较之饱和土要复杂得多，不能简单套用饱和土的研究成果，而必须建立其自身的规律。

我国对于这些具有特殊性土的研究非常重视。在大规模基本建设中，无论是建工、铁路、公路和水利等系统，结合各专业的特点，积累了非常丰富的实践经验。对每一种土类的特性进行了大量的研究工作，并初步建立了一套规范、规程、细则等技术文件，详见表7.2，为我国各种特殊性土类的研究奠定了基础。

表7.2　我国特殊性土类主要技术文献

土类名称	主要技术规范
软土	中国建筑科学研究院主编，《建筑地基基础设计规范》(GBJ 7—89)，中国建筑工业出版社上海、天津等城市地方性规范
黄土	中国建筑科学研究院主编，《湿陷性黄土地区建筑规范》(GBJ 25—90)，中国建筑工业出版社
红土	建设部综合勘察研究设计院主编，《岩土工程勘察规范》(GB 50021—94)，中国建筑工业出版社
膨胀土	中国建筑科学研究院主编，《膨胀土地区建筑技术规范》(GBJ 112—87)，中国计划出版社
盐渍土	(1) 铁道部部标准《铁路工程地质技术规范》(TBJ 12—85)，中国铁道出版社 (2) 铁道部第一勘测设计院主编，《盐渍土地区铁路工程》，中国铁道出版社，1988
冻土	铁道部部标准《铁路工程地质技术规范》(TBJ 12—85)，中国铁道出版社

除了上述主要技术文件外，还有大量的研究成果可参考。特别值得推荐的是，1992年中国土木工程学会土力学及基础工程学会举办的非饱和土理论与实践学术研讨会，交流了国内外的最新成果，促进了理论观点、试验技术和计算方法等方面的研究工作。

我国具有特殊性土的种类很多，积累的资料非常丰富。特别是其中的软土，由于它分布的地理位置在东南沿海一带，地下水位高，都是饱和的二相体。因此大多数的工程问题可以直接应用太沙基的渗透固结理论来处理。此外，该地区是我国大规模经济建设的主要开发区，工程实践经验丰富，科学研究工作比较深入。前面各章所论述的内容已经反映了软土的基本特性，所以不再作重复的讨论，现着重介绍其他五种土类。由于各种土类的特性不同，地区性经验各异，所以本章主要阐述各土类的基本工程特性及处理问题的基本概念和原理，对于具体的设计和计算应参阅有关的规范、规程等技术文献。

7.2 黄土地基

黄土是我国地域分布最广的一种特殊性土类。它是第四纪的一种特殊堆积物。其主要特征为：颜色以黄为主，有灰黄、褐黄等；含有大量粉粒，一般在55%以上；具有肉眼可见的大孔隙，孔隙比在1.0左右；富含碳酸盐类；无层理，垂直节理发育；具有湿陷性和易溶蚀、易冲刷性等。对工程建设有其特殊的危害性。

中华人民共和国成立以来，对黄土的研究获得了极为丰富的实践经验，所取得的成果已经达到世界领先的水平。

7.2.1 黄土的成因特征及其分布

我国黄土广泛分布于北纬34°～45°，在面积达60万 km^2 的干旱和半干旱区内。而以黄土高原的黄土分布最为集中，沉积最为典型。黄土高原的范围是以太行山以西、日月山以东、秦岭以北，长城以南，包括青海、甘肃、宁夏、陕西、山西、河南等省区的一部分或大部分，具体可查阅《湿陷性黄土地区建筑规范》（GB 50025—2018）附录B：中国湿陷性黄土工程地质分区。

黄土的成因特征主要是以风力搬运堆积为主。从西北黄土高原到华北、山西、河南一带，黄土的厚度逐渐变薄，湿陷性逐渐降低。

黄土因沉积的地质年代不同在性质上有很大差别，晚更新世（Q_3）及以后的黄土又因成因不同而有明显差别。原生黄土具有风沉积的全部特征。黄土沉积后，经后期其他地质作用改造再沉积的类似黄土的沉积物，称为次生黄土。黄土形成年代越久，大孔结构退化，土质越趋密实，强度高而压缩性小，湿陷性减弱，甚至不具湿陷性；反之，形成年代越近，黄土特性更明显。见表7.3。

表7.3　黄土按沉积年代划分

<table>
<tr><th colspan="2">年　代</th><th colspan="3">地 层 名 称</th><th>基本特性</th></tr>
<tr><td rowspan="2">全新世
Q_4</td><td>近期</td><td></td><td rowspan="3">新黄土</td><td rowspan="2">新近堆积</td><td rowspan="2">有湿陷性，常具有
高压缩性</td></tr>
<tr><td>早期</td><td></td></tr>
<tr><td colspan="2">晚更新世 Q_3</td><td>马二黄土</td><td>一般湿陷性黄土</td><td>有湿陷性</td></tr>
<tr><td colspan="2">中更新世 Q_2</td><td>离石黄土</td><td rowspan="2">老黄土</td><td></td><td rowspan="2">一般无湿陷性</td></tr>
<tr><td colspan="2">早更新世 Q_1</td><td>午城黄土</td><td></td></tr>
</table>

午城黄土和离石黄土属于老黄土，前者色微红至棕红，而后者为深黄及棕黄。土质密实，颗粒均匀，无大孔或略具大孔结构，除离石黄土层上部有轻微湿陷性外，一般不具湿陷性。常出露于山西高原、豫西山前高地、渭北高原、陕甘和陇西高原。

新黄土是指覆盖于离石黄土层上部的马二黄土及全新世中各种成因的黄土。色呈褐黄至黄褐，土质均匀，结构疏松、大孔发育，一般具有湿陷性。主要分布在黄土地区的河岸阶地。其中全新世近期堆积的黄土，形成历史只有几百年，土质不均匀，结构松散，大孔排列杂乱，多出孔，孔壁有白色碳酸盐粉末状结晶。在外貌和物理性质上与马二黄土差别不大，但其力学性质远较马二黄土差，一般具湿陷性和高压缩性，承载力基本容许值仅为75～13kPa。新近堆积的黄土多分布于河漫滩、低级阶地、山间洼地的表层、黄土塬、梁、峁的坡脚、洪积扇或山前坡积地带。

7.2.2　黄土的湿陷性及其评价

湿陷性是黄土最主要的工程特性。所谓湿陷性就是黄土浸水后在外荷载或自重的作用下发生下沉的现象。湿陷性黄土又可分为自重湿陷和非自重湿陷两类。自重湿陷是指土层浸水后即使在土层自重作用下也能发生湿陷；非自重湿陷是指土层浸水后在自重及附加压力共同作用下才发生湿陷。

黄土湿陷的机理通常认为是由于黄土的结构特性和胶结物质的水理特性决定的。

1. 黄土的结构与构造

黄土的颗粒组成以粉粒为主，达50%以上。黄土中的黏粒部分被胶结成集粒或附在砂粒及粗粉粒的表面。黄土中的粉粒和集粒共同构成了支承结构的骨架。较大的砂粒则“浮”在结构体中。由于排列比较疏松，接触连接点较少，构成一定数量的架空孔隙，如图7.1所示。黄土结构中的孔隙可以分为三类：

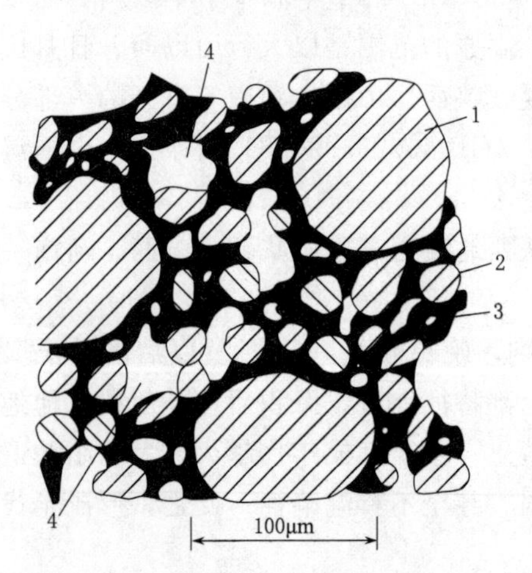

图7.1　黄土的结构示意

1—砂粒；2—粗粉粒；3—胶结物；4—大孔隙

(1) 大孔隙，基本上是肉眼可见的，直径0.5～1.0mm的孔道。

(2) 细孔隙，是架空结构中大颗粒的粒间孔隙，肉眼看不见，可在放大镜下观察。

(3) 毛细孔隙，由大颗粒与附在其表面的小颗粒所形成的粒间孔隙，肉眼不可见。这三种孔隙形成了黄土的高孔隙度，故黄土又称为“大孔土”。

黄土是在干旱或半干旱的气候条件下形成的，可溶盐逐渐浓缩沉淀而成为胶结物。这些因素增强了土粒之间抵抗滑移的能力，阻止了土体的自重压密。

黄土受水浸湿时，结合水膜增厚楔入颗粒之间，可溶性盐类溶解和软化，骨架强度降低。土体在上覆土层的自重压力或在附加压力与自重压力共同作用下土的结构迅速破坏，土粒滑向大孔，粒间孔隙减少，这就是黄土湿陷的机理。

黄土中胶结物的含量和成分以及颗粒的组成和分布，对于黄土的结构特点和湿陷性的强弱有着重要的影响。胶结物含量大，黏粒含量多，黄土的结构致密湿陷性降低，并使力学性质得到改善。反之，结构疏松、强度降低，湿陷性强。此外，黄土中的盐类，如以难溶的碳酸钙为主，湿陷性弱；若以石膏及易溶盐为主，湿陷性增强。

黄土湿陷性还与孔隙比、含水量以及所受压力的大小有关。天然孔隙比越大或天然含水量越小，则湿陷性越强。在天然孔隙比和含水量不变的情况下，压力增大，黄土湿陷量增加，但当压力超过某一数值后，再增加压力，湿陷量反而减少。

2. 湿陷性黄土的确定

黄土的湿陷性应按照湿陷系数 δ_s 确定，有

$$\delta_s = \frac{h'_p - h_p}{h_0} \tag{7.1}$$

式中 δ_s——湿陷系数；

h'_p——上述加压稳定后的土样，在浸水（饱和）作用下，附加下沉稳定后的高度，mm；

h_0——土样的原始高度，mm；

h_p——保持天然湿度和结构的土样，加压至规定的压力时，下沉稳定后的高度，mm。

测定湿陷系数 δ_s 的压力具体如下：

(1) 对于基础底面压应力不大于 300kPa 的桥涵，自基底算起 10m 以上的土层采用 200kPa；10m 以下至非湿陷性层顶面，采用其上面的覆土的饱和自重压应力（当上面的覆土的饱和自重压应力大于 300kPa 时，采用 300kPa）。

(2) 对于基础底面压应力大于 300kPa 的桥涵，应采用实际压应力。

(3) 对于压缩性较高的新堆积黄土，基底以下 5m 以内土层宜用 100～150kPa 的压应力；5～10m 及 10m 以下至非湿陷性黄土层顶面，应分别采用 200kPa 和上面覆土的饱和自重压应力。

当湿陷系数 δ_s 小于 0.015 时，定为非湿陷性黄土；当湿陷系数 δ_s 等于或大于 0.015 时，定为湿陷性黄土

7.2.3 湿陷性黄土的湿陷等级

在上覆土的自重压力下，土层受水浸湿发生湿陷，称自重湿陷性土。在上覆土的自重压力下，土层受水浸湿不发生湿陷，称非自重湿陷性土。

1. 自重湿陷系数

自重湿陷系数 δ_{zs} 可按下式计算

$$\delta_{zs} = \frac{h_z - h'_z}{h_0} \tag{7.2}$$

式中 δ_{zs}——自重湿陷系数；

h_z——保持天然湿度和结构的土样，加压至该土样上覆土的饱和自重压力时，下沉稳定后的高度，mm；

h_z'——上述加压稳定后的土样，在浸水（饱和）作用下，附加下沉稳定后的高度，mm；

h_0——土样的原始高度，mm。

2. 自重湿陷量及桥涵的湿陷类型

湿陷性黄土的自重湿陷量 Δ_{zs} 可按下式计算

$$\Delta_{zs}=\beta_0\sum_{i=1}^{n}\delta_{zsi}h_i \tag{7.3}$$

式中　Δ_{zs}——自重湿陷量，mm；

δ_{zsi}——第 i 层土的自重湿陷系数；

h_i——第 i 层土的厚度，mm；

β_0——因地区土质而异的修正系数，陇西地区可取1.5，陇东—陕北—晋西地区可取1.2，关中地区可取0.9，其他地区可取0.5。

湿陷类型按自重湿陷量 Δ_{zs} 确定：

(1) 当自重湿陷量 $\Delta_{zs}\leqslant$70mm时，为非自重湿陷性黄土地基。

(2) 当自重湿陷量 $\Delta_{zs}>$70mm时，为自重湿陷性黄土地基。

3. 湿陷性黄土地基的湿陷等级

湿陷性黄土地基的湿陷等级可根据自重湿陷量和基底以下地基的湿陷量大小进行评价。

按非自重湿陷性地基和自重湿陷性地基，根据自重湿陷量的大小，非自重湿陷性地基分Ⅰ（轻微）、Ⅱ（中等）二级，自重湿陷性地基分Ⅱ（中等）、Ⅲ（严重）、Ⅳ（很严重）三级，具体见表7.4。另，当湿陷量 $\Delta_s>$600mm的计算值，且自重湿陷量 $\Delta_{zs}>$300mm时，可判定为Ⅲ级，其他情况可判定为Ⅱ级。

表7.4　　湿陷性黄土地基的湿陷等级

湿陷性类型		非自重湿陷性地基	自重湿陷性地基	
自重湿陷量 Δ_{zs}/mm		$\Delta_{zs}\leqslant70$	$70<\Delta_{zs}\leqslant350$	$\Delta_{zs}>350$
基底以下地基湿陷量 Δ_{zs}/mm	$\Delta_{zs}\leqslant300$	Ⅰ（轻微）	Ⅱ（中等）	—
	$300<\Delta_{zs}\leqslant700$	Ⅱ（中等）	Ⅱ（中等）或Ⅲ（严重）	Ⅲ（严重）
	$\Delta_{zs}>700$	Ⅱ（中等）	Ⅲ（严重）	Ⅳ（很严重）

7.2.4　黄土地基的承载力与湿陷量计算

1. 载荷试验方法确定承载力

黄土载荷试验特征曲线如图7.2所示。地基的沉降随着荷载的增大而增大，在出现比例极限 p_0 点后，曲线的陡度随荷载增大。当地基达到极限状态时，曲线的陡度发生激增，这时载荷板的荷载 p_j 就称为极限荷载。

在工程实践中，载荷试验不容易求得 p_j 值。因此常采用沉降与载荷板的宽度 b（或圆形板的直径）的比值作为控制标准。对于一般湿陷性黄土控制在 $s/b=0.02$；对于新近堆积的黄土和饱和黄土将 $s/b=0.01\sim0.015$ 时所对应的压力作为承载力基本值 f_0。

2. 经验方法确定承载力

经验方法是根据原位测试资料或土的物理性指标与载荷试验结果进行比较，建立经验公式或编制成承载力表供查用。

（1）一般湿陷性黄土承载力经验公式。根据青海、甘肃、陕西、河南、山西等地区的载荷试验资料进行统计分析后，得到的承载力 f_0 经验关系式如下

$$f_0=144.8+741.7\omega_L/e-803.5\omega \tag{7.4}$$

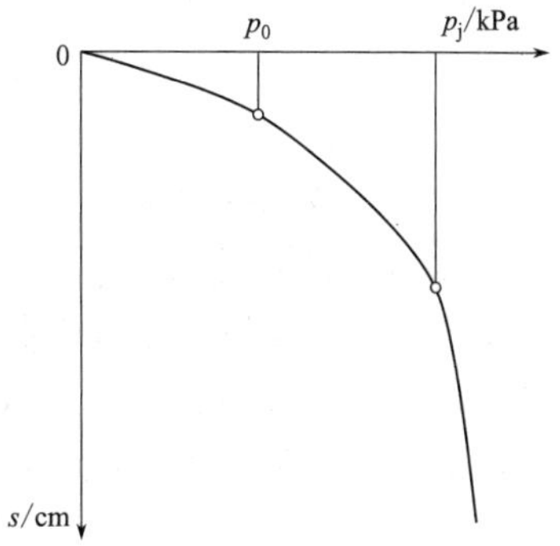

式中 ω_L——土的液限，适用范围 23%～35%；

e——土的孔隙比，适用范围 0.8～1.30；

ω——土的天然含水量，适用范围 10%～28%。

图 7.2 黄土地基荷载试验曲线

（2）新近堆积黄土的承载力经验公式。

$$f_0=175.3-47.2a\omega_L/e-46.6\omega/\omega_L \tag{7.5}$$

式中 a——压缩系数，通常取 50～150kPa 或 100～200kPa 压力段范围的压缩系数。

3. 湿陷量计算

基底以下地基的湿陷量可按下式计算

$$\Delta_s=\sum_{i=1}^{n}\beta\delta_{si}h_i \tag{7.6}$$

式中 Δ_s——基底以下地基的湿陷量，mm；

δ_{si}——自基底算起第 i 层土的湿陷系数；

h_i——基底以下第 i 层土的厚度，mm；

β_0——考虑地基土侧向挤出或浸水概率等因素的修正系数，在基底以下 5m 以内可取 1.5；5～10m 取 1.0；10m 以下至非湿陷性黄土层顶面及非自重湿陷性黄土取零；自重湿陷性黄土可取 β_0。

基底以下地基的湿陷量 Δ_s 应自基底算起，对于非自重湿陷性黄土，累计至基底以下 10m（或地基压缩层）深度为止。对于自重湿陷性黄土，累计至非湿陷性黄土层顶面为止；其中湿陷系数 δ_s（10m 以下为 δ_{zs}）小于 0.015 的土层可不累计。

7.2.5 黄土地基的地基处理

湿陷性黄土地基的设计和施工，除了必须遵循一般地基的设计和施工原则外，还应针对湿陷性特点，采用适当的工程措施，包括以下三个方面：①处理地基，以消除产生湿陷性的内在原因；②防水和排水，防止产生引起湿陷的外界条件；③采取结构措施，改善道路、桥梁结构对不均匀沉降的适应性和抵抗能力。

湿陷性黄土地基处理的原理，主要是破坏湿陷性黄土的大孔结构，全部或部分消除地基的湿陷性。

湿陷性黄土地基桥涵根据其重要性、结构特点、受水浸湿后的危害程度和修复的难易

程度分为A、B、C、D四类。

A类：20m及以上高墩台和外超静定桥梁。

B类：一般桥梁基础，拱涵。

C类：一般涵洞及倒虹吸。

D类：桥涵附属工程。

湿陷性黄土地区的桥涵应根据湿陷性黄土的等级、结构物分类和水流特征，采取相应的设计措施和处理方案以满足沉降控制的要求。

湿陷性黄土地区地基处理的措施可参考表7.5采用。

表7.5　　湿陷性黄土地区地基处理的措施

类型及措施 \ 水流特征及失陷等级		经常性流水（或浸湿可能性较大）				季节性流水（或浸湿可能性较小）			
		Ⅰ	Ⅱ	Ⅲ	Ⅳ	Ⅰ	Ⅱ	Ⅲ	Ⅳ
A	措施	①				①			
B	措施	②、③	②、③	①、②	①	③		②、③	②
	处理深度/m	2.0～3.0	3.0～5.0	4.0～6.0	6.0	0.8～1.0	1.0～2.0	2.0～3.0	5.0
C	措施	③			②	③			
	处理深度/m	0.8～1.0	1.0～1.5	1.5～2.0	3.0	0.5～0.8	0.8～1.2	1.2～2.0	2.0
D	措施	④				④			

《公路桥涵地基与基础设计规范》（JTG 3363—2019）主要推荐换填法（垫层法）、强夯法、灰土挤密桩法三种，这些方法在实际中较为常用；此外，振冲法（适用于饱和黄土）、高压喷射注浆法也可用于黄土地基处理。

1. 湿陷性黄土地基上的桥涵设计

湿陷性黄土地基上的桥涵设计应注意下列事项：

（1）湿陷性黄土地基可采用垫层法（换填法）、强夯法、振冲法、土或灰土挤密桩法等方法进行处理。选择地基处理方案时，应经过技术经济比较，选用加强上部结构、基础和处理地基相结合的方案。

（2）湿陷性黄土地区的桥涵，宜设置在原有沟床上，并宜采用适应沉降的结构。涵洞不应采用分离式基础。

（3）处理后的地基承载力应满足设计要求，且其下卧层顶面的承载力不应小于下卧层顶面的附加压力与自重压力之和。

（4）处理后的地基干密度不应小于1.6t/m^3。

2. 湿陷性黄土地基垫层的设计

在湿陷性黄土地基上设置的垫层，可采用灰土垫层、素土垫层和砂砾垫层。灰土垫层应用最广；素土垫层主要用于灰土垫层下面挖出的湿土的回填处理；砂砾垫层则仅适用于地下水位较高及黄土层下卧卵砾石或岩石出露地段。灰土垫层按石灰与土以3∶7拌和，具体要求如下：

（1）采用优质石灰，与土料拌和均匀，加水至最佳含水量后充分闷料。

（2）灰土垫层应分层压实或夯实，分层厚度不大于150mm，按重型击实标准的压实度不小于95%。

(3) 灰土垫层总厚度。对于非自重湿陷性黄土地基，垫层总厚度不宜小于1.0m并使其下面各天然土层所受的压力小于湿陷起始压力；对于自重湿陷黄土地基，垫层总厚度不宜小于2.0m，并应保证其下卧层顶面的承载力不小于下卧层顶面的总压力（附加压力与土自重压力之和）。

(4) 灰土垫层每边超出基础边缘外的宽度不应小于其厚度，且不宜小于1.5m。灰土垫层以下宜设置一层1.0～1.5m厚的素土垫层，其基底应夯实。

3. 湿陷性黄土地基处理

湿陷性黄土地基采用强夯法处理应注意以下事项：

(1) 强夯前应先进行试夯，试夯应按设计要求选点进行。

(2) 被处理的地基的天然含水量宜低于塑限含水量的1%～3%。当含水量低于10%时，宜加水至塑限含水量；当土的天然含水量大于塑限含水量3%时，宜采取措施适当降低含水量。

湿陷性黄土地基采用灰土挤密桩法时应注意下列事项：

(1) 石灰和土的比例可取2∶8～3∶7。石灰宜采用新鲜消石灰，其颗粒不应大于5mm。

(2) 灰土填料中的土料宜选蒙脱石、高岭石、伊利石等矿物成分的黏土，且不应含有有机物；土料pH值不宜小于7，且土颗粒不应大于15mm。

(3) 灰土桩沉管机的吨位一般为0.5～2.5t，其相应沉管直径为0.3～0.6m，处理深度5～15m。

7.3 红黏土地基

7.3.1 红黏土的成因及其分布

红黏土是碳酸盐岩系出露区的岩石，经过更新世以来在湿热的环境中，由岩变土一系列的红土化作用，形成并覆盖于基岩上，呈棕红、褐黄等色的高塑性黏土。液限ω_L大于50%，垂直方向湿度有上部小下部大的明显变化规律，失水后有较大的收缩性，土中裂隙发育。

所谓红土化作用是碳酸盐系岩石在湿热气候环境条件下，逐渐由岩石演变成土的过程。已经形成的红黏土，经后期水流搬运，土中成分相对变化，仍然保留着红黏土的基本特征，其ω_L一般大于45%，称为次生红土。

根据红黏土的成土条件，这类土主要集中分布在我国长江以南，即北纬33°以南的地区，西起云贵高原，经四川盆地南缘、鄂西、湘西、广西向东延伸到粤北、湘南、皖南、浙西等丘陵山地。

7.3.2 红黏土的工程特性

红黏土的工程特性主要表现在以下几方面：

1. 高塑性和高孔隙比

红黏土高分散性，黏粒含量高，粒间胶体氧化铁具有较强的黏结力，并形成团粒。因此反映出具有高塑性的特征，特别是液限 ω_L 比一般黏性土高，都在50%以上。由于团粒结构的形成过程中，造成总的孔隙体积大，孔隙比常大于1.0，它与黄土不同在于单个孔隙体积很小，黏粒间胶结力强且非亲水性，故红黏土无湿陷性，压缩性低，力学性能好。表7.6列出了我国各地区红黏土的液限 ω_L、塑限 ω_p 和孔隙比 e 的统计值。可以看出云南、贵州的红黏土孔隙比 e 高达1.36左右。值得注意的是红黏土不能误解为软土或大孔土。

表7.6　各地区土的 ω_L、ω_p、e 指标值

地区		南方								北方
省区		云南	贵州	广西	四川	湖北	湖南	广东	皖南	山东
ω_L/%	界限	50～80	40～110	39～92	35～85	39～81	40～80	25～90	40～65	33～60
	中值	63	73	68	58	63	65	55	54	42
ω_p/%	界限	29～50	20～50	20～43	20～40	20～45	20～50	17～50	18～30	17～30
	中值	37	35	35	30	28	29	24	29	19
e	界限	0.8～1.8	0.8～2.0	0.8～1.7	0.7～1.8	0.7～1.8	0.85～1.3	0.6～1.4	0.7～1.2	0.6～0.9
	中值	1.38	1.36	1.10	1.10	1.20	1.05	0.97	0.88	0.75

红黏土天然状态饱和度大多在90%以上，使红黏土成为二相体系。所以红黏土湿度状态的指标也同时反映了土的密实度状态，含水量 ω 和孔隙比 e 具有良好的线性关系，如图7.3所示。

红黏土含水量高，而且在天然竖向剖面上，地表呈坚硬、硬塑状态，向下逐渐变软，土的含水量、孔隙比有随深度递增的规律，力学性能相应变差。如图7.4所示，图中 $a_w=\omega/\omega_L$ 称为含水比。

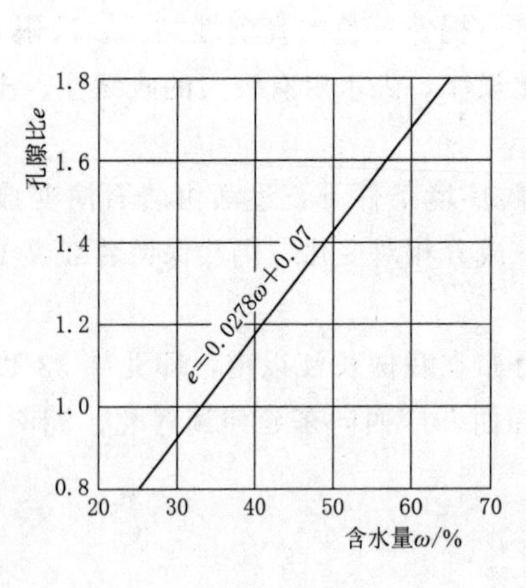

图7.3　红黏土 $e-\omega$ 关系

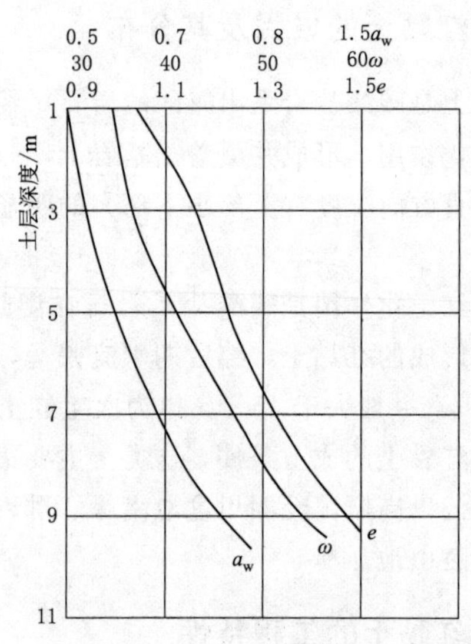

图7.4　a_w、ω、e 随深度变化

红黏土虽然有随深度力学性变弱的特性，但作为天然地基时，对一般道路、桥梁而言，其基底附加应力随深度的衰减幅度大于强度减小的幅度，因此在多数情况下满足了持力层也就满足了对下卧层承载力验算的要求。

2. 土层的不均匀性

红黏土厚度不均匀特性主要表现在以下两方面：

（1）母岩岩性和成土特性决定了红黏土层厚度不大。尤其在高原山区，分布零星，由于石灰岩和白云岩岩溶化强烈，岩面起伏大，形成许多石笋石芽，导致红黏土厚度水平方向上变化大。常见水平相距 1m，土层厚度相差 5m 或更多。

（2）下伏碳酸盐岩系地层中的岩溶发育，在地表水和地下岩溶水的单独或联合作用下，由水的冲蚀、吸蚀等作用，在红黏土地层中可形成洞穴，称为土洞。只要冲蚀吸蚀作用不停止，土洞可迅速发展扩大。由于这些洞体埋藏浅，在自重或外荷作用下，可演变为地表塌陷。

3. 土体结构的裂隙性

自然状态下的红黏土呈致密状态，无层理，表面受大气影响呈坚硬、硬塑状态。当失水后土体发生收缩，土体中出现裂缝。接近地表的裂缝呈竖向开口状，往深处逐渐减弱，呈网状微裂隙且闭合。由于裂隙的存在，土体整体性遭到破坏，总体强度大为削弱。此外，裂隙又促使深部失水。有些裂隙发展成为地裂，如图 7.5 所示，图中同时标出了裂缝周围含水量的等值线，可以看出在地裂缝附近含水量低于远处。

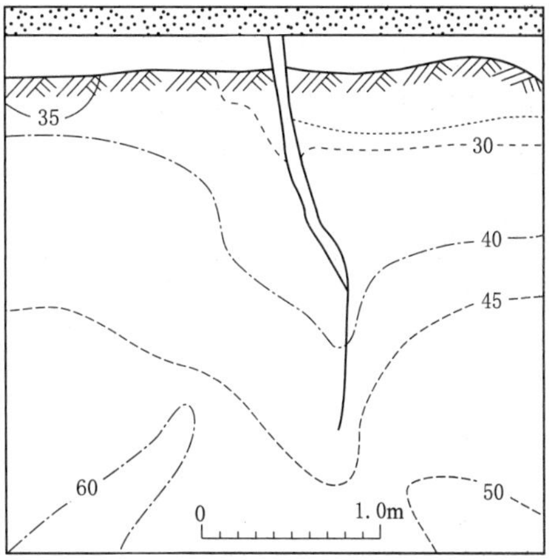

土中裂隙发育深度一般为 2～4m，有些可达 7～8m。在这类地层内开挖时，开挖面暴露后受气候的影响，裂隙的产生和发展迅速，将开挖面切割成支离破碎，影响边坡的稳定性。

图 7.5 地裂附近土体中含水量等值线

7.3.3 地基土的工程分类

红黏土的工程分类方法很多，通常有下列几种：按成因分类，按土性分类，按湿度状态分类，按土体结构分类和按地基岩土条件分类等五种。其中后面三种分类方法对地基承载力的确定和地基的评价最有影响。作概略介绍。

1. 按土体结构分类

天然状态的红黏土为整体致密状，当土中形成了网状裂隙，使土体变成由不同延伸方向，宽度和长度的裂隙面分割的土块所构成。而致密状少裂隙与富裂隙的土体的工程性质有明显差异。根据土中裂隙特征以及天然与扰动状态土样无侧限抗压强度之比 S_t 作为分类依据，见表 7.7，将地基土分为致密状、巨块状和碎块状三类，从表中可看出，富裂隙的碎块状土体，天然状态的强度比扰动状态低。

2. 按地基岩土条件分类

红土地基的不均匀性，对道路、桥梁结构地基设计和处理造成严重影响。特别在岩溶发育区内，表面红土层下溶沟溶槽，石笋石芽起伏变化不易捉摸。所提出了结合道路、桥梁结构的特点，事先假定某一条件，通过系统沉降计算确定基底下某一临界深度 Z 范围内岩土构成情况进行分类。

表 7.7　土体结构分类

土体结构	外观特征	S_t
致密状	偶见裂隙<1条/m	>1.2
巨块状	较多裂隙1～5条/m	1.2～0.8
碎块状	富裂隙>5条/m	<0.8

设地基沉降检验段长度为6.0m，相邻基础的型式、尺寸及基底荷载相似，基底土为坚硬、硬塑状态。对单独基础总荷载 $P_1=500\sim3000$kN；条形基础每延米荷载 $P_2=100\sim150$kN/m，则根据临界深度 Z 内岩层分成两类：

Ⅰ类：全部为红土组成。

Ⅱ类：由红土与下伏岩层所组成。

临界深度 Z（m）：单独基础 $Z=0.003P_1+1.5$（m）；条形基础 $Z=0.05P_2-4.5$（m）。

对于Ⅰ类地基无须考虑地基的不均匀沉降问题，可视作均质地基；对于Ⅱ类岩土条件地质应根据岩土间的不同组合进行评价和处理。

3. 按湿度状态分类

红黏土的状态指标，除惯用的液性指数 I_L 外，含水比 $a_w=\omega/\omega_L$ 与土的力学性指标有相关紧密性。根据上述两个指标，可将红黏土划分成五类：坚硬、硬塑、可塑、软塑和流塑，见表7.8。

表 7.8　湿度状态分类标准

状态	状态指标		状态	状态指标	
	$a_w=\omega/\omega_L$	I_L		$a_w=\omega/\omega_L$	I_L
坚硬	≤0.55	≤0	软塑	0.85～1.0	0.67～1.0
硬塑	0.55～0.70	0～0.33	流塑	>1.0	>1.0
可塑	0.70～0.85	0.33～0.67			

7.3.4　红黏土地基设计和处理

1. 地基承载力确定

均质红黏土地基的承载力可根据经验和理论方法确定。

(1) 经验方法。经验法确定地基承载力有两种方法：一种是根据状态指标与载荷试验结果经统计求得经验公式；另一种是根据静力触探指标进行统计的经验公式，即

$$f_0=121.8(0.5968)I_r\times(2.820)^{\frac{1}{a_w}} \tag{7.7}$$

$$f_0=0.09p_s+90 \tag{7.8}$$

式中　f_0——红黏土地基承载力基本值，kPa；

I_r——液塑比，$I_r=\omega_L/\omega_p$；

a_w——含水比，$a_w=\omega/\omega_L$；

p_s——静力触探比贯入阻力，kPa。

(2) 按承载力公式计算确定。按承载力公式计算时，抗剪强度指标应由三轴剪力试验求得。当用直剪仪快剪指标时，计算参数应予修正，对 c 值一般乘 0.6～0.8 系数；对 φ 值乘 0.8～1.0 系数。

2. 不均匀地基处理

(1) 土层厚度不均匀情况。常见土层厚度不均匀有如图 7.6 所示两种情况，图 7.6 (a) 表示一端有岩石出露，另一端有一定厚度土层；图 7.6 (b) 表示下卧岩层面起伏，未出露地面两端土层厚度不一的情况。对于这两种岩土不均匀地基的处理，原则上应通过沉降分析来考虑处理方案。常用做法有：

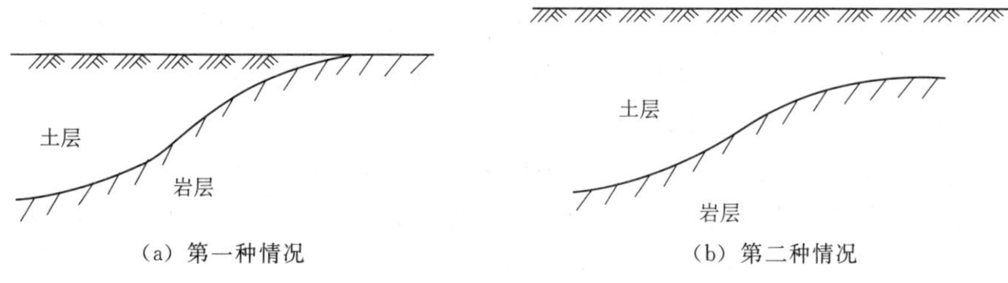

图 7.6 岩土地基典型剖面

当下卧岩层单向倾斜较大时，可调整基础的深度、宽度或采用桩基等处理。图 7.7 表示将条形基础沿基岩的倾斜方向分段做成阶梯形，使地基变形趋于一致。

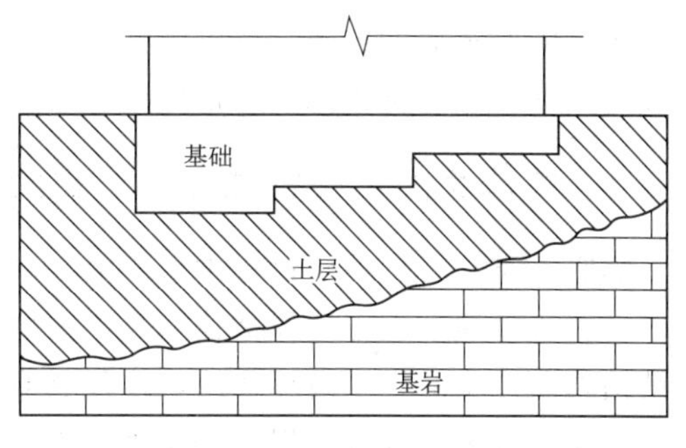

图 7.7 阶梯形基础

对于大块孤石、石芽、石笋或局部岩层出露等情况，宜在基础与岩石接触的部位，将岩石露头削低，作厚度不小于 50cm 的褥垫，如图 7.8 所示。再根据土质情况，结合结构措施综合处理。

(2) 土中裂缝的问题。土中出现的细微网状裂缝可使抗剪强度降低 50%以上，主要影响土体的稳定性，当承受较大水平荷载或外侧地面倾斜、有临空面等情况时应验算其稳定性。对于仅受竖向荷载时应适当折减地基承载力。

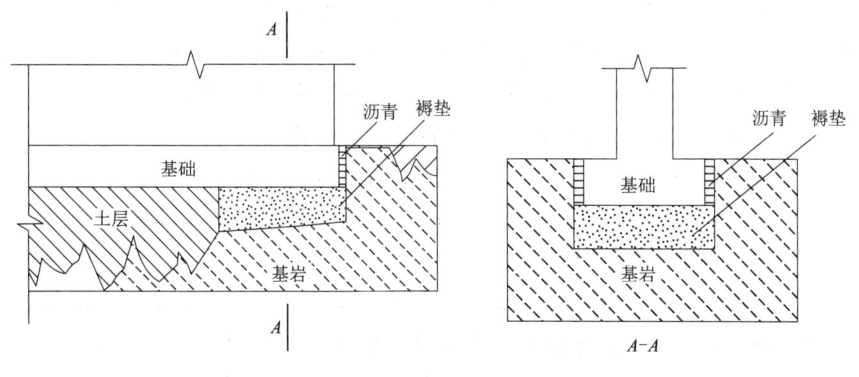

图 7.8 褥垫构造

土中深长的地裂缝对工程危害极大。地裂缝可长达数公里，深可达8～9m。其上的道路、桥梁结构无不损坏，不是一般工程措施可治理的，故原则上应避开地裂缝地区。

（3）土的胀缩性问题。红黏土的收缩特性，能引起道路、桥梁结构的损坏，所以应采取有效的防水措施。

7.4　膨胀土地基

膨胀土一般指黏粒成分主要由强亲水性的蒙脱石和伊利石矿物组成，具有吸水膨胀和失水收缩，胀缩性能显著的黏性土。膨胀土的成因环境主要为温和湿润，具备化学风化的良好条件，硅酸盐为主的矿物不断分解，钙被大量流失，钾离子被次生矿物吸收形成伊利石和伊利石-蒙脱石混合矿物为主的黏性土。

膨胀土在我国分布广泛，与其他土类不同的是主要成岛状分布。根据现有资料，在广西、云南、贵州、湖北、河北、河南、四川、安徽、山东、陕西、江苏和广东等地均有不同范围的分布。国外主要分布在非洲和南亚地区。

膨胀土吸水膨胀、失水收缩，并有反复变形的性质以及土体中杂乱分布的裂缝，对工程结构物具有严重的破坏作用。几十年来有近20个国家遇到膨胀土的危害问题，其中美国、印度、南非、以色列、中国、澳大利亚和加拿大等国家尤为突出。据报道，在美国由于膨胀土问题造成的损失，比洪水和地震所造成损失总和的两倍还多。因此，研究膨胀土的分类及性质对正确采取工程措施确保工程质量，以及预防膨胀土的灾害具有重要意义。

7.4.1　膨胀土的工程特性及对工程的危害

膨胀土是在自然地质过程中形成的一种多裂缝并具有显著膨胀特性的土体，由于前述的不良工程性质，在工程界被认为是隐藏的地质灾害。特别是对高等级公路路基工程和大型结构物所产生的变形破坏作用，往往具有长期、潜在的危险，由于对膨胀土膨胀能力估计不足而造成公路病害的损失是相当惊人的。

1. 膨胀土的主要性质

（1）胀缩性。膨胀土吸水体积膨胀，使建筑物隆起，如膨胀受阻即产生膨胀力；失水体积收缩，造成土体开裂，并使建筑物下沉。膨胀土在缩陷与液限含水率的收缩量与膨胀量，称为极限胀缩潜势。土中有效蒙脱石含量越多，胀缩潜势越大，膨胀力越大。土的初始含水率越低，膨胀量与膨胀力越大。影响膨胀土涨缩性的因素有矿物成分、颗粒组成、初始含水量、压实度及附加荷重等。其中除了矿物成分和颗粒组成的内因因素影响外，初始含水量、压实度及附加荷重的外因因素影响也很大。击实土的膨胀性远比原状土大，密实度越高，膨胀量与膨胀力越大，这是在膨胀土路基设计中特别值得注意的问题。

（2）崩解性。膨胀土浸水后体积膨胀，在无侧限条件下发生吸水湿化。不同类型的膨胀土其崩解性是不一样的，强膨胀土浸入水中后，几分钟内很快就完全崩解；弱膨胀土浸入水中后，则需经过较长时间才能逐步崩解，且崩解不完全。此外，膨胀土的崩解特性还与试样的起始湿度有关，一般干燥土试样崩解迅速且较完全，潮湿土试样崩解缓慢且不完全。

（3）多裂隙性。膨胀土中的裂隙，可分垂直裂隙、水平裂隙与斜交裂隙三种类型。这些裂隙将土体分割成具有一定几何形态的块体，如棱块状、短柱状等，破坏了土体的完整性。裂隙面光滑有擦痕，且大多充填有灰白或灰绿色黏土薄膜、条状或斑块，其矿物成分主要为蒙脱石，有很强的亲水性，具有软化土体强度的显著特性。膨胀土路基边坡的破坏，大多与土中裂隙有关，且滑动面的形成主要受裂隙软弱结构面所控制。

(4) 超固结性。膨胀土大多具有超固结性，天然孔隙比较小，干密度较大，初始结构强度较高。超固结膨胀土路基开挖后，将产生土体超固结应力释放，边坡与路基面出现卸载膨胀，并常在坡脚形成应力集中区和较大的塑性区，使边坡容易破坏。

(5) 风化特性。膨胀土受气候因素影响，极易产生风化破坏作用。路基开挖后，土体在风化作用下，很快会产生碎裂、剥落和泥化等现象，使土体结构破坏，强度降低。按其风化程度，一般将膨胀土划分为强、中、弱三层。强风化层，位于地表或边坡表层，受大气作用与生物作用强烈，干湿效应显著，土体碎裂多呈砂砾与细小鳞片状，结构联结完全丧失，厚度为1.0～1.5m。弱风化层，位于地表浅层，大气与生物作用已明显减弱，但仍较强烈，干湿效应也较明显，土体割裂多呈碎块状，结构联结大部分丧失，厚度为1.0～1.5m。微风化层，位于弱风化层下，大气与生物作用已明显减弱，干湿效应亦不显著，土体基本保持有规则的原始结构形体，多呈棱块状、短柱状等，块体厚度为1.0m左右。

(6) 强度衰减性。膨胀土的抗剪强度为经典的变动强度，具有峰值强度极高、残余强度极低的特性。由于膨胀土的超固结性，其初期强度极高，一般现场开挖都很困难。然而，由于土中蒙脱石矿物的强亲水性以及多裂隙结构，随着土受胀缩效应和风化作用的时间增加，抗剪强度将大幅度衰减。强度衰减的幅度和速度，除与土的物质组成、土的结构和状态有关外，还与风化作用特别是胀缩效应的强弱有关。这一衰减过程有急剧的，也有比较缓慢的。因而，有的膨胀土边坡开挖后，很快就出现滑动变形破坏；有的边坡则要几年，乃至几十年后才发生滑动。在大气风化作用带以内，由于土体湿胀干缩效应显著，抗剪强度变化比较大，经过多次湿胀干缩循环以后，黏聚力大幅度下降，而内摩擦角则变化不大。一般干湿反复循环2～3次以后强度即趋于稳定。

2. 膨胀土地区的公路病害

(1) 裂缝。裂缝是道路路面较为普遍的病害，而膨胀土路基常因土体失水收缩而形成反射裂缝，缝宽一般为1～3cm。路幅内土基含水量的不均匀变化，引起土体的不均匀胀缩，易产生幅度很大的横向波浪形变形。

(2) 纵裂。路肩部常因机械碾压不到，填土达不到要求的密实度，后期沉降量相对较大。加之路肩临空，对大气风化作用敏感，干湿交替频繁，肩部土体收缩远大于堤身，故在路肩上常发生顺路线方向的开裂，形成数十米至上百米的张开裂缝，缝宽2～4m，大多距路肩外缘0.5～1.0m。

(3) 翻浆冒泥。路基顶部受外营力（气候、温度等）作用，多次膨胀变弱，再经水浸泡溶胀，强度骤减，受力后形成水囊，使道床下沉挤入土中泥浆上翻冒出引起轨道变形。雨季路面渗水，土基受水浸并软化，在行车荷载作用下，形成泥浆，挤入粒料基层，并沿路面裂缝、伸缩缝溅浆冒泥。

(4) 搓板。搓板是黑色柔性路面最常见的病害之一，除了因沥青面层材料及行驶车辆推挤作用等因素影响外，对于膨胀土地区道路，路幅内路基含水率不均匀变化而引起的不均匀收缩，使路面产生大幅度横向波浪变形，造成车辆行驶时发生剧烈颠簸震动，同时又进一步加剧路面搓板的形成。

(5) 路基下沉。雨水或地面径流沿裂缝下渗，使膨胀土路基受水浸膨胀软化后，发生崩解或强度衰减，在车载作用下基床翻浆冒泥，路基下沉，并促使混凝土路面板块错台、断裂。在上部路面、路基自重与汽车荷载的作用下，路堤易产生不均匀下沉。如伴随有软化挤出则可产生很大的沉陷量，不均匀下沉导致路面的平整度下降，严重时可使路面变形破坏，甚至屡修屡坏。

(6) 坍肩。路堤肩部土体压实不够，又处于两面临空部位，易受风化作用影响而导致强度衰减。当有雨水渗入时，特别是当有路肩纵向裂缝出现时，在汽车动荷载作用下，很容易发生路肩坍塌。塌壁高多在1.0m以内，严重者可大于1.0m，常发生在雨季。

(7) 滑坡。滑坡具有弧形外貌，有明显的滑床，滑床后壁陡直，前缘平缓，主要受裂隙控制。滑坡多呈牵引式出现，具叠瓦状，成群发生。一般滑体厚为1～3m，多数小于6m。滑坡与大气风化作用层深度、土的类型、土体结构较密切相关，而与边坡的高度无明显关系。

(8) 溜塌。边坡表层、强风化层内的土体吸水过饱，在重力与渗透压力的作用下，沿坡面向下产生流塑状溜塌。溜塌多发生在雨季，与边坡坡度无关。

7.4.2　膨胀土地基的分类及评价

在膨胀土地区进行工程建设，必须正确识别膨胀土，并准确判断膨胀土膨胀的强弱和工程的性质、特点，然后才能在工程设计和施工中做到有的放矢，采取切实有效的方法进行处理。以往的工程建设经验已经证明：部分工程病害是因为对膨胀土的判断失误，使得对膨胀土没有正确的处理，而导致工程病害的发生。因此要对膨胀土进行处置，首先必须对膨胀土进行正确的分类。

迄今为止，国内外提出了用于膨胀土胀缩等级评判的指标和相应的评判标准。在此重点介绍《公路路基设计规范》(JTG D30—2015) 的相关规定。

1. 膨胀土的分级及判定

应根据地貌、土体颜色、土体结构、土质情况、自然地质现象和土的自由膨胀率等特征，进行膨胀土初步判定；以标准吸湿含水率为评判分级指标。当标准吸湿含水率大于2.5%时，应判定为膨胀土。按照《公路工程地质勘察规范》(JTG C20—2011) 的相关规定，膨胀土应按表7.9进行分级。

表7.9　膨胀土分级

分级指数	级别			
	非膨胀土	弱膨胀土	中等膨胀土	强膨胀土
自由膨胀率 F_s/%	$F_s<40$	$40\leqslant F_s<60$	$60\leqslant F_s<90$	$F_s\geqslant 90$
塑性指数 Ip	Ip<15	15≤Ip<28	28≤Ip<40	Ip≥40
标准吸湿含水率 w_t/%	$w_t<2.5$	$2.5\leqslant w_t<4.8$	$4.8\leqslant w_t<6.8$	$w_t\geqslant 6.8$

注　标准吸湿含水率指在标准温度下（通常为25℃）和标准相对湿度下（通常为60%），膨胀土试样恒重后的含水率。

膨胀土可依据表7.10进行初步判别。

表7.10 膨胀土的初判标准

项目	特征
地层	以第四系中、上更新统为主，少量为全新统及新第三系
地貌	地形平缓开阔，具垄岗式地貌，垄岗与沟谷相间，无明显的天然陡坎，自然坡度平缓，坡面沟槽发育
颜色	以褐黄、棕黄、棕红色为主，间夹灰白、灰绿色条带或薄膜，灰白、灰绿色多呈透镜体或夹层出现
黏性	土质细腻，手触摸有滑感，旱季呈坚硬状，雨季黏滑，液限大于40%
含有物	含有较多的钙质结核，并有豆状铁锰质结核

2. 膨胀土的地基变形量及地基分类

基于固结试验的膨胀土地基变形量可按下式计算

$$\rho=\sum_{i=1}^{n}\frac{C_{s}z_{i}}{(1+e_{0})_{i}}\lg\left(\frac{\sigma'_{f}}{\sigma'_{sc}}\right)_{i} \tag{7.9}$$

式中 ρ——地基变形量，mm；

e_0——初始孔隙比；

σ'_{sc}——由恒体积试验中校正的膨胀压力，kPa；

σ'_f——最后有效压力，kPa；

C_s——膨胀系数；

z_i——第 i 层土的初始厚度，mm。

基于收缩试验的膨胀土地基变形量可按下式计算

$$\rho=\sum_{i=1}^{n}\Delta z_{i}=\sum_{i=1}^{n}\frac{C_{w}\Delta w_{i}}{(1+e_{0})_{i}}z_{i} \tag{7.10}$$

$$C_{w}=\frac{\Delta e_{i}}{\Delta w_{i}} \tag{7.11}$$

式中 C_w——非饱和膨胀土地基收缩指数；

Δe_i——第 i 层土的孔隙比的变化；

Δw_i——第 i 层土的含水率的变化。

挡土墙等构造物基础、低路堤基底为膨胀土地基时，可按式（7.9）或式（7.10）对膨胀土地基变形量进行计算。

膨胀土地基设计应以变形量作为分类指标，按表7.11进行分类，确定膨胀土地基处理措施和处理深度。

表7.11 膨胀土的地基分类

项目	特征
结构	结构致密，易风化成碎块状，更细小的呈鳞片状
裂隙	裂隙发育，呈网纹状，裂面光滑，具蜡状光泽，或有擦痕，或有铁锰质薄膜覆盖。常有灰白、灰绿色黏土填充
崩解性	遇水易沿裂隙崩解成碎块状
不良地质	常见浅层溜塌、滑坡、地裂、新开挖的路堑、边坡、基坑易产生坍塌
自由膨胀率	$F_s \geqslant 40\%$

3. 膨胀土填料分类

膨胀土用作路基填料时，应以击实膨胀土的胀缩总率作为分类指标，按表7.12进行膨胀土填料分类，确定各类膨胀土的使用范围及处治措施。

表7.12 膨胀土填料分类

填料等级	有荷压力下胀缩总率/%	使用范围
非膨胀土	$e_{pt}<0.7$	可直接利用
弱膨胀土	$0.7\leqslant e_{pt}<2.5$	采取包边、加筋、设置垫层等物理处理措施后可用于路堤范围的填料，采用无机结合料处治后可用于路床填料
中等膨胀土	$2.5\leqslant e_{pt}<5.0$	采用无机结合料处治后可作路基填料
强膨胀土	$e_{pt}\geqslant 5.0$	不应用作路基填料

注 1. 路堤高度大于或等于3.0m时，应采用50kPa压力下膨胀率实验计算胀缩总率。

2. 路堤高度小于3.0m时，应采用25kPa压力下膨胀率试验计算胀缩总率。

7.4.3 膨胀土路基处理方法

在对膨胀土工程性质及产生工程病害原因的分析及大量工程实践经验的基础上，常用的处理方法有以下几种：

(1) 换填基床。换土法是膨胀土路基处理方法中最简单而且有效的方法。即挖除膨胀土，换填非膨胀土或砂砾土。换土深度根据膨胀土的强弱和当地的气候特点确定。由于各地的气候不同，各地膨胀土的临界深度和临界含水量也有所不同。换土深度为考虑受地面降水影响而使土体含水量急剧变化的深度，基本上在1～2m，即强膨胀土为2m，中、弱膨胀土为1.5～lm，具体换土深度要根据调查后的临界深度来确定。同时做到快速施工，保证路床不受地表水浸害。

(2) 路基两侧增设隔水墙。相对膨胀土路基和边坡而言，路基面层封闭性较好，雨水不易渗透浸入路基而产生膨胀，雨水多沿路基两侧路肩或边坡浸入路基。因此，在路基两侧增设隔水墙十分必要。隔水墙一般采用宽度0.4～0.6m，夯实后铺设在基层以下1.0～1.2m的深度内。

(3) 改良土质。改性处理膨胀土，掺石灰、水泥、粉煤灰、氯化钙和磷酸等。路基填料选择用弱膨胀土填筑路基时，可采用掺石灰方法处理，使土基稳固。膨胀土中加入石灰后，由于石灰水化产生大量钙离子，与膨胀土中的蒙脱石、伊利石等矿物层起吸附水作用，同时也把大量钙离子和溶液中析出的$Ca(OH)_2$粒子吸附到其颗粒周围。这些作用形成石灰的水化物在膨胀土矿物颗粒表面聚集，经硬化结晶，形成一种防止膨胀颗粒内水外散和外水内侵的固化层，其结果将使膨胀土减弱亲水性，增加自身的稳定。

(4) 掺拌石灰。国内外大量试验表明：掺石灰的效果最好，由于石灰是一种较廉价的建筑材料，用于改良膨胀土较掺其他材料经济，故这种办法较常用，也是《公路路基设计规范》(JTG D30—2015) 所提倡的方法。但因膨胀土天然含水量常较大，土中黏粒含量多，易结块，要将大土块打碎后再与石灰搅匀，大面积施工中有一定难度。此外，掺拌石灰施工时易扬尘（尤其掺生石灰），造成一定环境污染。

（5）湿度控制法。湿度控制法包括预湿和保持含水量稳定。为控制由于膨胀土含水量变化而引起的胀缩变形，尽量减少路基含水量受外界大气的影响，需在施工中采取一定的措施。如利用土工布或黏土将膨胀土路基进行包封，避免膨胀土与外界大气直接接触，尽量减少膨胀土内部的湿度迁移。水利工程建设中经常采用膨胀土预湿法，用水浸泡地基土或覆盖非膨胀土以达到膨胀土的湿度平衡。

（6）封闭路基坡面或路肩。采用二灰土或三合土封闭，封土厚度15cm，或采用土工合成材料封闭，但外侧需用0.5m黏土夯实。这种封闭防护措施施工简单、效果好，且造价低。此外，还可采用厚0.25～0.30m浆砌片石封面，这种防护效果好，但造价高。

（7）挡土墙防护。对于挖方路堑段，为防止坡脚处剪应力过大产生塑性破坏，可将挡土墙做成仰斜墙体，并与排水沟连成一体。这样，一方面可有效防止路面水渗入墙底软化路基，提高挡土墙承载能力以及抗滑稳定性；另一方面能够保护路基土不致因雨水浸入而引起膨胀。这种防护措施在低等级公路建设中普遍采用，且效果良好。

（8）土钉锚杆护坡。土钉锚杆护坡是一种以土钉作为主要受力构件的边坡围护结构技术，它广泛应用于基坑围护工程中。土钉锚杆和坡面筋网架相结合，能对坡面起“框箍”作用，一方面抵制土体膨胀力，抑制湿胀变形，使坡面土的含水率、干重度保持在一定范围内；另一方面起到补偿作用，即使反复干缩湿胀使土体抗剪强度有所降低，但通过土钉锚杆使土坡面筋架对坡面施加预应力，边坡土体仍保持稳定。这种护坡技术施工难度较大、造价较高，对于膨胀潜势较强的高大路基边坡可在局部采用此法。

（9）设置抗滑桩。对于存在不良工程地质和水文地质路段，为了防止发生危害性较大的滑坡事故，在路基两侧宜采用单排或双排预制桩，并在桩体间加设冠梁、横向支撑等多种结构措施，以增强路基整体性和抗滑稳定性，提高支挡的效果。

通过上述分析可以明显看出，决定膨胀土路基病害的主要因素是膨胀土特性、水文条件、汽车荷载，以及设计标准和施工质量。

7.4.4　膨胀土路基病害的防治措施

由于膨胀土具有很高的黏聚性，当含水量较大时，一经施工机械搅动，将黏结成塑性很高的大团块，很难晾干。随着水分的逐渐散失，土块的可塑性降低，由于黏聚性的继续作用，强度逐步增大，从而使土块坚硬，难于击碎、压实。因此如果含水量高的膨胀土直接用作路基填料，将会增加施工难度，延长工期，并且质量难以保证。膨胀土路基遇雨水浸泡后，土体膨胀，轻者表面出现厚10cm左右的蓬松层，重则在50～80cm深度范围内形成“橡皮泥”。若在干燥季节，随着水分的散失，土体将严重干缩龟裂，其裂缝宽1～2cm，缝深可达30～50cm。雨水可通过裂缝直接灌入土体深处，使土体深处膨胀湿软，从而失去承载能力。且由于膨胀土具有极强的亲水性，土体越干燥密实，其亲水性越强，膨胀量越大，当膨胀受到约束时，土体中会产生膨胀力，当这种膨胀力超过上部荷载或临界荷载时，路基出现严重的崩解，从而造成路基局部坍塌、隆起或裂缝。实际工程中，可以通过改良土质特性，改善水文条件，改进施工工艺和加强边坡防护等措施来防治病害。

1. 加强设计，强化设计标准

在路基工程设计中，膨胀土一般不宜作为路堤填料，特别是基床表层部分，应该严禁采用此种填料。但当缺乏其他填料而不得不采用时，必须采取以下措施：

(1) 换填基床、改良土质。根据膨胀土特性的强弱，一般路堤基床换填中粗砂、砂性土厚0.5～1.2m，两侧设干砌片石路肩（图7.9）；或者在基床表层土厚0.5～0.8m范围内，掺入适量生石灰、粉煤灰等材料来改良土质。

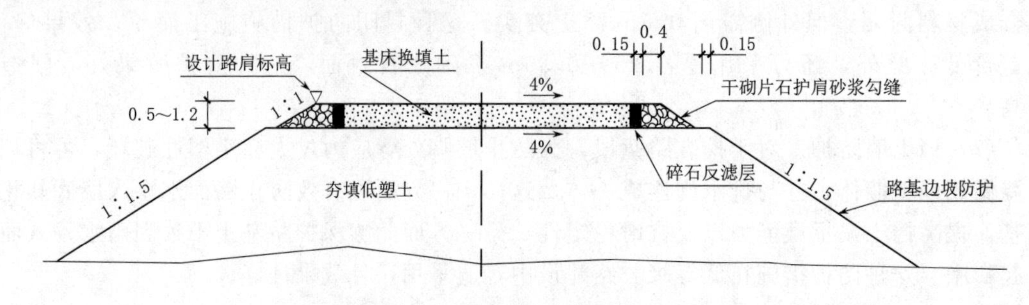

图7.9　膨胀土路基换填基床示意（单位：m）

(2) 基床铺设土工布，避免雨水渗入同时对路基保湿。土工布一般为一布一膜两层土工布中间夹一层聚氯乙烯薄膜。土工布与砂性土配合铺设，土工布底设0.2m厚砂垫层，顶部设0.2～0.3m厚中粗砂或砂性土。

(3) 提高路基设计密实度，减少路基沉降。设计采用重型击实试验的压实系数K，路基基床不应小于0.91，基床以下填土不应小于0.86。

(4) 路堤边坡放缓，做好防护。边坡坡度一般根据膨胀土特性强弱、路堤高度、水文、气候条件等因素综合确定，适当放缓。边坡防护一般采用植被、植被配合圬工骨架覆盖坡面等措施。

2. 加强施工管理，严控施工质量

强膨胀土稳定性差，不应作为路基填料；中等膨胀土宜经过加工、改良处理后作为填料；弱膨胀土可根据当地气候、水文情况及道路等级加以应用，对于直接使用中、弱膨胀土填筑路堤时，应及时对边坡及顶部进行防护。

高速公路、一级公路、二级公路等采用中等膨胀土用作路床填料时，应作掺灰改性处理。改性处理后要求胀缩总率小超过0.7为宜。如受条件限制，高速公路、一级公路用中等膨胀土填筑路堤时，路堤填成后应立即作浆砌底护坡封闭边坡。当填至路床底面时应停止填筑，改用符合规定程度的非膨胀土或改性处理的膨胀土填至路床顶面设计标高并严格压实。

用膨胀土作填料时，为增加其稳定性，可采用石灰处治，石灰剂量可通过试验确定，要求掺灰处理后的膨胀土，其膨胀总率接近零为佳。

用接近最佳含水量的中等膨胀土填筑路堤，但两边边坡部分要用非膨胀土作为封层。路堤顶面也要用非膨胀土形成包心填方。

膨胀土地区原地面处理。高速公路、一级公路路堤原地面处理应按下列规定办理：填高不足1m的路堤，必须挖去地表30～60cm的膨胀土，换填非膨胀土，并按规定压实；

地表为潮土时，必须挖去湿软土层换填碎、砾石土、砂砾或挖方坚硬岩石碎渣，或将土翻开掺石灰稳定并按规定压实。

膨胀土地区路基碾压施工。根据膨胀土自由膨胀率的大小，选用工作质量适宜的碾压机具，碾压时应保持最佳含水量；压实土层铺设厚度不得大于 30cm，粒径在 5cm 以下。在路堤与路堑交界地段，应采用台阶方式搭接，其长度不应小于 2m，并碾压密实。

膨胀土地区路堑开挖。挖方边坡不要一次挖到设计线，沿边坡预留厚度 30～50cm 层，待路堑挖完时，再削去边坡预留部分并立即浆砌护坡封闭。膨胀土地区的路堑，高速公路、一级公路的路床应超挖 30～50cm 并立即用粒料或非膨胀土分层回填或用改性土回填，按规定压实，其他各级公路可用膨胀土掺石灰处治。

此外，管养时建立健全路基变形观测体系，发现路基变形及时处理，及时疏通引排地表水，避免或减少地表水渗入路基，尤其对场路基更应注意。加强路基植被管理，保证对坡面的有效防护。

7.5 盐渍土地基

7.5.1 盐渍土的成因及其分布

1. 盐渍土的成因

土体中易溶盐含量超过 0.3%，这种土称为盐渍土。盐渍土的成因取决于盐源、迁移和积聚三个方面。

(1) 盐源。盐渍土中的盐主要来源有三种：第一是岩石在风化过程中分离出少量的盐；第二海水侵入、倒灌等渗入土中；第三是工业废水或含盐废弃物，使土体中含盐量增高。

(2) 盐的迁移和积聚。盐的迁移积聚主要靠风力或水流来完成。在沙漠干旱地区，大风常将含盐的土粒或盐的晶体吹落到远处，积聚起来，使盐重新分布。

水流是盐类迁移和重新分布的主要因素。地表水和地下水在流动过程中把所溶解的盐带至低洼处，有时形成大的盐湖。在含盐量（矿化度）很高的水流经过的地区，如遇到干旱的气候环境，由于强烈蒸发，盐类析出并积聚在土体中形成盐渍土。在滨海地区，地下水中的盐分，通过毛细作用，将下部的盐输送到地表，由于地表的蒸发作用，盐分析出，含盐量在竖直方向上有很大差异。有些地区长期大量开采地下水，农田灌溉不当，也会造成盐分积聚。

2. 盐渍土的分布

盐渍土在世界各地均有分布。我国的盐渍土主要分布在西北干旱地区的新疆、青海、甘肃、宁夏、内蒙古等地地势低洼的盆地和平原中；其次在华北平原、松辽平原等；另外在滨海地区的辽东湾、渤海湾、莱州湾、杭州湾以及包括台湾在内的诸岛屿沿岸，也有相当面积的存在。

盐渍土中有些以含碳酸钠或碳酸氢钠为主，碱性较大，一般 pH 值为 8～10.5，这种土称为碱土或碱性盐渍土，农业上称为苏打土。这种土零星分布于我国东北的松辽平原，华北的黄、淮、海河平原。

7.5.2　盐渍土的分类及评价

1. 盐渍土路基的分类

《公路路基设计规范》(JTG D30—2015) 中，将盐渍土路基按含盐量和盐渍化程度按表7.13和表7.14进行分类。

表7.13　　盐渍土按含盐量分类

盐渍土名称	离子含量比值	
	Cl^-/SO_4^{2-}	$(CO_3^{2-}+HCO_3^-)/(Cl^-+SO_4^{2-})$
氯盐渍土	>2	—
亚氯盐渍土	1～2	—
亚硫酸盐渍土	0.3～1.0	—
硫酸盐渍土	<0.3	—
碳酸盐渍土	—	>0.3

注　离子含量以1kg土中离子的毫摩尔数计（mmol/kg）。

表7.14　　盐渍土按盐渍化程度分类

盐渍土类型	细粒土土层的平均含盐量（以质量百分数计）		粗粒土通过1mm筛孔土的平均含盐量（以质量百分数计）	
	氯盐渍土及亚氯盐渍土	硫酸盐渍土及亚硫酸盐渍土	氯盐渍土及亚氯盐渍土	硫酸盐渍土及亚硫酸盐渍土
弱盐渍土	0.3～1.0	0.3～0.5	2.0～5.0	0.5～1.5
中盐渍土	1.0～5.0	0.5～2.0	5.0～8.0	1.5～3.0
强盐渍土	5.0～8.0	2.0～5.0	8.0～10.0	3.0～6.0
过盐渍土	>8.0	>5.0	>10.0	>6.0

注　离子含量以100g干土内的含盐总量计。

2. 盐渍土地基的盐胀性和溶陷性评价

盐胀性应以地表以下1.0m范围土体的盐胀率为评价指标。当盐胀率的监测时间周期不足时，评价指标可采用硫酸钠含量。各级公路路基盐胀率或硫酸钠含量应符合表7.15的规定。

表7.15　　盐渍土地基容许盐胀率

公路等级	路基高度 h/m	盐胀率 η/%	硫酸钠含量 Z/%
高速公路、一级公路	≤2	≤1	≤0.5
	>2	≤2	≤1.2
二级及二级以下公路	≤2	≤2	≤1.2
	>2	≤4	≤2.0

地下水位埋深小于3.0m或存在经常性地表水浸湿的盐渍土路段，应按式（7.12）计算溶陷量，进行地基溶陷性评价。各级公路地基溶陷量应符合表7.16规定。

$$\Delta S=\sum_{i}^{n}\delta_i h_i \tag{7.12}$$

式中 ΔS——地基溶陷量，mm；

δ_i——地基中第 i 层土的溶陷系数，%；

h_i——地基中第 i 层土厚度，mm；

n——溶陷影响深度的计算土层数。

表 7.16　盐渍土地基溶陷性指标

公路等级	高速公路、一级公路	二级公路	三、四级公路
溶陷量 ΔS/mm	<70	<150	<400

7.5.3 盐渍土地区道路设计

盐渍土地区道路设计、地基处理、路堤设计应符合下列要求：

1. 盐渍土地基处理设计

(1) 地基盐胀率和溶陷量符合规定要求的盐渍土路段，应对盐渍土地基表层聚积的盐霜、盐壳、生长的耐盐碱植被等进行清表处理，并换填砂砾，清除深度宜为0.3～0.5m。

(2) 盐胀率不符合规定的盐渍土路段，可采取加大清除深度、换填非盐胀性土、适当提高路基高度等处理措施。

(3) 溶陷量不满足规定的盐渍土路段，可采取清表、冲击压实、浸水预溶、地基置换、强夯等处理措施，并做好路基排水设计。

(4) 盐渍化软弱地基，可采取换填、水泥稳定碎石层、强夯置换、砾（碎）石桩等地基处理措施。

2. 盐渍土地区路堤设计

盐渍土地区路基宜采用路堤。当受条件限制采用路堑或零填路基时，应对路床范围的盐渍土进行超挖换填水稳性良好的不含盐材料、设置隔断层等处理。盐渍土路基填料宜采用砂砾、风积砂等材料。

盐渍土路堤高度应根据盐渍土类型、毛细水上升高度、冻涨深度、盐胀深度及采用的隔断形式等综合确定。

(1) 路堤内不设隔断层时，路堤最小高度不应低于表7.17的规定。

表 7.17　不设隔断层时盐渍土地区路堤最小高度

土质类别	高出地面/m		高出地下水位或地表长期积水位/m	
	弱、中盐渍土	强、过盐渍土	弱、中盐渍土	强、过盐渍土
砾类土	0.4	0.6	1.0	1.1
砂类土	0.6	1.0	1.3	1.4
黏质土	1.0	1.3	1.8	2.0
粉质土	1.3	1.5	2.1	2.3

注 1. 高速公路、一级公路应按列表列数值乘以系数1.5～2.0，二级公路应乘以系数1.0～1.5。

2. 氯盐渍土及亚氯盐渍土可取低值。

（2）路堤内设置隔断层。地下水埋深较浅、毛细水上升较高或易受地表水影响的路段，应在路堤内部设置隔断层。隔断层设计应符合下列要求：

1）隔断层的设置层位应高出地表或地表长期积水位0.2m以上，并满足最大冻深的要求。高速公路、一级公路新建路基隔断层宜设置在路床之下。

2）隔断层的路拱横坡不应小于2%，最大横坡不应超过5%。

3）隔断层材料可采用透水性好的砾（碎）石、复合防渗土工布。砾（碎）石隔断层厚度宜为0.3～0.5m，最大粒径应小于50mm，粉黏粒含量应小于5%。

3. 盐渍土路基排水设计

盐渍土路基排水设计应采取防、排、疏相结合的综合措施，防治盐渍土路基病害，并应符合下列要求：

（1）地表水丰富、水文地质条件较差的路段，路基两侧宜设置护坡道。护坡道宽度不宜小于2m，横坡不应小于路肩横坡。

（2）地下水位较高或公路旁有农田排、灌水渠的路段，可在路基一侧或两侧设排（截）水沟，以降低地下水位或截阻农田排灌水，排（截）水沟距路基坡脚不应小于2.0m。有条件时可设置排碱沟，排碱沟与路堤坡脚之间的距离不应小于5.0m，沟底应低于地表以下不小于1.0m。

（3）地表排水困难的路段，在占地容许的情况下可设置蒸发池，蒸发池边缘与路基坡脚之间距离宜大于10m。

7.6 冻土地基

7.6.1 冻土的特征及分布

凡温度等于或低于0℃，且含有固态冰的土称为冻土。冻土按其冻结时间长短可分为三类：瞬时冻土、季节冻土、多年冻土。

（1）瞬时冻土，冻结时间小于一个月，一般为数天或几个小时（夜间冻结）。冻结深度从几毫米至几十毫米。

（2）季节冻土，冻结时间等于或大于一个月，冻结深度从几十毫米至1～2m。它是每年冬季发生的周期性冻土。

（3）多年冻土，冻结时间连续三年或三年以上。

多年冻土在我国主要分布在青藏高原和东北大小兴安岭，在东部和西部地区一些高山顶部也有分布。多年冻土占我国总面积的20%以上，占世界多年冻土总面积的10%。

多年冻土在剖面上分布特征如图7.10所示。上部受季节融化与冻结作用影响，称为季节融化层；在多年冻土层上下限之间没有局部融区的称为连续多年冻土；有局部融区存在的称为不连续多年冻土。

7.6.2 冻土的物理力学性质

1. 物理性质

（1）总含水量。冻土的总含水量ω_n是指冻土中所有的冰和未冻水的总质量与土骨架

质量之比，即

$$\omega_n = \omega_i + \omega'_w \tag{7.13}$$

式中 ω_i——土中冰的质量与土骨架质量之比，%；

ω'_w——土中未冻水的质量与土骨架质量之比，%。

冻土在负温条件下，仍有一部分水不冻结，称为未冻水。未冻水的含量与土的性质和负温度有关。可按下式计算

$$\omega'_w = K'_w \omega_p \tag{7.14}$$

式中 ω_p——塑限，%；

K'_w——与塑性指数和温度有关的系数，见表 7.18。

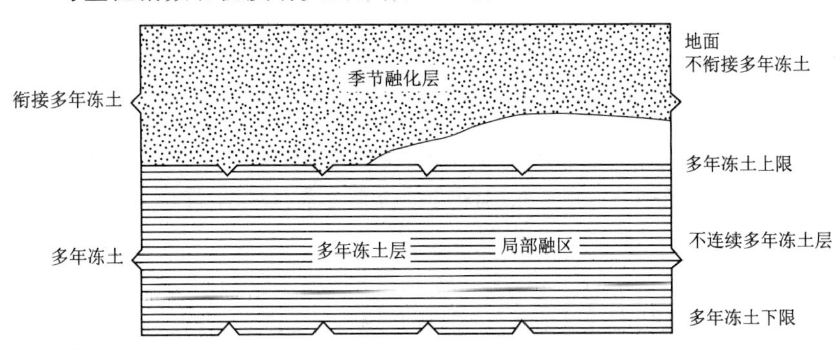

图 7.10 多年冻土剖面

表 7.18 **K'_w 系 数**

土的名称	塑性指数	土温（℃）时的系数 K'_w					
		−0.3	−0.5	−1.0	−2.0	−4.0	−10.0
砂类土	$I_p<1$	0	0	0	0	0	0
粉砂或黏土	$1<I_p\leqslant2$	0	0	0	0	0	0
	$2<I_p\leqslant7$	0.6	0.5	0.4	0.35	0.3	0.25
黏质粉土或粉质黏土	$7<I_p\leqslant13$	0.7	0.65	0.60	0.50	0.45	0.40
	$13<I_p\leqslant17$	*	0.75	0.65	0.55	0.5	0.45
黏土	$I_p>17$	*	0.95	0.90	0.65	0.60	0.55

注 * 所有土孔隙中的水处于未冻结状态（即 $K'_w=1$）。

（2）冻土的含冰量。因为冻土中含有未冻水，所以冻土的含水量不等于冻土融化时的含水量，衡量冻土中冰含量指标有相对含冰量、质量含冰量和体积含冰量。

1）相对含冰量（i_0）。冻土中冰的质量 g_i 与全部水的质量 g_w（包括冰和未冻水）之比，即

$$i_0 = \frac{g_i}{g_i + g'_w} \times 100\% \tag{7.15}$$

2）质量含冰量（i_g）。冻土中冰的质量 g_i 与冻土中土骨架质量 g_s 之比，即

$$i_g = \frac{g_i}{g_s} \times 100\% \tag{7.16}$$

3）体积含冰量（i_v）。冻土中冰的体积 V_i 与冻土总体积 V 之比，即

$$i_v = \frac{V_i}{V} \times 100\% \tag{7.17}$$

2. 力学性质

土的冻胀作用常以冻胀量、冻胀强度、冻胀力和冻结力等指标来衡量。

（1）冻胀量。天然地基的冻胀量有两种情况：无地下水源和有地下水源补给。对于无地下水源补给的，冻胀量等于在冻结深度 H 范围内自由水（$\omega-\omega^{p}$）冻结时的体积、冻胀量 h_n 可按下式计算

$$h_n = 1.09\frac{\rho_s}{\rho_w}(\omega-\omega^{p})H \tag{7.18}$$

式中　ω、ω^{p}——土的含水量和土的塑限，%；

ρ_s、ρ_w——土和水的密度，kg/m^3。

对于有地下水源补给的情况，冻胀量与冻结时间有关，应该根据现场实测确定。

（2）冻胀强度（冻胀率）。单位冻结深度的冻胀量称为冻胀强度或冻胀率 η，即

$$\eta = \frac{h_n}{H}\quad(\%) \tag{7.19}$$

（3）冻胀力。土在冻结时由于体积膨胀对基础产生的作用力称为土的冻胀力。冻胀力按其作用方向可分为作用在基础底面的法向冻胀力和作用在侧面的切向冻胀力。冻胀力的大小除与土质、土温、水文地质条件和冻结速度密切相关外，还和基础埋深、材料和侧面的粗糙程度有关。在无水源补给的封闭系统，冻胀力一般不大；当有水源补给的敞开系统，冻胀力就可能成倍增加。

法向冻胀力一般都很大，非道路自重能克服，所以一般要求基础埋置在冻结深度以下，或采取消除的措施。切向冻胀力可在道路使用条件下通过现场或室内试验求得。也可根据经验查表7.19确定。

表7.19　　冻土对混凝土、木质基础的切向冻胀力

土的名称	含水程度	地基类型						
		基础容许有一定变形的过水建筑物			基础基本不容许变形的过水建筑物			
黏性土	液性指数 I_L	$I_L \leqslant 0$	$0<I_L\leqslant 1$	$I_L>1$	$I_L\leqslant 0$	$0<I_L\leqslant 0.5$	$0.5<I_L\leqslant 1$	$I_L>1$
	切向冻胀力 τ_1/kPa	0～30	30～80	80～150	0～50	50～100	100～150	150～250
砂土碎石土	饱和度 S_r 或含水量 ω/%	$S_r\leqslant 0.5$ ($\omega\leqslant 12$)	$0.5<S_r\leqslant 0.8$ ($12<\omega\leqslant 18$)	$S_r<0.8$ ($\omega<18$)	$S_r\leqslant 0.5$ ($\omega\leqslant 12$)	$0.5<S_r\leqslant 0.8$ ($12<\omega\leqslant 18$)		$S_r>0.8$ ($\omega<18$)
	切向冻胀力 τ_1/kPa	0～20	20～50	50～100	0～40	40～80		80～160

注　1. 地表水冻结时，对基础的切向冻胀力为150～200kPa。

2. 对粉质黏土、粉黏粒含量大于15%的砂土、碎石土用表中的大值。

(4) 冻结力。冻土与基础表面通过冰晶胶结在一起，这种胶结力称为冻结力。冻结力的作用方向总是与外荷的总作用方向相反。在冻土的融化层回冻期间，冻结力起抗冻胀的锚固作用；而当季节融化层融化时，位于多年冻土中的基础侧面相应产生方向向上的冻结力，它又起了抗下沉的承载作用。影响冻结力的因素很多，除了温度与含水量外，还与基础材料表面粗糙度有关。表面粗糙度高，冻结力也高。所以在多年冻土地基设计中应考虑冻结力 S_d 的作用。其数值可根据表 7.20 确定。则基础侧面总的长期冻结力 Q_d 按下式计算

表 7.20　冻土与混凝土、木质基础表面的长期冻结力 S_d　单位：kPa

土的名称	土的平均温度						
	−0.5	−1.0	−1.5	−2.0	−2.5	−3.0	−4.0
黏性土及粉土	60	90	120	150	180	210	280
砂土	80	130	170	210	250	290	380
碎石土	70	110	150	190	230	270	350

$$Q_d = \sum_{i=1}^{n} S_{di} F_{di} \quad (\mathrm{kN}) \tag{7.20}$$

式中 F_{di}——第 i 层冻土与基础侧面的接触面积，m^2；

n——冻土与基础侧面接触的土层数。

7.6.3 冻土地基的评价

1. 冻土的融化下沉与融化压缩

(1) 融化下沉（融陷）。冻土在融化过程中，在无外荷条件下所产生的沉降，称为融化下沉或融陷。融陷的大小常用融陷系数 A_0 表示，有

$$A_0 = \frac{\Delta h}{h} \tag{7.21}$$

式中 Δh——融陷量，mm；

h——融化层厚度，mm。

(2) 融化压缩系数 a_0。冻土融化后，在外荷作用下产生的压缩变形称为融化压缩，其压缩特性采用融化压缩系数 a_0 表示，有

$$a_0 = \frac{(s_2 - s_1)/h}{p_2 - p_1} \tag{7.22}$$

式中 p_1、p_2——分级荷载，MPa；

s_1、s_2——相应于 p_1、p_2 荷载下的稳定下沉量，mm；

h——试样高度，mm。

融陷系数 A_0 和融化压缩系数 a_0 在无试验资料时可参考表 7.21 和表 7.22 中数值。

2. 冻结深度或融化层厚度

冻结深度或融化层厚度应该是在最大融化深度的季节，通过勘探和实测地温直接判

定。在均质土层中，可利用融化界面随时间的变化曲线外推得到。这种方法可通过5—8月期间至少实测2个不同时间融化深度用直线外推到8月底，再加0.3m。

表7.21　冻结黏性土粉性土融陷系数 A_0 和融化压缩系数 a_0 参考值

冻土总含水量 ω /%	$\leqslant\omega_p$	ω_p～ω_p+7	ω_p+7～ω_p+15	ω_p+15～50	50～60	60～80	80～100
A_0/%	<2	2～5	5～10	10～20	20～30	30～40	>40
a_0/MPa^{-1}	<0.1	0.1～0.2	0.2～0.3	0.3～0.4	0.4～0.5	0.5～0.6	0.6～0.7

表7.22　冻结砂类土、碎石类土融陷系数 A_0 和融化压缩系数 a_0 参考值

冻结总含水量 ω /%	<10	10～15	15～20	20～25	25～30	30～35	>35
A_0/%	0	0～3	3～6	6～10	10～15	15～20	>20
a_0/MPa^{-1}	0	<0.1	0.1	0.2	0.3	0.4	0.5

3. 融陷性评价

我国多年冻土地区，基底融化深度约3m，所以对多年冻土融陷性分级评价也按3m考虑，根据计算融陷量及融陷系数 A_0 对冻土的融陷性分成5级，见表7.23，表中Ⅰ～Ⅴ级地基土的工程特性如下：

表7.23　多年冻土按融陷量的划分

融陷性分级	Ⅰ	Ⅱ	Ⅲ	Ⅳ	Ⅴ
隔陷系数 A_0/%	<1	1～5	5～10	10～25	>25
按3m计算的融陷量 /mm	<30	30～150	150～300	300～750	>750

Ⅰ——少冰冻土（不融陷土）：为基岩以外最好的地基土，一般可不考虑冻融问题。

Ⅱ——多冰冻土（弱融陷土）：为多年冻土中较良好的地基土，一般可直接作为桥梁的地基，当最大融化深度控制在3m以内时，桥梁均未遭受明显破坏。

Ⅲ——富冰冻土（中融陷土）：这类土不但有较大的融陷量和压缩量，且在冬天回冻时有较大的冻胀性，作为地基，一般应采取专门措施，如深基、保温、防止基底融化等。

Ⅳ——饱冰冻土（强融陷土）：作为天然地基，由于融陷量大，常造成桥梁的严重破坏。这类土作为桥梁地基，原则上不允许发生融化，宜采用保持冻结原则设计，或采用桩基、架空基础等。

Ⅴ——含土冰层（极融陷土）：这类土含有大量的冰，当直接作为地基时，若发生融化将产生严重融陷，造成桥梁下部极大破坏。如受长期荷载将产生流变作用，所以作为地基应专门处理。

对于Ⅰ～Ⅴ级的具体划分标准见表7.24。

表 7.24　　多年冻土融陷性分段

多年冻土名称	土　的　类　别	总含水量 ω_n/%	融化后的潮湿程度	融陷性分级
少冰冻土	粉黏粒含量≤15%（或粒径小于 0.1mm 的颗粒≤25%，以下同）的粗颗粒土（其中包括碎石类土、砂砾、中砂，以下同）	$\omega_n \leqslant 10$	潮湿	Ⅰ 不融陷
	粉黏粒含量>15%的粗颗粒土、细砂、粉砂	$\omega_n \leqslant 12$	稍湿	
	黏性土，粉土	$\omega_n \leqslant \omega_p$	半干硬	
多冰冻土	粉黏粒含量≤15%的粗颗粒土	$10 < \omega_n \leqslant 16$	饱和	Ⅱ 弱融陷
	粉黏粒含量>15%的粗颗粒土、细砂、粉砂	$12 < \omega_n \leqslant 18$	潮湿	
	黏性土，粉土	$\omega_p < \omega_n \leqslant \omega_p + 7$	硬塑	
富冰冻土	粉黏粒含量≤15%的粗颗粒土	$16 < \omega_n \leqslant 25$	饱和出水 （出水量小于 10%）	Ⅲ 中融陷
	粉黏粒含量>15%的粗颗粒土、细砂、粉砂	$18 < \omega_n \leqslant 25$	饱和	
	黏性土，粉土	$\omega_p + 7 < \omega_n \leqslant \omega_p + 15$	软塑	
饱冰冻土	粉黏粒含量≤15%的粗颗粒土	$25 < \omega_n \leqslant 44$	饱和大量出水 （出水量为 10～20%）	Ⅳ 强融陷
	粉黏粒含量>15%的粗颗粒土、细砂、粉砂		饱和出水 （出水量小于 10%）	
	黏性土，粉土	$\omega_p + 15 < \omega_n \leqslant \omega_p + 35$	流塑	
含土冰层	碎石类土、砂类土	$\omega_n > 44$	饱和大量出水 （出水量为 10%～20%）	Ⅴ 极融陷
	黏性土，粉土	$\omega_n > \omega_p + 35$	流塑	

注　1. 碎石土及砂土的总含水量界限为该两类土的中间值，含粉粒、黏粒少的粗颗粒土大于表列数字；细砂、粉砂小于表列数字。

2. 黏性土、粉土总含水量界限中的＋7、＋15、＋35 为不同类型黏性土的中间值，粉土小于该值；黏土大于该值。

课　后　习　题

1. 试述土的工程特性与成土环境的关系。
2. 试述我国黄土的地域分布及成土环境对黄土工程特性的影响。
3. 何谓湿陷性、自重湿陷与非自重湿陷？
4. 黄土湿陷性指标是如何测定的？湿陷性的评价标准如何？
5. 试述黄土地基处理的原理以及各种处理方法的优缺点。
6. 红土具有明显的大孔隙，为什么红土不具有湿陷性？
7. 红土地基的勘察应注意哪些问题？

8. 试述膨胀土的胀缩机理。

9. 膨胀土地基上桥梁的工程措施应注意哪些问题?

10. 简述地基土盐渍化的机理。

11. 简述冻土地基的冻胀机理。

12. 试述湿陷性、溶陷性和融陷性的机理。

13. 试比较膨胀土的膨胀、盐渍土的盐胀以及冻土的冻胀各自的特点;以及应采取哪些工程措施来防止其对桥梁的危害。

14. 黄土地基的湿陷性等级是如何划分的?

15. 膨胀土地基的膨胀等级是如何划分的?

16. 盐渍土地基的溶陷等级是如何划分的?

17. 多年冻土的融陷性等级是如何划分的?

参考文献

[1] 李广信，张丙印，于玉贞．土力学［M］．北京：清华大学出版社，2013.
[2] 龚晓南．桩基工程手册［M］．北京：中国建筑工业出版社，2015.
[3] 周景星，李广信，张建红，等．基础工程［M］．北京：清华大学出版社，2014.
[4] 韩建刚．土力学与基础工程［M］．重庆：重庆大学出版社，2014.
[5] 郭继武．建筑地基基础［M］．北京：中国建筑工业出版社，2013.
[6] 赵志缙，赵帆．高层建筑基础工程施工［M］．北京：中国建筑工业出版社，2005.
[7] 顾晓鲁，钱鸿缙，刘慧珊，等．地基与基础［M］．北京：中国建筑工业出版社，2003.
[8] 建筑地基基础设计规范 GB 50007—2011［S］．北京：中国建筑工业出版社，2011.
[9] 建筑地基基础工程施工规范 GB 51004—2015［S］．北京：中国计划出版社，2015.
[10] 公路桥涵地基与基础设计规范 JTG 3363—2019［S］．北京：人民交通出版社，2020.
[11] 既有建筑地基基础加固技术规范 JGJ 123—2012［S］．北京：中国建筑工业出版社，2012.
[12] 盐渍土地区建筑技术规范 GB/T 50942—2014［S］．北京：中国计划出版社，2015.
[13] 膨胀土地区建筑技术规范 GB 50112—2013［S］．北京：中国建筑工业出版社，2012.
[14] 湿陷性黄土地区建筑标准 GB 50025—2018［S］．北京：中国建筑工业出版社，2018.
[15] 建筑地基处理技术规范 JGJ 79—2012［S］．北京：中国建筑工业出版社，2012.
[16] 刘惠珊，张在明．地震区的场地与地基基础［M］．北京：中国建筑工业出版社，1994.
[17] 陈仲颐，叶书麟．基础工程学［M］．北京：中国建筑工业出版社，1990.
[18] 王余庆，辛鸿博，高艳平．岩土工程抗震［M］．北京：中国水利水电出版社，2013.
[19] 丁梧秀．地基与基础［M］．郑州：郑州大学出版社，2006.
[20] 陈希哲．土力学地基基础［M］．北京：清华大学出版社，2004.
[21] 赵成刚，白冰，王运霞．土力学原理［M］．北京：北京交通大学出版社，2004.
[22] 陈书申，陈晓平．土力学与地基基础［M］．武汉：武汉理工大学出版社，2003.
[23] 陈国兴，樊良本．基础工程学［M］．北京：中国水利水电出版社，2002.
[24] 杨小平．土力学及地基基础［M］．武汉：武汉大学出版社，2000.
[25] 赵明华．土力学地基与基础疑难释义［M］．北京：中国建筑工业出版社，1998.
[26] 高大钊．土力学与基础工程［M］．北京：中国建筑工业出版社，1998.
[27] 叶书麟，叶观宝．地基处理［M］．北京：中国建筑工业出版社，1997.
[28] 凌治平，易经武．基础工程［M］．北京：人民交通出版社，1997.
[29] 邵全，韦敏才．土力学与基础工程［M］．重庆：重庆大学出版社，1997.
[30] 陈仲颐．土力学［M］．北京：清华大学出版社，1994.